两江中国原生　项目
全国水产技术推广总站　项目支持
中国渔业协会原生水生生物及水域生态专业委员会　项目支持

中国虾虎鱼

周朝伟　罗　昊　李凌禛　李晨光　张志钢　著

知识产权出版社
全国百佳图书出版单位
——北京——

图书在版编目（CIP）数据

中国虾虎鱼 / 周朝伟等著 . —北京 : 知识产权出版社 , 2024.10
ISBN 978-7-5130-9267-8

Ⅰ. ①中⋯　Ⅱ. ①周⋯　Ⅲ. ①虾虎鱼科　Ⅳ. ① Q959.483

中国国家版本馆 CIP 数据核字（2024）第 030436 号

内容提要

虾虎鱼是广泛分布于淡水、海洋和河口等不同生态环境的底栖性小型鱼类。本书收录我国分布的虾虎鱼近300种，涵盖海水、汽水、淡水等多种生态类型，具体介绍各虾虎鱼品种的名称、分类地位、形态特征、可数性状表格、生活习性、分布区域、保护等级、参考文献等内容。

本书特色：①国内迄今为止最全的虾虎鱼专著，填补我国虾虎鱼图书领域的空白；②首次全面系统地梳理中国虾虎鱼类，既对新纪录物种进行系统整理，也对《中国动物志 虾虎鱼亚目》中描述的新物种补充资料，同时整理了许多虾虎鱼相似物种并进行了对比，进一步完善我国虾虎鱼类生物多样性数据；③我国首次收录虾虎鱼全彩图片，1000余张活体图片，弥补了活体色彩、不同发育阶段体色、区域分化较大的不同产地个体等资料较少的不足；④特别记载某些物种的繁殖习性，这是国内虾虎鱼研究资料所缺乏的；⑤广泛考证国内外文献，每一物种附文献引用表，快速定位资料，同步引用《濒危物种红皮书》和IUCN的物种保护等级信息，以配合我国鱼类资源保护政策和研究。

责任编辑：刘亚军　　　　　　责任校对：谷　洋
正文设计：对白广告　　　　　责任印制：刘译文

中国虾虎鱼

周朝伟　罗　昊　李凌祺　李晨光　张志钢　著

出版发行：**知识产权出版社**有限责任公司	网　　址：http://www.ipph.cn
社　　址：北京市海淀区气象路 50 号院	邮　　编：100081
责编电话：010 – 82000860 转 8342	责编邮箱：731942852@qq.com
发行电话：010 – 82000860 转 8101/8102	发行传真：010 – 82000893/82005070/82000270
印　　刷：北京华联印刷有限公司	经　　销：新华书店、各大网上书店及相关专业书店
开　　本：889mm × 1194mm　1/16	印　　张：21.5
版　　次：2024 年 10 月第 1 版	印　　次：2024 年 10 月第 1 次印刷
字　　数：600 千字	定　　价：298.00 元

ISBN 978-7-5130-9267-8

探求人与自然生态、人与生态物种之间
和谐共生、持续发展之道！

两江中国原生
创始于2003年

两江中國原生創立二十周年

感谢名单

（排名不分先后）

张大庆	申志新	黄康亮	陈景轩	支浩浦	张继灵	林德敏
柳　祺	米　诺	王　威	黄甘甜	黄　夑	黄皓晨	杨远志
杨　旭	颜麒峰	李闵政	沈忠诚	冯俞钧	陈江源	郁天天
陈奕铭	徐一扬	刘舒捷	高　晟	萧徽文	景大伯	欧阳柏伟
崔世臣	王宇晨	昌俊鹏	邵韦涵	廖德裕	林弘都	林永晟

Michael Jun Quintas 迈克尔·琼·昆塔斯（菲律宾）

Muramatsu Riko 松村倫好（日本）

Philippe Keith 菲利普·基斯（法国）

Beta Mahatvaraj（印度）

　　谨以此书，向伍汉霖先生等，为中国鱼类研究和发展做出杰出贡献的人们，致以崇高敬意！

　　谨以此书，献给两江中国原生过往二十年来的所有会员，借此表达，两江中国原生的由衷谢意！

前 言

这是最难写的一篇前言。每次敲击键盘，仿如叩问内心，激起了波澜，也搅动了尘封的时光记忆……

七年，能做些什么？每个人有不同的答案。本书的编写团队，用七年的时光，查阅比对了数千份中外文献档案，收集整理了上千张高清彩图。从法国到日本、从菲律宾到印度，从我国大陆到宝岛台湾……在全球友人的协力共助下，梳理出了中国虾虎鱼类近300种的全高清彩色图集《中国虾虎鱼》，今天终于面世。

我有幸参与了本书的组织编写工作。此刻，除了收获秋实的欣慰，脑海中不断浮现更多的是团队中每一个极具才华而怀揣梦想的朋友们，那一张张年轻热情的笑脸。

周朝伟博士刚到大学任职时，我便相识。他为人真诚，有极深的学术修养，最值得尊敬的是他毫不懈怠学术追求、忘我的工作态度。在曾被《人民日报》专题报道、由两江中国原生主导的纪录片《西藏守渔人》中，记录下他乘坐的野外科考车翻入几十米悬崖的惊险瞬间。很少有人知道，周朝伟博士由于本次车祸，面部神经受到长久伤害，至今没有恢复。他并没有因此止步，反而把更多研究课题放在了祖国大好的山水丛林之间。

我也见过很多才华横溢的学子，而李凌祯无异是其中的特别者之一。他是周朝伟博士的学生，当他把学到的知识和专研精神，用到他酷爱的虾虎鱼研究领域时，所爆发出的能量使人刮目相看。他对虾虎鱼的认知水平，在某些方面已经可以和专业学者比肩，甚至已然超越。在本书经年的编撰讨论过程中，他似乎已经让我看到，我国鱼类研究领域未来的一颗新星正在冉冉升起。

在两江中国原生二十年历程中，我有幸认识了很多优秀的朋友，包括罗昊和李晨光这类非专业领域的优秀人才。他们对鱼类分类学的专注度极高，更难得的是他们对生物学领域执着热爱的情感，这份情感是如此激动人心。一幅幅精美绝伦的鱼类高清图片，一次次修正在现实中鱼种的真实情况，无不印证着他们的丰富学识和实践经验。

科学，在学者眼中也许是数据和结论，在爱好者眼中也许是认知和欣赏。但毫无例外，对事物的探究，对新发现的渴求，却是两者共同的底层驱动力。正如本书作者周朝伟和李凌祯、罗昊和李晨光，他们分别代表着不同的领域，却因为这本书而走在一起，迸发出耀目的光彩，这是一抹绚丽的亮色。也正是这抹亮色，构建出了科学真正的底色——科学应该来自于专业，践行于社会。

俗话说，千里之行始于足下，而七年前，本书险些胎死腹中。

虽然前辈学者耗尽毕生精力对我国虾虎鱼类做出了开拓性的研究，奠定了基础。但随着时迁物化，新的虾虎鱼品种被陆续发现，某些老的定种被重新定义，而相对应的资料数据非常滞后和贫瘠，甚至略显混乱。所以可以定言，本书无论如何细致编排，都极有可能会出现漏洞甚至错误。团队成员都在思考一个问题，成书如果出现了错误，该怎么办？

我想，科学的每一次进步，都是在一次次的纠错中寻找方向。从这个广域维度思考，前面的错误也是科学的一部分。当我们仰望科学殿堂里的先驱们时，被感动的不仅只有他们的科学成果，更钦慕于他们勇于探索、不畏挫折的科学精神。

所以，本书编写团队不能因此止步不前。长久以来，我国的虾虎鱼类研究较为滞后甚至缺失，希望本书能成为后继者垫脚的基石，这也是本书编写团队所有成员的根本意愿。如果本书错误难以避免，希望它成为一道光，照亮探索者们正确的方向。

同时，由两江中国原生牵头，浙江海洋大学省优势特色学科建设项目资助，以本书为基础，将建设中国本土虾虎鱼类数据库，让中国虾虎鱼这一大类实现数据化，同时采用全新的、可共同参与的开放式结构，随着未来研究发展，做到不断纠正与更新。

在本书的编写和出版过程中，国家渔业渔政管理局、全国水产技术推广总站、中国渔业协会等相关领导以及来自社会各界的朋友们，都提供了无私的帮助和支持。

时任全国水产技术推广总站资源养护处的罗刚处长，不但提供协助，还为本书的审校工作做出了杰出贡献。我的好友王馨女士，作为一名植物学家，一力承担了全书的插图绘制工作。

所有人的表达，是如此的朴实和真诚。这其中包含着他们对我国鱼类研究、保护及发展的共同心声，也表达出对国家绿水青山的美好祈愿。

正如我的另一位好友，同样为本书做出巨大贡献的，来自我国台湾地区的虾虎鱼类学者，《虾虎鱼图典》的作者，张大庆先生来信所言："日正当中，虾虎鱼在水中嬉戏，五颜六色增添溪流之美……"字里行间，没有更多的笔墨修饰，而是发自内心的一种纯粹热爱。

这种纯粹在我国老一辈学者身上也同样熠熠生辉。

伍汉霖教授，作为我国虾虎鱼类研究的先驱和奠基人，受到本书编写团队成员的一致敬仰。在成书过程中，本已联系好渠道，想请伍老为本书指正纠偏，也借此表达我们的敬意，但在其时伍老身体沉疴，最后驾鹤西去，成为本书的一大遗憾。故本书特意向伍老先生致以崇高敬意！

随着这本历经七年编写而成的《中国虾虎鱼》的面世，两江中国原生也迎来了二十岁的生日。在这二十年里，两江中国原生和它的会员们一起经历，共同成长，所以这本书也献给所有的两江中国原生会员。

"枫林野渡一江秋，渔歌唱晚江水流。"

时光荏苒，冗长的岁月并没有堆积出华丽的辞藻，而是不断沉淀着内心的感受和回忆，就如江中的无数浪花，随着浪潮，总是一次次不经意间涌现。

捧起这本书，此际心中反复浮现的却是一幕永难忘怀的场景。几年前，当我在埋头整理书稿时，父亲给我送来的一碗热面……一路走来，没有他对我的宽容和帮助，或许没有两江中国原生二十年，或许我也没有推动此书前行的动力，而他已于前年辞世。我再也无法如以往般，把这本书第一时间题写好，送到他的面前。我只能在这里借书一角，把这本书献给他：一位一生以花鸟鱼虫为伴的老人，一位和蔼慈祥的长者，一位优秀的父亲——张庆云先生。

我很想念他。

张志钢

两江中国原生　创始人

浙江海洋大学　客座教授

中国渔业协会原生水生生物及水域生态专业委员会　主任

2024年5月

目 录

上篇

一、什么是虾虎鱼

广义的虾虎鱼是指虾虎鱼目Gobiiformes中的各种鱼类，虾虎鱼目旧时被分在鲈形目，现在独立成一目。狭义的虾虎鱼主要来自虾虎鱼科和背眼虾虎鱼科，其中虾虎鱼科是鱼类最大的科之一，已知品种超过两千种，物种多样性很大。大多数虾虎鱼体形细小，不超过10cm，体较延长，很多品种腹鳍愈合形成吸盘，可以吸附在物体上。英文中，虾虎鱼被称为goby、gobius，前者来自拉丁语"gobi"，后者来自希腊语"kobios"，意为无经济价值的小鱼。旧时认为虾虎鱼没有经济价值，体形细小，受关注程度不如大型鱼类，且很多品种形态相似，鉴别困难，长期被忽视。如今，随着分子生物学的发展和原生观赏鱼的兴起，越来越多的虾虎鱼进入人们的视野，成为实验室、养殖场与鱼缸中的常客。

我国古代有对虾虎鱼的记录，最早的记录可以追溯到周朝，《诗经》中提到一种名为"鲨"的鱼类。在我国古代，鲨并不指代海洋中的鲨鱼，而是一种淡水小鱼，也称"吹沙小鱼"。鲨似鲫，狭而小，体圆，有黑点，常张口吹沙，因此也叫"吹沙"。"鲨"实际上指的是虾虎鱼。

李时珍在《本草纲目》中也对虾虎鱼进行了一定的描述："此非海中沙鱼，乃南方溪涧中小鱼也，居沙沟中，吹沙而游，咂沙而食，肉多形圆，陀陀然也。"此处描述的可能是一类吻虾虎鱼的生活习性。明代的《海错图》中提到的"鲨""跳鱼"，也是对虾虎鱼的描述。我国鱼类学奠基人李思忠（1921—2009）认为"鲨"指的是如今的真吻虾虎鱼*Rhinobius similis*。

在我国台湾地区，很多虾虎鱼依旧保留"鲨"的称呼，在观赏鱼市场上的商品名也是如此，如瓢鳍虾虎鱼属*Sicyopterus*的商品名为"秃头鲨"，头纹细棘虾虎鱼*Acentrogobius viganensis*的商品名为"亮片鲨"等。

虾虎鱼也出现在文化领域，如菲律宾1989年的10仙（sentimos）硬币就刻有世界最小虾虎鱼之一的菲律宾矮虾虎鱼*Pandaka pygmaea*。英国前卫摇滚乐队Yes曾演奏过*The Fish Schindleria Praematurus*，其名称来自虾虎鱼科的早熟辛氏微体鱼*Schindleria praematura*。

二、虾虎鱼的分类

虾虎鱼类最早的分类学研究见于瑞典博物学家Peter Artedi（1738），他在著作*Genera Pisicium*中记载了包括虾虎鱼属*Gobius*在内的52个属，并在著作*Species Pisicium*中记载了72个种名。之后，瑞典生物学家林奈（Carl Linnaeus）

虾虎鱼腹部吸盘示意

虾虎鱼腹鳍愈合成吸盘状

对其资料进行整理发布并出版，在其经典著作*Systema Naturae*第10版提出有关鱼类的61个属，其中包括来自Artedi所描述的虾虎鱼属。1863年，Gill指定并描述了虾虎鱼属的模式种黑虾虎鱼*Gobius niger* Linnaeus。

虾虎鱼的系统分类研究始于1940年，Regan利用骨骼将虾虎鱼分为Eleotridae、Gobiidae和Kraemeriidae三个科。Gosline进一步研究发现，骨骼特征无法区分Eleotridae和Gobiidae，他认为鳃盖条的数目可以将两类鱼区分开。也有很多学者尝试对虾虎鱼类群进行分类：Berg根据骨骼的特征，将虾虎鱼类分为2总科和4科；Günther根据鳍的形状、鳍条数目等，将虾虎鱼分为4个亚科，第一次将Amblyopina定义为一个亚科；Bleeker利用5个形态特征首次建立了相对系统的虾虎鱼分类，重新确立了虾虎鱼的四个亚科；Miller将虾虎鱼划分为Rhyacichthyidae和Gobiidae两个科，并将Gobiidae分为7个亚科；Hoses认为虾虎鱼应该分为5个科，并把Gobiidae分为4个亚科；Nelson将虾虎鱼定义成6个科，Gobiidae分为6个亚科。

中国使用的虾虎鱼分类方法来自2006年Nelson提出的分类方法和Akihito在2000年对虾虎鱼形态及*Cyt* b基因研究之后得出的分类方法，并在之后参考Thracker对虾虎鱼线粒体研究得出的结论，确立了在《中国动物志 硬骨鱼纲 鲈形目 虾虎鱼亚目》中使用的分类学系统，至今也是国内相关研究沿用的分类方法。

过去，虾虎鱼类被归类于鲈形目、虾虎鱼亚目，但传统的鲈形目过于庞大，后来的分类学者依据分子生物学的研究成果，将虾虎鱼类独立为一目，其内部分类也随着分子生物学研究而有大幅修正。目前国际公认的虾虎鱼分类方法为2016年Deepfin《硬骨鱼支序分类法》第4版所使用的分类方法。在该分类系统中，虾虎鱼目包含9科，可归类于2个亚目，其中原峡塘鳢科Xenisthmidae归入塘鳢科Eleotridae，原蠕鳢科Microdesmidae、沙鳢科Kraemeriidae、鳍塘鳢科Ptereleotridae以及辛氏微体鱼科Schindleriidae归入虾虎鱼科Gobiidae。

本书采用2016年Deepfin《硬骨鱼支序分类学》第4版的分类方法，下面给出分类参考图。

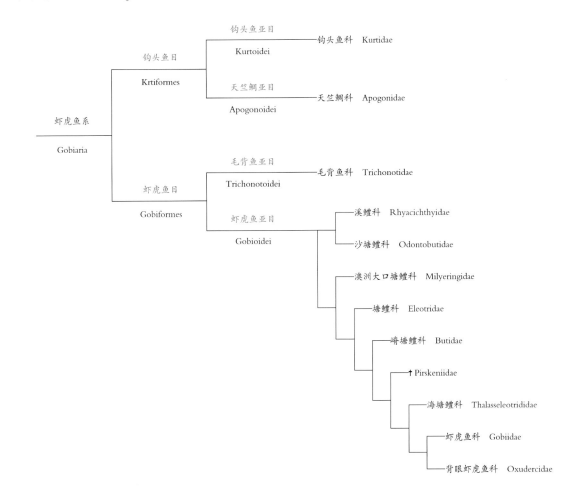

三、虾虎鱼的形态

　　虾虎鱼形态多样，物种丰富度较大，根据不同的习性存在各类不同的形态。在研究虾虎鱼时，一般根据其鱼鳍、鳞片、椎骨、齿数等特征进行区分。

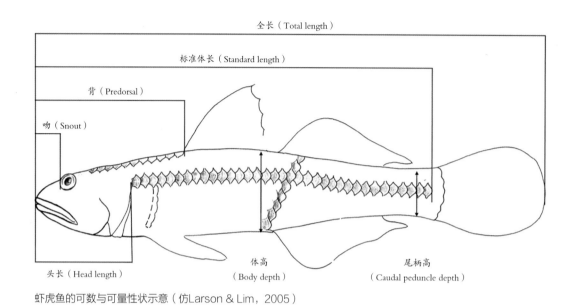

虾虎鱼的可数与可量性状示意（仿Larson & Lim，2005）

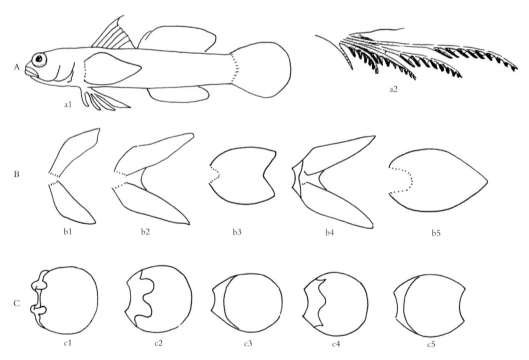

虾虎鱼的腹鳍（仿Akihito et al.，2002）

A.矶塘鳢属 *Eviota*：a1侧面；a2腹鳍鳍条呈穗状边缘

B.两腹鳍不愈合成吸盘：b1两腹鳍分离；b2两腹鳍间具愈合膜；b3两腹鳍2/3愈合；b4两腹鳍具很短膜盖及愈合膜；b5两腹鳍完全愈合

C.两腹鳍愈合成吸盘：c1膜盖上具两指状突起；c2膜盖上具两宽叶状突起；c3膜盖上无突起，后缘圆形；c4膜盖上具两叶状突起；c5膜盖上无突起，后缘浅凹入

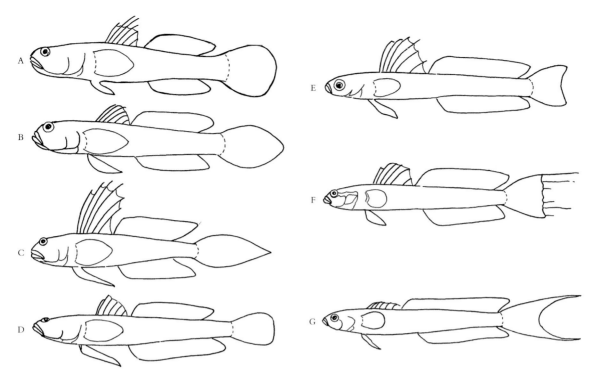

虾虎鱼的尾鳍（仿Akihito et al., 2002）

A.圆形　B.长圆形　C.尖长形　D.截形　E.内凹形　F.丝尾形　G.叉形

虾虎鱼形态学名词解释

名称	名词解释
背鳍（dorsal fins）	位于背部，虾虎鱼一般有2个，靠近头部的为第一背鳍
胸鳍（pectoral fins）	靠近鳃盖处，2个，一部分虾虎鱼的胸鳍特化，可用于爬行
腹鳍（pelvic fins）	虾虎鱼的腹鳍为喉位，一般会有不同程度的愈合，可作为吸盘
臀鳍（anal fin）	位于鱼体的腹部中线、肛门后方
尾鳍（caudal fin）	位于尾端，能使身体保持稳定，把握运动方向，又能同尾部一起产生前进的推动力
横列鳞（transverse scales）	从臀鳍前部向后至背部的鳞片
纵列鳞（longitudinal scales）	从鳃孔上角沿体侧至体侧中轴尾鳍最后一个鳞片
背鳍前鳞（predorsal scales）	位于第一背鳍前的鳞片，计数时从中轴开始向头部数
合生齿（symphyseal teeth）	用于瓢虾虎鱼亚科，描述其下颌的犬齿状齿数量；该特征一般用于瓢虾虎鱼亚科内部的分类区分方法
前颌骨齿（premaxillary teeth）	用于枝牙虾虎鱼属，描述其上颌分布的细齿的数量；该特征一般用于枝牙虾虎鱼属内部的分类区分方法
椎骨数（vertebrae）	指虾虎鱼的脊椎骨数量，不同的物种椎骨数会有差别，可作为分类依据
三叉齿（triscuspid teeth）	为韧虾虎鱼属特有的薄而密集的三尖铲状齿，分布于上颌和下颌前部；被用于韧虾虎鱼属的区分鉴定
圆锥状齿（conical teeth）	为韧虾虎鱼属特有的圆锥状齿，分布于上颌和下颌前部；被用于韧虾虎鱼属的区分鉴定

四、虾虎鱼的习性

1. 分布

虾虎鱼种类繁多，分布广泛，生活于我国几乎所有的水体中。从南沙群岛的海洋珊瑚礁到黑龙江寒冷的水域，都有虾虎鱼的踪迹，如真吻虾虎鱼*Rhinogobius similis*等分布范围广的虾虎鱼，几乎遍布全国，甚至存在于西藏等地的水域。波氏吻虾虎鱼和真吻虾虎鱼是城市公园水系中的优势物种。在此列举虾虎鱼常见的分布环境和可能存在的种类。

（1）大型溪流

指广阔、水源充沛的大型溪流，没有人类干扰、很少出现断水的环境，环境在不同的区域而多变。这种环境主要发现的是陆封型的淡水虾虎鱼，其中吻虾虎鱼属的鱼类可以在岩石基底的大型溪流中找到，也能发现一些枝牙虾虎鱼属和瓢鳍虾虎鱼属的溯河洄游性虾虎鱼。一些吻虾虎鱼整个生命周期都生活在较浅、较小的山涧溪流之中，对水流有一定要求，一般为岩石砂砾底质，如周氏吻虾虎鱼*Rhinogobius zhoui*、溪吻虾虎鱼*Rhinogobius duospilus*、黑吻虾虎鱼*Rhinogobius niger*。

（2）小型独立溪流

指长度短、水流小、存在枯水期且连通大海的小型溪流。此环境基本上没有陆封型淡水鱼，但可以发现大量洄游性虾虎鱼，如枝牙虾虎鱼属。此类虾虎鱼一般栖息在入海的溪流或河川之中，幼鱼需要进入海洋或河口发育，如紫身枝牙虾虎鱼*Stiphodon atropurpurens*、李氏吻虾虎鱼*Rhinogobius leavelli*。

（3）池塘、田野、水库等

为封闭水域体系，多数水草丰茂。该环境能在浅滩处发现一些陆封型虾虎鱼、塘鳢等。塘鳢科、沙塘鳢科鱼类主要生活在江、河、水库、城市河道、湖泊等较大水体中，一般为淤泥或细沙底质，如小黄黝鱼*Micropercops swinhonis*、中华沙塘鳢*Odontobutis potamophila*等。

原生环境中的黑吻虾虎鱼

中国南方山区溪流环境——黑吻虾虎鱼产地

城市公园水系环境

独立溪流环境（摄于菲律宾）

（4）河口等咸淡水环境

靠近大海，盐度高于淡水、低于海水的区域，如入海口、潮池等环境，盐度多数情况下处于剧烈变化中。该区域发现的虾虎鱼种类丰富，且生态习性较为丰富。如在咸淡水环境中广泛存在的台江拟虾虎鱼*Pseudogobius taijiangensis*，在河口滩涂营两栖生活、会离开水体在陆地上觅食并较长时间停留的弹涂鱼*Periophthalmus modestus*、大弹涂鱼*Boleophthalmus pectinirostris*。

滨海潮间带环境

（5）海洋环境

生活在海水环境中的虾虎鱼，分布广泛，常见的两类为：栖息于砂质海床上的种类，如丝虾虎鱼属；生活在珊瑚礁的种类，如叶虾虎鱼属。海洋环境复杂，虾虎鱼种类繁多，是淡水种类难以比拟的。

下面给出虾虎鱼两侧洄游示意图。

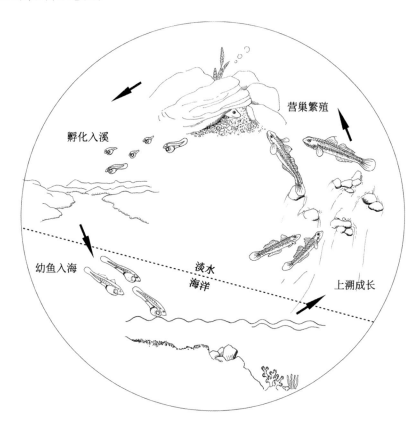

虾虎鱼两侧洄游示意（仿Keith et al.，2015）

2. 繁殖

虾虎鱼起源于海洋，在淡水中分布的大多数虾虎鱼存在两侧洄游的习性。根据鱼卵的大小将虾虎鱼分为大卵型和小卵型，其中大卵型虾虎鱼产下较大的卵，幼鱼无漂流阶段；小卵型虾虎鱼产下极小的卵，幼鱼存在漂流阶段。又根据幼鱼是否要进入海水分为"淡水、两侧洄游"和"陆封型"。

2015年，京都大学Yamasaki Yo Y等将淡水吻虾虎鱼的卵型分为以下类型。结合生态习性可以分为：淡水、两侧洄游（amphidromous），湖泊型（lentic），淡水（fluvial）；根据卵的主轴长度可划分为：大卵型、中卵型、小卵型。本书结合此研究以及其他有关虾虎鱼生态习性研究的文献，对淡水虾虎鱼类群做出以下区分。

（1）淡水、两侧洄游虾虎鱼

一般栖息在入海的溪流中，亲鱼在淡水中产卵并且保护鱼卵；幼鱼孵化后，随着水流漂入大海，在发育一段时间之后返回淡水中生活。此类虾虎鱼的卵一般是小卵，幼鱼游动性不强，在入海后依靠海洋中的微小生物生存。这类虾虎鱼繁殖困难，目前没有人工种群存在。其代表种有紫身枝牙虾虎鱼 *Stiphodon atropurpurens*、李氏吻虾虎鱼 *Rhinogobius leavelli*。两侧洄游的生殖策略能够帮助此类虾虎鱼在多变的环境中快速扩散并且形成种群，在原有环境被破坏的情况下，海洋中的幼鱼也可以在环境恢复后重新回归并形成种群，在一些海岛之类的孤立环境中发现的虾虎鱼几乎全是此类型（McDowall，2010）。

（2）湖泊型虾虎鱼

一般栖息在水流不强的湖泊沼泽环境或流水较弱的溪流下游，也见于人工环境，如水库和人工水渠。此类虾虎鱼一般产小卵，如真吻虾虎鱼 *Rhinogobius similis*、波氏吻虾虎鱼 *Rhinogobius cliffordpopei*、黏皮鲻虾虎鱼 *Mugilogobius myxodermus*，幼鱼游动性不强，以湖泊环境中丰富的微小生物为食，因产卵量大且适应力强，在国内十分常见。一些两侧洄游虾虎鱼的陆封种群也生存于此类环境中，如李氏吻虾虎鱼存在陆封种群，其幼鱼在溪流下游的水库等静水环境中发育，成长一段时间后洄游进入上游的溪流。

（3）淡水虾虎鱼

生活在有持续水流的水体中，如山间小溪、入海溪流等，水流有急有缓，但不会进入静水水体。此类虾虎鱼一般产大卵或中卵，幼鱼无浮游期或浮游期很短，以应对持续的水流和较大的猎物。也因其繁殖习性，这类虾虎鱼的扩散能力不强，一般会存在大量独特的地域分化，这也导致了鉴定的困难。此类虾虎鱼的代表种如周氏吻虾虎鱼 *Rhinogobius zhoui*、乌岩岭吻虾虎鱼 *Rhinogobius wuyanlingensis*，因较大的幼鱼得以在人工环境下形成种群，并且成为常见观赏鱼，但其野外种群因为扩散力弱等而容易被破坏。

在淡水中生存的虾虎鱼，其幼鱼一般可以分为三种，孵化时间、浮游期等各有不同，国内此前的研究和民间论坛未做详细的区分。

① 存在浮游期的小型幼鱼

此类幼鱼孵化时间短，一般为3～4天，幼鱼出卵后的体形较小，且存在较长时间的漂浮期，游泳能力不佳。此类幼鱼一般会随着水流冲入河口湾区等海洋环境或水库等大型静水水体。此类虾虎鱼一般产小卵，幼鱼因为个体小，且许多物种依赖海洋中的微生物为食，目前成功繁殖的种类较少。这类幼鱼的典型代表种有台湾吻虾虎鱼 *Rhinogobius formosanus*、褐吻虾虎鱼 *Rhinogobius brunneus*、真吻虾虎鱼 *Rhinogobius similis* 等。此类虾虎鱼目前记录大规模繁殖成功的仅有波氏吻虾虎鱼 *Rhinogobius cliffordpopei*，记录中漂浮期幼鱼使用淡水轮虫喂食并育肥（李刚、王建波，2016）。

② 存在浮游期的大型幼鱼

此类虾虎鱼孵化时间中等，一般为9～12天，幼鱼出卵后，体形适中，可以摄食丰年虾无节幼体、水蚤等生物，浮游期一般不长，游泳能力稍强。幼鱼为此类型的虾虎鱼一般见于溪流中，不同物种的幼鱼会出现进入海洋和不进入海洋的类群。此类虾虎鱼一般产大卵或中卵，种类较多且分布深入内陆。代表种有乌岩岭吻虾虎鱼*Rhinogobius wuyanlingensis*、陵水吻虾虎鱼*Rhinogobius linshuiensis*等，此类虾虎鱼在人工条件下繁殖较多，且许多种类已经成为常见观赏鱼。

③ 无浮游期的大型幼鱼

此类虾虎鱼的幼鱼一孵化便营底栖生活，无浮游期，个体较大，孵化时间较长，一般为13～21天。此类虾虎鱼见于溪流中，产大卵，幼鱼呈现开口早、出膜晚、生长迅速的特点。在其早期发育过程中，仔鱼处于膜内的时间较长。卵膜为仔鱼的发育提供了一个很好的保护场所，避免了病虫的侵害，使得发育受外界环境的干扰程度大大降低（李黎、李帆、钟俊生，2008）。此类虾虎鱼的代表种有周氏吻虾虎鱼*Rhinogobius zhoui*、溪吻虾虎鱼*Rhinogobius duospilus*、黑吻虾虎鱼*Rhinogobius niger*等，是目前繁殖记录较多的类群，并且是市面上常见的观赏鱼。

小卵型虾虎鱼的一次产卵数量可观

现以褐吻虾虎鱼为例，简单介绍虾虎鱼的繁殖。

褐吻虾虎鱼*Rhinogobius brunneus*是一种分布于日本、朝鲜半岛和中国北方地区的吻虾虎鱼，生态习性为淡水、两侧洄游，但存在陆封种群。幼鱼漂浮期较长，目前尚未有研究能够解决漂浮期幼鱼的饲喂问题。图中亲本采集于北京，为本种的陆封种群。

求偶筑巢

清理巢穴

搬运砂石

求偶成功入巢

驱离其他同类

护卵中的雄性虾虎鱼

小卵型虾虎鱼卵

一周左右的鱼卵

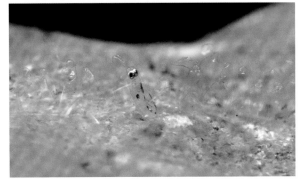

破卵而出的稚鱼

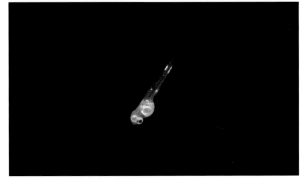

一周内的以吸收卵黄为生的稚鱼

亲鱼饲养于人工环境中，以鹅卵石为底质，放置少许巨石。产卵时，雄鱼在岩石下清理出巢穴，雌鱼进入后产卵并受精。卵呈椭圆形，受精后靠卵膜上的丝状黏着器倒挂在巢穴顶部。此后，雌鱼离开，雄鱼于巢内保护鱼卵并清理坏卵，如有其他鱼类接近，则会进行驱赶。幼鱼一般在第4天开始出膜，于第7天完全出膜。出膜后，幼鱼细小，目前尚未解决其饵料问题，故将幼鱼放归原产地。

目前，褐吻虾虎鱼的分类学问题较多且有待整理，此处以褐吻虾虎鱼为例作记录。我国北方分布的褐吻虾虎鱼类群有待进一步研究。

3. 特殊习性

虾虎鱼作为一个庞大的家族，其分化及各类特殊习性也是花样百出。很多海洋虾虎鱼以与鼓虾共生而闻名，并且成为一些文学家津津乐道的杂谈。部分虾虎鱼有剧毒，成为沿海诸省的警戒对象。下面列举一些虾虎鱼的特殊习性。

（1）共生

一些虾虎鱼与掘穴的虾类共生，如鼓虾*Alpheidae* spp.。虾负责打理共同居住的洞穴。虾的视力不及虾虎鱼，如果它看见或感觉到虾虎鱼突然游回洞穴，它便能跟着缩回。虾虎鱼和虾总是保持着联系，虾通过其触角触碰虾虎鱼，当有危险时，虾虎鱼轻拍尾鳍以示警告。这类虾虎鱼因此有时又叫看门虾虎，代表属有丝虾虎鱼属*Cryptocentrus*等。

另一种共生现象可以在鲷虾虎鱼*Gobiosoma* spp.中看到。它们扮演了清洁工的角色，为各种大鱼清除皮肤、鳍、口和鳃中的寄生虫。

（2）毒性

一部分虾虎鱼有毒性，并在我国沿海地区造成了多起中毒案例。犬牙细棘虾虎鱼*Acentrogobius caninus*、云斑裸颊虾虎鱼*Acentrogobius nebulosus*、拟矛尾虾虎鱼*Parachaeturichthys polynema*为常见的三种有毒虾虎鱼，皆含有TTX（河豚毒素）。其中，云斑裸颊虾虎鱼的毒性最强，一般食后0.5～4小时便会发病，出现呕吐、瘫痪、呼吸麻痹等症状，死亡率高。犬牙细棘虾虎鱼的毒性次之，除鱼鳍外，全身有毒，但毒性相对较弱，一般接受治疗可以转危为安。拟矛尾虾虎鱼的毒性最弱，无中毒案例，但不推荐食用。若出现食用中毒，应催吐，洗胃，导泻，再施用解毒辅助剂。此类虾虎鱼的毒素为TTX，可用阿托品和莨蓉碱试剂解毒。

在珊瑚礁发现的橙色叶虾虎鱼*Gobiodon okinawae*、五线叶虾虎鱼*Gobiodon quinquestrigatus*等虾虎鱼的黏膜含有毒素，误食引起恶心、腹痛、上吐下泻、运动失调，重则口唇及四肢麻痹、呼吸困难，严重时血压下降、昏睡、死亡。

（3）食鳍性

食鳍性（pterygophagy）为鱼类的一种特殊食性，此类鱼以其他鱼类的鳍为食，已知具有食鳍性的鱼类仅见于鳚科钝齿鳚属*Aspidontus*、丽鱼科矛齿鲷属*Docimodus*、半线鲷属*Genyochromis*，复齿脂鲤科针脂鲤属*Belonophago*、真琴脂鲤属*Eugnathichthys*、长脂鲤属*Ichthyborus*和细尾脂鲤属*Phago*，锯脂鲤科锯脂鲤属*Serrasalmus*。

和友、卢盈慈等研究发现，糙体锐齿虾虎鱼*Smilosicyopus leprurus*存在食鳍性，但不同种相食，在饲养中会攻击其他鱼类的鳍，其野外个体的肠道内容物也存在鱼鳍。糙体锐齿虾虎鱼是目前发现的唯一有食鳍性的虾虎鱼。

（4）最小体长和最短寿命

目前人类发现的鱼类中，世界最小鱼类和世界寿命最短的鱼类皆为虾虎鱼。斯托特辛氏微体鱼*Schindleria brevipinguis*雄性标准体长为0.77cm，怀孕雌鱼体长为0.84cm，与印度发现的微鲤*Paedocypris progenetica*相当，但略小于微鲤。寿命最短的鱼类为大印矶塘鳢*Eviota sigillata*，是一种分布在珊瑚礁中的微小鱼类，最长的寿命为59日，整个生命周期约为8周，也是脊椎动物中寿命最短的种类。

五、虾虎鱼的自然资源保护

现存的大量虾虎鱼的栖息环境不容乐观：不少虾虎鱼对水质的要求很高，加上很多品种存在两侧洄游习性，难以人工繁殖；河道取水和拦截，导致大量溪流下游被截断；虾虎鱼进入观赏鱼市场，面临着环境破坏和过度捕捞的两重困境。虾虎鱼作为长期被忽视的鱼类品种，大众对其保护意识淡薄。国家也没有相关的法律专门保护此类小型鱼类。许多虾虎鱼的分布范围非常狭窄，只在几条溪流或者山涧中可以找到，而一些广布的物种又存在许多地域种。正因为这些特点，许多颜色各异的虾虎鱼进入观赏鱼市场，而这其中大部分品种没有实现大规模的人工繁殖，几乎全靠野生环境捕获。虾虎鱼的观赏市场化目前不可避免，饲养者可以通过研究繁殖技术来帮助这种美丽的鱼类。对于难以人工繁殖的淡水、两侧洄游虾虎鱼，可能需要科研人员未来在这方面进行研究，寻找可行的繁殖技术。对于中国特有种或大量分布的物种，本书使用了《中国脊椎动物红色名录》（下文简称：中国红色名录）的物种保护等级；对于广布种和未做评估的物种，则采用了《IUCN濒危物种红色名录》（下文简称：IUCN）的等级。希望读者了解大概的物种保护情况。

下篇

一、溪鳢科

溪鳢

张大庆 供图

    拉丁名   *Rhyacichthys aspro*（Valenciennes，1837）

    分类地位   虾虎鱼目、虾虎鱼亚目、溪鳢科、溪鳢属

    形态特征   体延长，前部平扁，后部侧扁，尾柄较长。头中大，前部宽而圆钝，腹面平扁，头后部高而平扁，头宽为头高的2倍。头部无感觉管孔。口小，下位；上唇肥厚，下唇隐于腹面。颌齿甚细小；锄骨无齿。体被栉鳞，鳃盖及背前区被鳞；侧线完全。背鳍2个，第二背鳍与臀鳍远离尾鳍；有粗厚的胸鳍、腹鳍，腹鳍相互远离，外侧鳍条形成宽大的皮瓣，与胸鳍共同成一吸附面；尾鳍微凹。鼻孔每侧2个，相互靠近。头、体棕褐色，背侧深色，腹部浅色，体侧时有暗褐色斑点及横纹。第一背鳍边缘黑色，第二背鳍、胸鳍和尾鳍具许多由黑色小点形成的条纹。腹鳍红色。

生态习性			椎骨			
淡水、两侧洄游			28			
第一背鳍	第二背鳍	胸鳍	臀鳍	纵列鳞	横列鳞	背鳍前鳞
Ⅶ	I-8～9	19	I-8～9	38	10	15

    生活习性   暖水性小型底层鱼类，生活于河川急湍河段的潭头、濑区、岩石及石砾区，以其上的藻类和无脊椎动物为食。淡水、两侧洄游，产小卵，幼鱼进入海洋中发育，数量较多在洄游时会形成渔汛。

    分布区域   海南以及台湾地区；菲律宾至太平洋中部所罗门群岛，北至琉球群岛，南至印度尼西亚、巴布亚新几内亚。

    保护等级   中国红色名录：数据缺乏（DD）；IUCN：数据缺乏（DD）。

    参考文献   [26] [32] [44] [53]

二、背眼虾虎鱼科

1.吻虾虎鱼属

（1）明潭吻虾虎鱼

拉丁名　*Rhinogobius candidianus*（Regan，1908）

别名及俗名　明潭吻鲨

分类地位　虾虎鱼目、虾虎鱼亚目、背眼虾虎鱼科、吻虾虎鱼属

形态特征　体延长，前部圆筒形，后部侧扁；尾柄颇长，其长大于体高。头中大，圆钝，颊部凸出，中央具有三纵行感觉乳突。吻短而圆钝，吻长大于眼径。眼小，背侧位，眼上缘突出头部背缘。眼间隔窄小，小于眼径，稍内凹。体被中大栉鳞，吻部、颊部、鳃部无鳞。舌游离，前段圆形。项部在背鳍中央前方具9～19枚背鳍前鳞，向前仅伸达项部的1/2处，呈"山"形排列，不达眼后方；胸部及腹部有极细小的圆鳞，胸鳍基部无鳞。无侧线。背鳍2个，分离；第一背鳍高，基部短，起点位于胸鳍基部后上方，鳍棘柔软，雄鱼第二及第三鳍棘最长，略呈丝状延长，平放时向后伸越第二背鳍第二鳍条的基部；雌鱼的各鳍棘约等高。体呈黄褐色或深褐色，部分个体的体侧具不太明显的斑块，鳞片基部有暗淡橘色斑点。雄鱼颊部及鳃盖无斑点；雌鱼通常不具斑点，但有少数个体在前鳃盖骨后缘具不明显斑点。吻部有红色线纹，项部具数条横向褐纹。背鳍棘皆呈红褐色，鳍膜呈灰棕色，无斑点。

生态习性				椎骨		
淡水				25～26		
第一背鳍	第二背鳍	胸鳍	臀鳍	纵列鳞	横列鳞	背鳍前鳞
Ⅵ	I-7～9	17～19	I-7～9	34～37	12～14	9～19

生活习性　台湾河川溪流中上游地区的优势小型鱼类，大多栖息于潭区或濑区的岩石上。肉食性，以小鱼、水生昆虫及小虾、蟹为食。为陆封型生态习性，产中大型卵，幼鱼有浮游期，体形较大。

分布区域　台湾东北部、北部及中部的溪流上游水域。为台湾地区特有种。

保护等级　中国红色名录：无危（LC）。

参考文献　[25] [32] [36] [44] [132]

（2）无孔吻虾虎鱼

支浩浦 供图

青田产无孔吻虾虎鱼表现型

拉丁名 *Rhinogobius aporus*（Zhong & Wu，1998）

别名及俗名 雀斑吻虾虎鱼

分类地位 虾虎鱼目、虾虎鱼亚目、背眼虾虎鱼科、吻虾虎鱼属

形态特征 体延长，前部近圆筒形，后部稍侧扁；头中大，稍平扁或稍侧扁；吻圆钝，雄性吻长略大于雌性；雄性上颌骨后端伸达眼前缘下方，而雌性接近但未至；下颌稍突出。体被中大弱栉鳞，前部鳞小，后部鳞较大，无背鳍前鳞。背鳍2个，分离；第一背鳍第四鳍棘最长，雄性背鳍末端常呈丝状延展；第二背鳍平放时不伸达尾鳍基部。头、体呈深褐色；眼前缘具1条红褐色条纹向前伸达吻端；颊部、鳃盖部遍布黑色小斑点；雄性鳃盖膜具橙红色小圆斑，眼前下缘无条纹；雌性鳃盖膜浅色，眼前缘至上颌中部及眼前下缘至口角各具1条黑色条纹。各鳍浅色、略具黄色色泽，尾鳍常具数行点纹；雄性第一背鳍第一至第三鳍棘中部具不明显的蓝黑色斑，雌性不具此特征或不明显。腹鳍圆盘状。尾鳍边缘近圆形，短于头长。

本种与雀斑吻虾虎鱼*Rhinogobius lentiginis*极其相似，常有误认。本种感觉孔缺乏，可作为识别特征。

生态习性	椎骨
淡水	26～27

第一背鳍	第二背鳍	胸鳍	臀鳍	纵列鳞	横列鳞	背鳍前鳞
Ⅵ	I-8	14～15	I-7～8	30～32	10～11	0

生活习性 小型底层鱼类，喜生活于急流浅滩处，以特化为圆盘状的腹鳍吸附于砾石上，肉食性。为陆封型生态习性，主要栖息于溪流等流水环境。

分布区域 我国主要分布于瓯江、鳌江、乐清大荆溪，在钱塘江主要分布于武义江及其邻近水域。

保护等级 中国红色名录：数据缺乏（DD）。

参考文献 [12] [32] [43]

雀斑吻虾虎鱼与无孔吻虾虎鱼的区分

　　无孔吻虾虎鱼*Rhinogobius aporus*与雀斑吻虾虎鱼*Rhinogobius lentiginis*极其相似，常有误认，《中国动物志》中记录这两种虾虎鱼皆无感觉孔，几乎无法区分。但经过整理资料，可以用感觉孔完整程度来区分这两种虾虎鱼（李帆，2012）。雀斑吻虾虎鱼具备完整的感觉孔，而无孔吻虾虎鱼则没有感觉孔。在整理资料中发现另一种具备感觉孔但不完全的吻虾虎鱼，本种目前有待后续的研究。

无孔吻虾虎鱼眼后无感觉孔示意

雀斑吻虾虎鱼眼后感觉孔示意

（3）褐吻虾虎鱼

拉丁名 *Rhinogobius brunneus*（Temminck & Schlegel，1845）

别名及俗名 狗甘仔、苦甘仔、川虾虎

分类地位 虾虎鱼目、虾虎鱼亚目、背眼虾虎鱼科、吻虾虎鱼属

注：褐吻虾虎鱼的分类学变动较大，目前本种以褐吻虾虎鱼收录，日后可能会发生变化。

形态特征 体延长，前部近圆筒形，后部侧扁，吻略尖突，口大，斜裂，下唇为蓝色。眼小，上侧位，眼间距窄小，口角不达眼前缘的垂直下方。背鳍前中央和腹部两侧被圆鳞，体躯余部被栉鳞。背鳍前部两侧至胸鳍基底上部之前被鳞。背鳍2个，我国产的个体第一背鳍有突出或不突出两种情况，若突出，则第二、第三鳍棘最长，第一背鳍的第一至第三鳍棘间有一亮蓝色斑块。体侧黄褐色或浅肉色。眼下缘和眼前各有一深色纵纹。吻背有马蹄形深色纹。体侧有5~7个黑褐色圆斑，排成一列。背部有深浅不同的网状斑纹以及深色网状斑纹形成的斑块。各鳍颜色较淡。

生态习性				椎骨		
淡水、两侧洄游				26		
第一背鳍	第二背鳍	胸鳍	臀鳍	纵列鳞	横列鳞	背鳍前鳞
Ⅵ	I-8~9	18~20	I-8	32~35	9~10	11~13

生活习性 生活在江河浅滩的砾石间、水库鱼苗池等环境中，吸附在砾石、石壁上，湖泊、山间小溪均有分布。喜食甲壳动物，饲养时也吃蚯蚓。为淡水、两侧洄游生态习性，存在陆封种群，产小卵，有较长时间的浮游期，幼鱼较小，难以在人工环境下繁殖。

分布区域 我国北方河北、山东等地区。国外见于朝鲜半岛、日本等。

保护等级 中国红色名录：数据缺乏（DD）；IUCN：数据缺乏（DD）。

参考文献 [7] [49] [50] [51]

北京产褐吻虾虎鱼表现型

山东产褐吻虾虎鱼表现型

东北地区产褐吻虾虎鱼表现型

东北地区产褐吻虾虎鱼（雌性）表现型

褐吻虾虎鱼亚成体

褐吻虾虎鱼雌性

（4）长汀吻虾虎鱼

拉丁名　*Rhinogobious changtinensis* Huang & Chen，2007

分类地位　虾虎鱼目、虾虎鱼亚目、背眼虾虎鱼科、吻虾虎鱼属

形态特征　体延长，前部稍平扁，后部侧扁，前部为圆筒形。头中大，圆钝。上、下颌等长。颊部具有3条细条纹，头部具有一穿过双眼的红色线纹，且线纹延伸至眼下方，在侧面形成"Y"形纹路。体呈现黄棕色，体侧斑纹不明显，有隐约的黑色斑块分布于体侧。背鳍2个，分离，第一背鳍有丝状突出，第一、第二鳍棘间具有蓝色斑块，其后鳍膜显现浅红色，第二背鳍鳍膜为浅红色，透明。尾鳍圆形，基部有一块黑斑。

生态习性			椎骨			
淡水			27			
第一背鳍	第二背鳍	胸鳍	臀鳍	纵列鳞	横列鳞	背鳍前鳞
Ⅵ	I-8	16～17	I-7～8	28～30	7～8	0～2

生活习性　小型底层鱼类，喜生活于急流浅滩处，以特化为圆盘状的腹鳍吸附于砾石上，肉食性。

分布区域　福建，浙江丽水也有记录。为中国特有种。

保护等级　中国红色名录：数据缺乏（DD）。

参考文献　[13] [38] [99]

（5）波氏吻虾虎鱼

拉丁名　*Rhinogobius cliffordpopei*（Nichols，1925）

别名及俗名　波氏栉虾虎鱼

分类地位　虾虎鱼目、虾虎鱼亚目、背眼虾虎鱼科、吻虾虎鱼属

形态特征　体延长，前部近圆筒形，后部侧扁。口裂大，亚下位，上颌稍长于下颌。上、下颌具有多行带状细齿，不分叉。鼻孔近吻端。眼侧上位，眼间距小于眼径，体被栉鳞，头后背、胸、腹部裸露无鳞。背鳍2个，分离。胸鳍圆扇形，较大。左、右腹鳍愈合成吸盘状。尾鳍圆形。头、体呈浅褐色；头部眼前缘具1条棕褐色细纹向前伸达吻端；眼后缘具2条棕褐色细纹，颊部近中部常另具1条棕褐色细纹，此三条细纹近平行，往后延伸一般不达鳃盖部；雌性眼下缘具1条棕褐色细纹，斜向下伸达口裂处，雄性通常不具有此特征；颊部具棕褐色或红棕色斑点，形状规则或不规则；雄性个体鳃盖膜具橙红色斑点，少数地区种群的鳃盖膜内侧无斑点，雌性鳃盖膜无任何斑纹。体部具6～8个狭长斑块，通常从腹侧延伸至背侧，斑块通常呈"Y"状分叉于背侧交错；体两侧每鳞片处常具一浅棕色斑点，呈规则排列，腹侧及背侧斑点常不明显或缺失。胸鳍基部浅色，具少量红棕色斑点；各奇鳍呈浅棕色；第一背鳍第一与第二鳍棘中部具黑色斑，雌性个体的黑斑较雄性小或缺失。

生态习性		椎骨				
淡水		26				
第一背鳍	第二背鳍	胸鳍	臀鳍	纵列鳞	横列鳞	背鳍前鳞
Ⅵ	I-8～9	17～21	I-7～9	27～31	9～10	0～4

生活习性　底栖小型鱼类，常栖息于砂石底的山溪流水，亦在江河、湖泊浅水区生活；以水生昆虫、小鱼为食；本种为陆封型生态习性，繁殖期为5～6月，产黏性卵，卵较小，幼鱼有浮游期且时间较长。本种目前已经有规模化繁殖技术。

分布区域　辽河、钱塘江、珠江、长江和黄河等水系。为中国特有种。

保护等级　中国红色名录：无危（LC）。

参考文献　[12] [16] [32] [38] [40] [42]

（6）猩红吻虾虎鱼

拉丁名　*Rhinogobius coccinella* Endruweit，2018

别称及俗名　湄公河吻虾虎鱼

分类地位　虾虎鱼目、虾虎鱼亚目、背眼虾虎鱼科、吻虾虎鱼属

形态特征　体延长，前部圆筒形，后部侧扁，头部大，口大，唇部肥厚。颊部有约25个红棕色圆形图案，头部有穿过双眼的"V"形粗红线。体侧为乳白色，体背颜色稍深，体侧有数列褐色斑点，从胸鳍基部延伸至尾鳍基部，其中位于中线的一行斑点最大。背鳍2个，第一背鳍无丝状突起，鳍膜为浅红色，在第一到第三鳍棘之间有蓝色和黑色的小斑纹，第二背鳍鳍膜有数行红褐色小斑点，胸鳍透明，在基部处显现白色，其上有红褐色斑纹，最靠近基部的3~4个红褐色斑纹为圆形且明显大于其他斑纹。尾鳍长圆形，在鳍膜上有几行浅红色斑点。

生态习性			椎骨			
淡水			28			
第一背鳍	第二背鳍	胸鳍	臀鳍	纵列鳞	横列鳞	背鳍前鳞
Ⅵ	I-8~9	15~17	I-7~8	27~30	9~10	1~5

生活习性　生活在小溪、河流的石头和岩石之间以及适当的激流中。以浮游动物和昆虫幼虫为食。

分布区域　云南。国外见于越南。

保护等级　中国红色名录：数据缺乏（DD）。

参考文献　[32] [86]

黄甘甜　供图

黄甘甜　供图

红河吻虾虎鱼与猩红吻虾虎鱼的区分

　　猩红吻虾虎鱼*Rhinogobius coccinella*与红河吻虾虎鱼*Rhinogobius honghensis*相似，两种易被混淆。可用的区分方法为：红河吻虾虎鱼颊部的点纹更加细小且密集，颜色偏红，且会超过眼前缘到达吻部；猩红吻虾虎鱼颊部的点纹较大，偏暗色，且几乎不会超过眼前缘。

红河吻虾虎鱼头部

猩红吻虾虎鱼头部

（7）戴氏吻虾虎鱼

拉丁名　*Rhinogobius davidi*（Sauvage et Dabry，1874）

分类地位　虾虎鱼目、虾虎鱼亚目、背眼虾虎鱼科、吻虾虎鱼属

形态特征　体延长，前部近圆筒形，后部稍侧扁；头中大，稍平扁；雄性颊部肌肉发达，较雌性明显外突；吻圆钝，雄性吻长大于雌性；上、下颌约等长；唇略厚，发达。体被中大弱栉鳞，前部鳞小，后部鳞较大。头的吻部、颊部和鳃盖部无鳞，通常无背鳍前鳞，极个别具1~2枚背鳍前鳞。无侧线。体被中大栉鳞；颊部、鳃盖、项部均无鳞。背鳍2个，分离。左、右腹鳍愈合成一圆形吸盘。体侧呈深灰色或深褐色，通体布有小黑斑。颊部斑点通常较为明显，个别种群颊部斑点色彩较浅，且略呈不规则状；眼下具1条深色条纹延伸至口裂处，个别种群的此条纹较窄或不明显；眼前缘条纹不明显或缺失；成年雄性的上、下唇通常呈浅色；雄性鳃盖膜外侧常具黑色小斑点，内侧斑纹不明显，雌性鳃盖膜呈半透明状；体侧斑块不甚明显；背鳍2个，第一背鳍无明显黑斑，各奇鳍呈橘红色，边缘带有黄色斑纹。

生态习性			椎骨			
淡水			28			
第一背鳍	第二背鳍	胸鳍	臀鳍	纵列鳞	横列鳞	背鳍前鳞
VI	I-9~10	14~15	I-6~8	30~32	11~12	0~4

生活习性　暖温性小型鱼类，喜栖息于淡水河川的上游；喜食水生昆虫；本种为陆封型生态习性，卵较大，幼鱼无浮游期，终身营底栖生活。水温在20℃以上即进入繁殖期。繁殖前，雄鱼会选择一块大小合适的石块，将石块下的砂砾衔出以建造巢穴，随后吸引雌性个体进入产卵，卵黏附于石块腹面，其后由雄性单独护卵，直至卵孵化。1龄达性成熟，4~5月产卵。

分布区域　浙江、福建汀江水系、海南。

保护等级　中国红色名录：数据缺乏（DD）。

参考文献　[12] [13] [32]

戴氏吻虾虎鱼雌性

戴氏吻虾虎鱼红色背鳍表现型

湖南产戴氏吻虾虎鱼表现型一

湖南产戴氏吻虾虎鱼表现型二

湖南产戴氏吻虾虎鱼表现型三

宜兴产戴氏吻虾虎鱼面部条纹表现型

临安产戴氏吻虾虎鱼白边表现型

温州产戴氏吻虾虎鱼黑斑表现型

衢州产戴氏吻虾虎鱼表现型一

衢州产戴氏吻虾虎鱼表现型二

镇江产戴氏吻虾虎鱼表现型

（8）细斑吻虾虎鱼

张大庆 供图

拉丁名　*Rhinogobius delicatus* Chen & Shao，1996

分类地位　虾虎鱼目、虾虎鱼亚目、背眼虾虎鱼科、吻虾虎鱼属

形态特征　体延长，前部圆筒形，后部侧扁，头部大，吻部短而尖，眼间距窄。口大，唇部肥厚。体被栉鳞，鳃盖及颊部无鳞。雄鱼吻部及颊部有超过10个细小的红褐色或褐色斑点，雌鱼仅约30个。眼前有2条斜向吻端及上鄂的红褐色条纹。尾鳍有数条垂直棕色横纹，尾鳍基部有2个垂直分布的独立褐色斑纹。体呈褐色或黑褐色，上半部鳞片基部为黑褐色。胸腹部较白。颊部密布黑褐色细点，且雄鱼多于雌鱼。

生态习性			椎骨			
淡水			26			
第一背鳍	第二背鳍	胸鳍	臀鳍	纵列鳞	横列鳞	背鳍前鳞
VI	I-7～9	17～19	I-7～10	32～36	11～13	5～15

生活习性　底栖性，常栖息于小型的支流里，或主流区的小分流、缓流区、边缘水等栖地环境中，不喜好游动。肉食性，通常以水生昆虫为食。

分布区域　台湾花东地区的花莲溪、秀姑峦溪、马武窟溪及卑南大溪等溪流。为台湾特有种。

保护等级　中国红色名录：濒危（EN）。

参考文献　[25] [32] [36] [44] [107] [132]

（9）溪吻虾虎鱼

溪吻虾虎鱼雌性

拉丁名 *Rhinogobius duospilus*（Herre，1935）

别称及俗名 白面虾虎

同种异名 溪栉虾虎鱼*Ctenogobius duospilus*

分类地位 虾虎鱼目、虾虎鱼亚目、背眼虾虎鱼科、吻虾虎鱼属

形态特征 体延长，前部近圆筒形，后部侧扁，背部浅弧形隆起，腹缘稍平直；尾柄颇长，其长大于体高。口中大，前位，斜裂。唇略厚，发达。头中大，稍侧扁，头宽等于或稍大于头高后鼻孔小，圆形，边缘隆起，紧位于眼前方。颊部有3条斜向后下方的暗色条纹，伸达前鳃盖骨下方；头部腹面鳃盖膜密布浅色的小圆点。背鳍2个，分离；第一背鳍高，基部短，起点位于胸鳍基部后上方，鳍棘柔软，第二、第三鳍棘最长，其余鳍棘向后渐短，第一背鳍灰色，前部的第一至第三鳍棘的鳍膜上有1个大黑斑；胸鳍基部上、下方有2个小黑斑；臀鳍黑色，边缘浅色。体侧为灰白色，腹部浅色，体侧有6个暗色斑块，列成一纵行，最后面的斑块在尾鳍基底中部；头部在吻端经眼至鳃盖后上方有一暗色纵纹；本种地域种繁多，体色多变，在野外遇见，不一定能用体色特点区分。

生态习性			椎骨			
淡水			27			
第一背鳍	第二背鳍	胸鳍	臀鳍	纵列鳞	横列鳞	背鳍前鳞
Ⅵ	Ⅰ-8～9	15～16	Ⅰ-6～7	30～32	8～10	6～10

生活习性 暖水性小型底层鱼类，栖息各淡水河川中。肉食性，以小鱼、小型无脊椎动物等为食。为陆封型生态习性，产大卵，幼鱼无浮游期。

分布区域 珠江、闽江水系及海南各河溪。

保护等级 中国红色名录：数据缺乏（DD）。

参考文献 [19] [32] [40] [42] [183]

（10）丝鳍吻虾虎鱼

广东产丝鳍吻虾虎鱼表现型

桂林产丝鳍吻虾虎鱼表现型　　　　　　　　桂林产丝鳍吻虾虎鱼表现型

　　拉丁名　*Rhinogobius filamentosus*（Wu，1939）

　　分类地位　虾虎鱼目、虾虎鱼亚目、背眼虾虎鱼科、吻虾虎鱼属

　　形态特征　背缘浅弧形。头中大，圆钝，背部稍隆起。吻短而圆钝，吻长稍大于眼径。唇略厚，发达。体被中大弱栉鳞。胸鳍宽大，圆形，下侧位。腹鳍略短于胸鳍，圆盘状。尾鳍长圆形，短于头长。头、体呈棕褐色，体侧有6～7条暗色横带，头部背面有网状细纹，颊部常有伸向腹面的细条纹。背鳍2个，第一背鳍格外突出，雄鱼第一背鳍第一至第三鳍棘间的鳍膜下方有一长圆形黑斑，边缘浅色，雌鱼无黑斑。第二背鳍有数行点状条纹，有时不明显。臀鳍灰黑色，边缘浅色。胸鳍、腹鳍灰色。尾鳍具数行点状条纹或呈灰黑色。

生态习性				椎骨		
淡水				27		
第一背鳍	第二背鳍	胸鳍	臀鳍	纵列鳞	横列鳞	背鳍前鳞
V～VI	I-8～9	15～17	I-8	30～33	8～10	5～11

　　生活习性　底栖性，淡水小型底层鱼类，栖息于江河支流及小溪中。不喜好游动。肉食性。

　　分布区域　西江及北江的支流。为中国特有种。

　　保护等级　中国红色名录：数据缺乏（DD）。

　　参考文献　[32][175]

（11）台湾吻虾虎鱼

台湾吻虾虎鱼雌性

拉丁名 *Rhinogobius formosanus* Oshima，1919

别名及俗名 宝岛吻鲨

同种异名 台湾名古屋吻虾虎鱼*Rhinogobius nagoyae formosanus*

分类地位 虾虎鱼目、虾虎鱼亚目、背眼虾虎鱼科、吻虾虎鱼属

形态特征 体延长，前部亚圆筒形，后部侧扁；背缘浅弧形，腹缘稍平直；尾柄颇长，其长大于体高。头中大，圆钝，前部宽而平扁，背部稍微隆起，头宽大于头高。颊部凸出。吻短而尖，吻长大于眼径，约与下颌等长。眼较小，背侧位，位于头的前半部，眼上缘突出于头部背缘。眼间隔窄小，其宽小于眼径，稍内凹。口中大，前位，斜裂。颊部和鳃盖骨部具许多放射状蠕虫形红褐纹，其中镶嵌亮蓝色色斑，吻部具3条深色斜纹。体呈黄褐色，被有6～7个垂直深褐色横斑，其宽度大于其间隔区。雄鱼体侧鳞片中央有蓝色光泽；雌鱼在生殖季节时，腹部呈现明亮蓝色。

生态习性			椎骨			
淡水、两侧洄游			26			
第一背鳍	第二背鳍	胸鳍	臀鳍	纵列鳞	横列鳞	背鳍前鳞
VI	I-8	19～22	I-7～9	32～34	11～13	8～12

生活习性 小型鱼类，肉食性。多栖息在溪流中下游，领域性强，夜间也会活动。本种为淡水、两侧洄游生态习性，产小卵，一般3～4日孵化，幼鱼浮游期长，需要在海湾等环境中发育，但存在陆封种群。

分布区域 主要分布在台湾、福建等地区。日本南部也有分布。

保护等级 中国红色名录：无危（LC）。

参考文献 [25] [32] [35] [36] [44] [132]

（12）颊纹吻虾虎鱼

拉丁名　*Rhinogobius genanematus* Zhong & Tzeng，1998

分类地位　虾虎鱼目、虾虎鱼亚目、背眼虾虎鱼科、吻虾虎鱼属

形态特征　体延长，前部圆筒形，后部侧扁。背缘浅弧形隆起。头中大，圆钝，前部宽而平扁。唇略厚，发达。体被中大弱栉鳞，前部鳞小，后部鳞较大。胸鳍宽大，椭圆形，下侧位。腹鳍短于胸鳍，仅为胸鳍长的1/2。尾鳍圆截形，短于头长。头、体呈棕色，背部色深，腹部色浅。峡部浅色。体侧具5~6个不规则黑棕色斑块，最后面的斑块位于尾鳍基部，呈"<"状。体侧下半部每一枚鳞片中央具一椭圆形或不规则的橘红色斑点，后缘灰黑色，形成一明显边缘。雄鱼颊部具1~4条斜向前下方的黑褐色细条纹，前方第一斜纹下部分叉为2条；雌鱼仅具1~2条黑褐色斜纹。眼下缘至上颌骨后角具一暗色条纹。

生态习性				椎骨		
淡水				27		
第一背鳍	第二背鳍	胸鳍	臀鳍	纵列鳞	横列鳞	背鳍前鳞
V~VI	I-8~9	15	I-7	27~29	8~9	0~5

生活习性　底栖性，淡水小型鱼类，栖息于江、河、小溪的底层。无食用价值。不喜好游动。肉食性。

分布区域　分布于浙江。为中国特有种。

保护等级　中国红色名录：数据缺乏（DD）。

参考文献　[12] [32]

（13）大吻虾虎鱼

大吻虾虎鱼雌性

拉丁名 *Rhinogobius gigas* Aonuma & Chen，1996

分类地位 虾虎鱼目、虾虎鱼亚目、背眼虾虎鱼科、吻虾虎鱼属

形态特征 体延长，前部近圆筒形，后部侧扁。口中大，前位，斜裂。两颌约等长。上颌骨后端伸达眼缘稍后下方。体呈黄棕色，具6~7条黑褐色黄棕垂直横带，体侧鳞片基部淡黄色，腹部和胸部较白；雌鱼在生殖季腹部为青色，鳃盖及颊部有许多红色或红褐色斑点，颈部有数个红褐色竖纹，眼下方具2对红纹。背鳍2个，第一背鳍褐色，鳍膜微灰色，雌鱼在鳍膜中段位为深灰色；第二背鳍淡黄色，有5~7列水平向红褐色点纹；尾鳍黄褐色，外缘黄色，雄鱼有5~7列褐色点纹，雌鱼的鳍膜则无斑点或具不明显斑点，雌鱼尾鳍基部有黑褐色新月状横纹。背鳍黄绿色，胸鳍黄绿色，略带透明，基部有3条褐色弧形线，其上方有一黑褐色斑点；胸鳍白色略带透明。

生态习性			椎骨			
淡水、两侧洄游			26			
第一背鳍	第二背鳍	胸鳍	臀鳍	纵列鳞	横列鳞	背鳍前鳞
VI	I-8	21~23	I-7~8	36~40	12~13	5~16

生活习性 栖息于溪流中，肉食性，喜摄食小鱼、水生昆虫及底栖无脊椎动物。为淡水、两侧洄游生态习性，产中大型卵，仔鱼孵化后，漂流至河口或沿岸海域，成长至20cm后再由河口上溯至溪流中栖息；幼鱼体形较大，浮游期较短，本种为两侧洄游生态习性却分布狭窄，可能和其较短的漂浮期有关。

分布区域 台湾宜兰南部、花莲、台东各地区的溪流中。为台湾地区特有种。

保护等级 中国红色名录：无危（LC）。

参考文献 [25] [32] [36] [44] [132] [135]

（14）恒春吻虾虎鱼

恒春吻虾虎鱼亚成体

拉丁名　*Rhinogobius henchuenensis* Chen & Shao，1996

分类地位　虾虎鱼目、虾虎鱼亚目、背眼虾虎鱼科、吻虾虎鱼属

形态特征　体延长，前部圆筒形，后部侧扁。口中大，前位，斜裂。两颌约等长。上颌骨后端伸达眼缘下方。体呈黄棕色或褐色，体侧各鳞的基部有1个深色斑，雄鱼多呈红褐色，雌鱼暗褐色。体侧中央有1列深色点纹延伸到尾鳍基部，腹侧斑点色泽较淡。腹部黄色，颊部及鳃盖散布着约30个红色斑点，雄鱼色泽较为鲜明。颈部仅有少数褐色纵纹，眼前及眼下各有一红色斜纹延伸到吻端及上颌上方。第一背鳍淡棕色，前方上缘鳍膜呈黄色；第二背鳍淡棕色，具3～4列水平状斑点。尾鳍淡棕色，具4～5列垂直排列斑点，雄鱼为红色，雌鱼为灰黑色；尾鳍外缘橘黄色，雌鱼尾鳍基部有2个褐色斑点，雄鱼为红色，雌鱼为灰黑色；尾鳍外缘橘红色，雌鱼尾鳍基部有2个褐色斑点。胸鳍基部上方有1个黑褐色斑。下面有1列新月形红褐色浅纹；腹鳍灰白略透明。

生态习性				椎骨		
淡水				26		
第一背鳍	第二背鳍	胸鳍	臀鳍	纵列鳞	横列鳞	背鳍前鳞
Ⅵ	I-7～9	18～21	I-7～8	34～37	11～13	12～16

生活习性　底栖小型鱼类，栖息于溪流中；肉食性，以小鱼、水生昆虫等为食。

分布区域　台湾地区南部的枫港溪以及四重溪。为台湾地区特有种。

保护等级　中国红色名录：近危（NT）。

参考文献　[25] [32] [36] [44] [132]

（15）红河吻虾虎鱼

拉丁名 *Rhinogobius honghensis* Chen，Yang & Chen，1999

分类地位 虾虎鱼目、虾虎鱼亚目、背眼虾虎鱼科、吻虾虎鱼属

形态特征 头中大，圆钝，前部宽而平扁，头宽大于头高。雄鱼颊部突出。颊部具三纵行感觉乳突线，吻短而圆钝，颇长；雄鱼吻大于雌鱼。唇略厚，发达。背鳍2个，分离；第一背鳍高，基部短，起点位于胸鳍基部后上方，鳍棘柔软，不延长成丝状，第三及第四鳍棘最长。头、体呈黄色或深棕色，体侧无深褐色宽横纹或大斑块，具8~9行水平状、大于瞳孔的褐色圆斑。颊部及鳃盖部黄色，雄鱼鳃盖膜密具65~70个褐色圆斑。雌鱼无圆斑。腹部黄色或浅色。项部具许多不规则的细小斑点。吻背无小斑，在两眼前方具一"U"形条纹，伸向吻端。

生态习性			椎骨			
淡水			28			
第一背鳍	第二背鳍	胸鳍	臀鳍	纵列鳞	横列鳞	背鳍前鳞
Ⅵ	I-8~9	16~17	I-7~8	28~29	10~12	7~12

生活习性 为暖水类小型底栖鱼类，喜栖息于淡水河川的上游。喜食水生昆虫。

分布区域 云南。越南北部也有分布。

保护等级 中国红色名录：数据缺乏（DD）；IUCN：数据缺乏（DD）。

参考文献 [2] [32] [86]

（16）后河吻虾虎鱼

拉丁名 *Rhinogobius houheensis* Wanghe，Hu，Chen & Luan，2020

别称及俗名 湖北菊花吻虾虎

分类地位 虾虎鱼目、虾虎鱼亚目、背眼虾虎鱼科、吻虾虎鱼属

形态特征 体延长，前部稍平扁，后部侧扁，前部为圆筒形。头中大，圆钝。上、下颌等长。无背鳍前鳞，头、体灰色。体部两侧有数个红点延伸至尾鳍，其中胸鳍基部延伸出的红点颜色更深。第一背鳍的第一、二、三鳍棘之间鳍膜为亮蓝色，其余部分为浅红色；第二背鳍鳍膜为浅红色，点缀几列黑点，背鳍外缘为白色。尾鳍圆，鳍膜为红色，外缘为白色。

生态习性			椎骨			
淡水			30			
第一背鳍	第二背鳍	胸鳍	臀鳍	纵列鳞	横列鳞	背鳍前鳞
Ⅵ	I-9～10	16～17	I-7～8	37～40	12～14	0

生活习性 小型底层鱼类，喜生活于急流浅滩处，以特化为圆盘状的腹鳍吸附于砾石上，肉食性。

分布区域 湖北。为中国特有种。

保护等级 未评估（NE）。

参考文献 [175]

（17）无斑吻虾虎鱼

米诺 供图

拉丁名　*Rhinogobius immaculatus* Li，Li & Chen，2018

别称及俗名　小红嘴虾虎

分类地位　虾虎鱼目、虾虎鱼亚目、背眼虾虎鱼科、吻虾虎鱼属

形态特征　体延长，前部近圆筒形，后部稍侧扁；头中大，头宽约等于头高；吻圆钝，雌雄吻长接近；上颌骨后端不伸达眼前缘下方；上、下颌约等长。体被中大弱栉鳞，前部鳞小，后部鳞较大。头的吻部、颊部和鳃盖部无鳞，背鳍前鳞3~5枚不等。背鳍2个，分离；第一背鳍的第三或第四鳍棘最长。头、体的颜色变化较大，为深褐色、深黑色或浅黄色；雄性头部眼前缘具1条深红色细纹，而雌性为浅褐色。雄性眼下缘具一深红色条纹，雌性为浅褐色，斜向下伸达口裂处。雄性颊部、鳃盖部和鳃盖膜具不规则的红色斑块，雌性则呈半透明状。体部斑块不稳定，常于背侧呈现5个黑斑。除腹鳍外，各鳍均具黑白相间的点纹；尾鳍近尾柄处呈白色，中部具一黑斑。第二背鳍鳍膜上有数行白色斑纹。尾鳍基部中央具一黑色斑点。

生态习性			椎骨			
淡水			27~28			
第一背鳍	第二背鳍	胸鳍	臀鳍	纵列鳞	横列鳞	背鳍前鳞
V~Ⅵ	I-7~9	14~15	I-6~8	29~31	7~9	2~5

生活习性　淡水小型底层鱼类，肉食性，以水生无脊椎动物为食。为陆封型生态习性，卵型较大，幼鱼无浮游期。喜栖息于溪流中的缓流环境，部分分布地的水流极缓。

分布区域　江苏钱塘江水系，包括安徽省黄山支流。为中国特有种。

保护等级　未评估（NE）。

参考文献　[133]

（18）兰屿吻虾虎鱼

张大庆 供稿

拉丁名 *Rhinogobius lanyuensis* Chen，Miller & Fang，1998

分类地位 虾虎鱼目、虾虎鱼亚目、背眼虾虎鱼科、吻虾虎鱼属

形态特征 体延长，前部亚圆筒形，后部侧扁；尾柄长，其长小于体高。头大，头部具有5个感觉管孔。颊部稍凸出，具有三纵行感觉乳突线。吻圆钝，吻长大于眼径，雄鱼吻长稍大于雌鱼。眼中大，背侧位，位于头的前半部，眼上缘突出于头部背缘，眼下缘无放射状感觉乳突线，仅具1条由眼后下方斜向前方的感觉乳突线；眼间隔狭窄，稍内凹。口小，前位，斜裂。具假鳃裂。头、体呈亮褐色。体侧具8条灰褐色垂直宽条纹，眼部附近具2条深黑色条纹，一条自眼前缘向前伸至吻短与对侧形成"U"形纹，另一条较短。体背具8个黑色斑块。颊部具许多橘色小点（雄鱼）或褐色小点（雌鱼）。

生态习性				椎骨		
淡水、两侧洄游				26		
第一背鳍	第二背鳍	胸鳍	臀鳍	纵列鳞	横列鳞	背鳍前鳞
Ⅵ	I-8	19～21	I-8	33～35	11～13	13～18

生活习性 河、溪小型底层鱼类，肉食性，以小鱼和水生物脊椎动物为食。小卵型，幼鱼有浮游期，且时间较长，需要到海洋中发育。本种分布狭窄，栖息地破坏严重，急需进行保护。

分布区域 台湾兰屿岛。为台湾地区特有种。

保护等级 中国红色名录：近危（NT）。

参考文献 [25] [32] [36] [44] [132]

（19）李氏吻虾虎鱼

李氏吻虾虎鱼雌性

温州产李氏吻虾虎鱼高背鳍表现型　　　温州产李氏吻虾虎鱼表现型　　　点状喉纹表现型

拉丁名　*Rhinogobius leavelli*（Herre，1935）

分类地位　虾虎鱼目、虾虎鱼亚目、背眼虾虎鱼科、吻虾虎鱼属

形态特征　体延长，前部近圆筒形，后部侧扁。头中大，稍平扁或稍侧扁。吻圆钝，雄性吻长大于雌性。上颌稍突出。背鳍2个，分离，第一背鳍略呈方形，第三或第四鳍棘最长。腹鳍圆盘状，边缘弧形凹入。头、体呈浅黄褐色；眼前缘具1条深褐色条纹向前伸达吻端，眼下具1条红褐色条纹，斜向下伸达眼前缘下方，但不伸达口裂处；雄性颊部通常具数量不等、形状不规则的浅红色斑点，雌性不具此特征；雄性鳃盖膜具橘色条纹，沿鳃盖条呈断裂状分布、相互间不相交，雌性鳃盖膜呈半透明状；体侧斑块不明显。各奇鳍浅色，带有点纹，边缘具不明显的浅色斑纹；胸鳍基部具1~2行橘色横纹；背鳍2个，雄性第一背鳍的第一至第三鳍棘中部具金属色泽的蓝黑色斑块，雌性不具此特征。尾鳍边缘近圆形，短于头长。

生态习性		椎骨				
淡水、两侧洄游		26				
第一背鳍	第二背鳍	胸鳍	臀鳍	纵列鳞	横列鳞	背鳍前鳞
Ⅵ	I-8~9	14~15	I-8~9	28~34	9~11	6~12

生活习性　暖水性小型底层鱼类，多见于溪流下游，无食用价值，体长70~90mm。本种为淡水、两侧洄游生态习性，卵较小，幼鱼具有浮游期，且个体较小，但存在陆封种群。

分布区域　钱塘江以南的各水系及海南地区，最新的考察中也在四川发现。为中国特有种。

保护等级　中国红色名录：无危（LC）；IUCN：无危（LC）。

参考文献　[12] [32] [38] [189]

（20）雀斑吻虾虎鱼

拉丁名 *Rhinogobius lentiginis*（Wu & Zheng，1985）

分类地位 虾虎鱼目、虾虎鱼亚目、背眼虾虎鱼科、吻虾虎鱼属

形态特征 体延长，前部稍平扁，后部侧扁。头中大，圆钝。吻长等于或稍小于眼径。眼上缘突出于头部背缘，眼下缘具1条由眼后下方斜向前方的感觉乳突线。背鳍2个，分离，第一背鳍高，基部短，起点位于胸鳍基部后上方，鳍棘细弱，第二、第三鳍棘最长。背鳍中央前方无背鳍前鳞，胸部、腹部及胸鳍基部均无鳞。无侧线。体呈蓝色，身体上有红色圆形小点。体侧具稍不规则的黑色斑块数个，腹侧有时散具数个小黑点，或者体侧具数个黑色斑块。颊部和鳃盖有10余个小黑点。头部腹面鳃盖膜处密具白色小圆点。

生态习性		椎骨				
淡水		26 ~ 27				
第一背鳍	第二背鳍	胸鳍	臀鳍	纵列鳞	横列鳞	背鳍前鳞
Ⅵ	I-8	14 ~ 15	I-7 ~ 8	30 ~ 32	10 ~ 11	0

生活习性 河、溪小型底层鱼类，主要栖息于流水环境。无食用价值。本种为陆封型生态习性，幼鱼无浮游期。

分布区域 浙江灵江、飞云江及赘江各水系。为中国特有种。

保护等级 中国红色名录：无危（LC）。

参考文献 [12] [13] [32]

（21）林氏吻虾虎鱼

拉丁名　*Rhinogobius lindbergi* Berg，1933

分类地位　虾虎鱼目、虾虎鱼亚目、背眼虾虎鱼科、吻虾虎鱼属

形态特征　体延长，前部圆筒形，后部侧扁；背缘浅弧形，腹缘稍平直；尾柄颇长，其长大于体高。头中大，稍尖突，前部平扁，背部稍隆起，头宽稍大于头高。吻尖突，稍长，吻长稍大于眼径。眼中大，背侧位，位于头的前半部，眼上缘突出于头部背缘。体被中大弱栉鳞，头的吻部、颊部、鳃盖部无鳞。背鳍中央前方无背鳍前鳞，项部无鳞，胸部、腹部及胸鳍基部均无鳞。无侧线。背鳍2个，分离；第一背鳍高，基部短，起点位于胸鳍基部后上方，鳍棘柔软。头、体呈浅棕色，背部色深，腹部乳白色，体侧具8～9个深色不规则斑块，最后的斑块在尾鳍基处。项背部具多条云状纹。第一背鳍各鳍棘间的鳍膜灰色，尤以第一至第二鳍棘间的鳍膜呈深灰黑色，第一鳍棘的基部起点处有时有1个黑色小点；第二背鳍隐具2行由点列组成的浅色纵纹；尾鳍具3条弧形条纹；臀鳍和腹鳍浅灰色；胸鳍基部上方有1个灰黑色圆斑，沿胸鳍基有1条灰色横纹，呈弧形。眼前下方隐具3条褐色斜纹。

生态习性				椎骨		
淡水				27～28		
第一背鳍	第二背鳍	胸鳍	臀鳍	纵列鳞	横列鳞	背鳍前鳞
Ⅵ	I-8	20～21	I-8	30～32	9～10	0

生活习性　为河、溪底层小型鱼类，栖息于江河岸边和通流的湖沼中，喜有微流的水域，在含氧量较高的池塘中可以繁殖、生长，生活水域在石砾底层。以桡足类和枝角类为食。6月产卵，产在石砾和砂上，椭圆形，卵粒小。雄鱼有护卵发育孵化的习性。

分布区域　松花江、绥芬河、中俄界河黑龙江等水系的支流和湖泊中。

保护等级　中国红色名录：数据缺乏（DD）。

参考文献　[32] [85] [105] [161]

林氏吻虾虎鱼与波氏吻虾虎鱼的区分

　　林氏吻虾虎鱼*Rhinogobius lindbergi*与波氏吻虾虎鱼*Rhinogobius cliffordpopei*体态相似，区分较难。林氏吻虾虎鱼第一背鳍无蓝点，眼下有3条黑色线纹，而波氏吻虾虎鱼第一背鳍有一蓝点，眼下只有2条黑色线纹。

林氏吻虾虎鱼

波氏吻虾虎鱼

（22）陵水吻虾虎鱼

拉丁名 *Rhinogobius linshuiensis* Chen，Miller，Wu & Fang，2002

分类地位 虾虎鱼目、虾虎鱼亚目、背眼虾虎鱼科、吻虾虎鱼属

形态特征 头、体呈乳白色，体侧无明显黑色横斑，但具两纵行红色小斑。颊部和鳃盖骨乳白色，但具两纵行红点；雄鱼鳃盖膜具16～22个橘色小斑。项部具不明显暗灰色斑块。吻背自眼前方至吻端具"U"形黑纹。眼下具1个方形暗灰色大斑。颊部中间和鳃盖中部具一纵行灰色条纹；雄鱼在颊部下方具一纵行7～10个深褐色圆点。第一背鳍浅色，边缘橘色，第二鳍棘前方的鳍膜上具一黑斑，黑斑向后有1条暗色条纹；第二背鳍浅色，具3行褐斑。臀鳍品红色，边缘具暗灰色（雄鱼）条纹或灰白色带纹（雌鱼）。胸鳍暗灰色或浅色，基部具2个小黑斑。腹部白色，腹鳍浅色。尾鳍浅灰色，具2～3行垂直褐色点纹。

生态习性	椎骨					
淡水	27～28					
第一背鳍	第二背鳍	胸鳍	臀鳍	纵列鳞	横列鳞	背鳍前鳞
VI	I-8	15～16	I-7～8	28～29	8～10	7～11

生活习性 海南河溪中的小型底层鱼类，不常见。本种为陆封型生态习性，产中大型卵，幼鱼有浮游期但体形较大，可以在人工环境下繁殖。

分布区域 海南，为海南特有种。

保护等级 中国红色名录：数据缺乏（DD）。

参考文献 [20] [26] [32] [79]

拉丁名　*Rhinogobius liui* Chen & Wu，2008

分类地位　虾虎鱼目、虾虎鱼亚目、背眼虾虎鱼科、吻虾虎鱼属

形态特征　体延长，前部亚圆筒形。头中大，圆钝，前部宽而平扁，背部稍隆起。颊部显著凸出，有时颇膨大。吻短而圆钝，较长，吻长稍大于眼径。眼较小，背侧位，位于头的前半部，眼上缘突出于头部背缘。眼间隔稍宽，其宽等于眼径，稍内凹。体被中大弱栉鳞。胸鳍宽大圆形，下侧位。腹鳍略短于胸鳍，圆盘状。尾鳍长圆形，短于头长。头、体呈浅褐色，体背侧色深，腹侧浅色。体侧有8～11条黑褐色横带（或大横斑），背侧的第一背鳍基部下方及项部有许多深灰色虫状纹或云纹，中间杂有许多较大浅色圆斑。第一背鳍第一至第四鳍棘间的鳍膜上有一大黑斑。背鳍、尾鳍和臀鳍为灰黑色或浅灰黑色，边缘灰白色或白色。尾鳍有时有5～6条深色垂直横纹。胸鳍、腹鳍灰白色。

生态习性			椎骨			
淡水			29			
第一背鳍	第二背鳍	胸鳍	臀鳍	纵列鳞	横列鳞	背鳍前鳞
VI	I-9～10	19	I-8	36～39	10～11	0

生活习性　淡水小型底层鱼类，喜栖息于江、河的中游。无食用价值。不喜好游动。肉食性。不常见。

分布区域　重庆、四川、湖北等长江干支流。为中国特有种。

保护等级　中国红色名录：数据缺乏（DD）。

参考文献　[22] [32]

（24）龙岩吻虾虎鱼

拉丁名　*Rhinogobius longyanensis* Chen，Cheng & Shao，2008

分类地位　虾虎鱼目、虾虎鱼亚目、背眼虾虎鱼科、吻虾虎鱼属

形态特征　体延长，前部稍平扁，后部侧扁。头中大，圆钝。颊部为白色，上有3条平行的深棕色斜条纹，周围可能有较小的线纹；雄性的鳃盖膜上有24～28个橙红色斑点；背鳍2个，第一背鳍第一、第二鳍棘之间为蓝色，其余部分鳍膜为红色，鳍棘为黑色。第二背鳍鳍膜上有大量黑色斑点。胸鳍基部为白色且有1个黑点，鳍膜无色透明。体侧为白色，有8条左右的大块竖斑，其中点缀有5～6行深棕色斑点。

生态习性			椎骨			
淡水			27			
第一背鳍	第二背鳍	胸鳍	臀鳍	纵列鳞	横列鳞	背鳍前鳞
VI	I-8	17～18	I-6～8	30～32	8～10	6～8

生活习性　淡水小型底层鱼类。

分布区域　福建九龙江流域。

保护等级　中国红色名录：数据缺乏（DD）。

参考文献　[32] [38] [71]

（25）斑带吻虾虎鱼

拉丁名 *Rhinogobius maculafasciatus* Chen & Shao，1996

分类地位 虾虎鱼目、虾虎鱼亚目、背眼虾虎鱼科、吻虾虎鱼属

形态特征 头中大，圆钝，前部宽而扁平，头宽大于头高。体呈淡黄色或米黄色，体侧有6～7条褐色横带，成熟雌鱼腹部为黄色。体侧鳞片基部具黄色或鲜明的橘红色斑点，前鳃盖后缘及下缘排列较紧密；颈部有数条褐色纵纹，背鳍有不规则深褐色网纹，眼前及前下方各有1条红褐色斜纹伸向吻短及上颌中部上方。背鳍透明，略带浅黄色，第一背鳍鳍棘淡棕色，上缘鳍膜黄色，第一至第三鳍棘的鳍膜间通常有蓝黑色亮斑。臀鳍为黄色或黄绿色，外缘有褐色边，最外缘则透明无色；胸鳍淡黄色，基部有2列橘红色不规则斑点；腹鳍透明或灰白色。

生态习性			椎骨			
淡水、两侧洄游			26			
第一背鳍	第二背鳍	胸鳍	臀鳍	纵列鳞	横列鳞	背鳍前鳞
VI	I-8～10	18～20	I-8～9	30～32	10～11	8～12

生活习性 栖息于溪流中的小型鱼类，肉食性，以水生昆虫、小型鱼类及虾类为食。典型的两侧洄游生态习性的吻虾虎鱼，产小型卵，幼鱼有浮游期且时间较长，需要到海洋中发育，存在陆封种群。

分布区域 台湾的曾文溪及高屏溪水系。为台湾地区特有种。

保护等级 中国红色名录：数据缺乏（DD）。

参考文献 [25] [32] [36] [44] [132]

张大庆 供图

（26）颊斑吻虾虎鱼

拉丁名 *Rhinogobius maculagenys* Wu，Deng，Wang & Liu，2018

别称及俗名 类雀斑吻虾虎鱼

分类地位 虾虎鱼目、虾虎鱼亚目、背眼虾虎鱼科、吻虾虎鱼属

形态特征 体延长，前部稍平扁，后部侧扁。头中大，圆钝。头部和身体为黄褐色；颊部为黄褐色，有超过30个小的橙色斑点。雄性体侧为黄色，有超过10个小的橙色斑点，雌性为白色，无斑点；背鳍2个，分离，雄性的第一背鳍为梯形，在第二鳍棘前有一个大的明亮的蓝色斑点；第四、第五鳍棘最长，后端延伸至雄性第二背鳍的第二条鳍条线的基部，但刚达到或未达到第二背鳍的前缘。雌性的尾鳍有5~6个垂直的棕色斑点。尾鳍有5~6排棕色斑点；腹部有几排纵行的黑褐色斑点；腹部呈浅白色。

生态习性			椎骨			
淡水			27			
第一背鳍	第二背鳍	胸鳍	臀鳍	纵列鳞	横列鳞	背鳍前鳞
Ⅵ	I-7~9	16	I-6~8	32~34	9~13	0

生活习性 小型底层鱼类，喜生活于急流浅滩处，以特化为圆盘状的腹鳍吸附于砾石上，肉食性。

分布区域 湖南。为中国特有种。

保护等级 中国红色名录：数据缺乏（DD）。

参考文献 [17] [21] [182]

（27）颌带吻虾虎鱼

拉丁名 *Rhinogobius maxillivirgatus* Xia，Wu & Li，2018

别称及俗名 江西小红嘴、小红嘴虾虎鱼

分类地位 虾虎鱼目、虾虎鱼亚目、背眼虾虎鱼科、吻虾虎鱼属

形态特征 体延长，前部稍平扁，后部侧扁。头中大，圆钝。眼侧上位，头部有一条经过双眼的线纹，在眼前缘为红色，后缘为黑色，眼下缘延伸出一条浅红色弧线纹。颊部有多条黑色斜线纹，鳃盖膜为黄色，其上覆盖亮蓝色波浪斜纹，也有镶嵌约20个红点的表现。背鳍2个，无丝状延伸。第一背鳍鳍膜为红色，第一至第三鳍棘之间有蓝色斑纹。体侧上半部分为乳白色，有2条不连续红色线纹，下半部分为黑色。尾鳍基部有1个黑点，黑点的上下各有1个红点。

生态习性			椎骨			
淡水			27			
第一背鳍	第二背鳍	胸鳍	臀鳍	纵列鳞	横列鳞	背鳍前鳞
V～VI	I-8	13～15	I-7	28～30	6～7	5～9

生活习性 淡水小型底层鱼类，肉食性，以水生无脊椎动物为食。

分布区域 安徽、江西等。为中国特有种。

保护等级 中国红色名录：数据缺乏（DD）。

参考文献 [184]

颌带吻虾虎鱼与无斑吻虾虎鱼的区分

颌带吻虾虎鱼*Rhinogobius maxillivirgatus*与无斑吻虾虎鱼*Rhinogobius immaculatus*皆被饲养者称呼为"小红嘴虾虎鱼"，共同特征较多且都体形较小。对于雄鱼，主要可以通过颊部的斑纹和鳃盖膜的颜色区分：无斑吻虾虎鱼颊部无纹，胸鳍基部主要为白色；颌带吻虾虎鱼颊部具有褐色细线斜纹，胸鳍基部为浅红色或橘色斑块。两种雌鱼较为相似，可能需要结合产地进行辨认。

颌带吻虾虎鱼的头部

无斑吻虾虎鱼的头部

（28）密点吻虾虎鱼

拉丁名 *Rhinogobius multimaculatus*（Wu & Zheng，1985）

分类地位 虾虎鱼目、虾虎鱼亚目、背眼虾虎鱼科、吻虾虎鱼属

形态特征 前部稍平扁，后部侧扁。头中大。眼间隔狭窄，宽大于眼径，稍内凹。唇略厚，发达。体被中大弱栉鳞。腹鳍略短于胸鳍，圆盘形。尾鳍长圆形，短于头长。头、体呈棕褐色，头部略深。头及体侧具许多小黑斑点，头部、体前部及胸鳍基底的黑斑细小、密集；体后部黑斑较大，位于每枚鳞片的基部，呈规则排列，腹面浅色，无小黑斑。背鳍和尾鳍灰色，背鳍2个，第一背鳍第一与第四鳍棘间的鳍膜上具黑色斑块，第二背鳍及尾鳍有时具数行黑色斑纹。臀鳍灰黑色，边缘灰白色。胸鳍浅灰色。雄鱼腹鳍灰黑色，雌鱼腹鳍灰白色。

支浩浦 供图

生态习性				椎骨		
淡水				29		
第一背鳍	第二背鳍	胸鳍	臀鳍	纵列鳞	横列鳞	背鳍前鳞
Ⅵ	I-9 ~ 11	14 ~ 16	I-7 ~ 8	34 ~ 37	9 ~ 10	0

生活习性 中国东南部河、溪底层的小型鱼类。数量极少，属于稀有种类。个体小，体长40 ~ 60mm。

分布区域 浙江。为中国特有种。

保护等级 中国红色名录：数据缺乏（DD）。

参考文献 [12] [13] [32]

密点吻虾虎鱼与戴氏吻虾虎鱼的区分

密点吻虾虎鱼*Rhinogobius multimaculatus*与某些表现型的戴氏吻虾虎鱼*Rhinogobius davidi*相似度较大，难以区分。其主要的区分方法是戴氏吻虾虎鱼在眼下缘有一条线纹，而密点吻虾虎鱼无。但一些情况下，戴氏吻虾虎鱼无此表现型，需要配合纵列鳞数量加以区分。

支浩浦 供图

戴氏吻虾虎鱼眼下有线纹　　　　密点吻虾虎鱼眼下无线纹

（29）南渡江吻虾虎鱼

拉丁名 *Rhinogobius nandujiangensis* Chen，Miller，Wu & Fang，2002

分类地位 虾虎鱼目、虾虎鱼亚目、背眼虾虎鱼科、吻虾虎鱼属

形态特征 体延长，前部近圆筒形，后部侧扁。头中大，圆钝，前部宽而平扁（雄鱼）或稍侧扁（雌鱼）。唇略厚，发达。体被大栉鳞。腹鳍略短于胸鳍，圆形，左、右腹鳍愈合成一吸盘。尾鳍长圆形，短于头长。头、体呈乳黄色，体侧无深色横带和斑块，雄鱼体侧每一枚鳞袋边缘呈橘褐色，腹部呈浅黄色或白色。颊部及鳃盖部乳黄色。颊部具1条斜纹，鳃盖膜具5～7条暗红色条纹。项部具若干个褐色斑块。吻背自眼前方至吻端具"U"形黑纹。雄鱼腹鳍暗黑色，雌鱼腹鳍浅灰色。背鳍2个，第一背鳍灰色，第一及第二鳍棘间的鳍膜上具一大黑斑；雄鱼第一背鳍具3行红褐色小点，雌鱼的仅散具若干个小点。第二背鳍灰白色，具6～8纵行红褐色小点。尾鳍浅灰色，具6～8条垂直褐色条纹，尾鳍基部具黑斑。臀鳍浅色，雄鱼具3纵行红褐色小点，雌鱼无纵行小点。胸鳍浅色或暗灰色，基部具一暗褐色圆斑。腹鳍暗灰色。

生态习性			椎骨			
淡水			25			
第一背鳍	第二背鳍	胸鳍	臀鳍	纵列鳞	横列鳞	背鳍前鳞
Ⅵ	I-8～9	15～18	I-8～9	27～29	8～9	8～11

生活习性 河、溪小型底层鱼类。栖息在水质优良的小溪中，以小型无脊椎动物为食。

分布区域 海南南渡江水系。为海南特有种。

保护等级 中国红色名录：数据缺乏（DD）。

参考文献 [20] [26] [32] [79]

（30）名古屋吻虾虎鱼

拉丁名 *Rhinogobius nagoyae* Jordan & Seale，1906

分类地位 虾虎鱼目、虾虎鱼亚目、背眼虾虎鱼科、吻虾虎鱼属

形态特征 前部圆筒形。头中大，圆钝，前部宽而平扁，背部稍隆起。眼间隔狭窄，宽小于眼径，稍内凹。体被中大弱栉鳞。腹鳍略短于胸鳍，圆形，膜盖发达，边缘显著凹入。尾鳍长圆形，短于头长。头、体呈浅棕色，背部色深，腹部浅色，体侧具6～7个不规则灰黑色横斑，最后面的横斑位于尾鳍基，呈"＜"状浅弧形。颊部及鳃盖上具许多辐射状蠕虫形红褐色条纹。眼前下方的吻部具4条伸向上颌的斜纹。背鳍2个，第一背鳍和臀鳍呈浅黄色；第二背鳍有4条红色纵纹；尾鳍具6～8条红色弧形横纹；胸鳍基部上方有1个红线斑，其后沿胸鳍基有3条弧形横纹。

生态习性			椎骨			
淡水、两侧洄游			26			
第一背鳍	第二背鳍	胸鳍	臀鳍	纵列鳞	横列鳞	背鳍前鳞
Ⅵ	I-8	20～21	I-7～8	34～37	12	9～18

生活习性 江、河底层小型鱼类，喜栖息于中、小河川的水清流缓、底质为石砾处。杂食性，摄食小型水生昆虫及附着性藻类。本种为淡水、两侧洄游生态习性，产小型卵，浮游期较长，幼鱼会进入海湾等环境发育。

分布区域 我国东北部地区的图们江、辽河、鸭绿江、黑龙江等水系。国外见于朝鲜半岛、日本。

保护等级 中国红色名录：数据缺乏（DD）。

参考文献 [32] [49] [50] [51]

台湾吻虾虎鱼和名古屋吻虾虎鱼的区分

名古屋吻虾虎鱼*Rhinogobius nagoyae*与台湾吻虾虎鱼*Rhinogobius formosanus*极为相似，台湾吻虾虎鱼在最早发现记录时曾被认为是名古屋吻虾虎鱼的亚种，但经过后续研究发现其亲缘关系较远，应为独立种。其区分方法为头部的纹路，台湾吻虾虎鱼头部纹路较粗，且其中镶嵌有蓝色斑块；名古屋吻虾虎鱼头部纹路较细，无蓝色斑块。

台湾吻虾虎鱼的头部　　　　　　　　　　名古屋吻虾虎鱼的头部

（31）短叶吻虾虎鱼

拉丁名　*Rhinogobius nanophyllum* Endruweit，2018

别称及俗名　勐腊吻虾虎鱼

分类地位　虾虎鱼目、虾虎鱼亚目、背眼虾虎鱼科、吻虾虎鱼属

形态特征　体延长，前部稍平扁，后部侧扁，前部为圆筒形。头中大，圆钝。颊部到胸鳍基部分散有约90个白色圆形或蚯蚓状斑纹，第一背鳍前有大量黑色蚯蚓状纹路，头部有一条"V"形贯穿过双眼的细线。体侧为棕黄色或黄色，腹部为米色，体侧有4～6条黑色不规则斑块，有时不显现。背鳍2个，第一背鳍无丝状突出，在第一至第三鳍棘之间有黑色小斑，第二背鳍微泛黄，在靠近基部处开始延伸出4条断线，断线的落点都在鳍条上。胸鳍无色，在基部为米黄色。尾鳍长圆形，微黄，基部有一黑斑。

生态习性			椎骨			
淡水			28			
第一背鳍	第二背鳍	胸鳍	臀鳍	纵列鳞	横列鳞	背鳍前鳞
Ⅵ	I-8～10	15～17	I-7～8	29～32	11～12	0

生活习性　小型底层鱼类，喜生活于急流浅滩处，以特化为圆盘状的腹鳍吸附于砾石上，肉食性。

分布区域　我国分布于云南地区。也见于越南北部。

保护等级　中国红色名录：数据缺乏（DD）。

参考文献　[86]

（32）南台吻虾虎鱼

张大庆 供图

张大庆 供图

张大庆 供图

拉丁名 *Rhinogobius nantaiensis* Aonuma & Chen，1996

分类地位 虾虎鱼目、虾虎鱼亚目、背眼虾虎鱼科、吻虾虎鱼属

形态特征 体延长，前部圆筒形，后部侧扁。尾柄颇长，其长大于体高。头大，圆钝。雄鱼吻部长于雌鱼。眼较小，背侧位。眼上缘突出于头部背缘。眼间隔窄小，其宽小于眼径，稍内凹。鼻孔每侧2个，分离但相互接近。鳃孔中大。峡部宽，鳃盖膜于峡部相连，鳃盖条5根。具假鳃。体被中大栉鳞，后半部鳞片较大，头的吻部、颊部、鳃盖部无鳞。无侧线。各鳍膜无斑点，颊部具橙色斑点，体侧具1列深色云斑。项部具数列深褐色纵纹，眼下方各有1条红色斜纹。体呈灰褐色或淡褐色，背侧具棕斑。

生态习性				椎骨		
淡水				26		
第一背鳍	第二背鳍	胸鳍	臀鳍	纵列鳞	横列鳞	背鳍前鳞
Ⅵ	I-7～9	18～19	I-7～8	33～36	11～13	13～17

生活习性 为溪流底栖小型鱼类，喜栖息于潭区浅于2m的水域或濑区。肉食性，以小型鱼类、虾类、水生昆虫、有机碎屑为食。大卵型，幼鱼有浮游期，体形较大。

分布区域 台湾的曾文溪、高屏溪等水系。为台湾地区特有种。

保护等级 中国红色名录：近危（NT）。

参考文献 [20] [26] [32] [79]

（33）黑吻虾虎鱼

拉丁名 *Rhinogobius niger* Huang，Chen & Shao，2016

别称及俗名 星条旗虾虎鱼、浙江神农吻虾虎鱼

分类地位 虾虎鱼目、虾虎鱼亚目、背眼虾虎鱼科、吻虾虎鱼属

形态特征 体延长，前部近圆筒形，后部稍侧扁；头中大，稍平扁；吻圆钝，雄性吻长大于雌性；上颌稍突出。体被中大弱栉鳞，前部鳞小，后部鳞较大。头的吻部、颊部和鳃盖部无鳞，多数无背鳍前鳞，少数具1～3枚。雄性头部为浅灰色或灰色。头部眼前缘具1条棕褐色细纹，向前伸达吻端；眼后缘具2条棕褐色细纹；颊部具鲜红色、形状规则的小圆斑；雄性鳃盖膜亦具鲜红色小圆斑，雌性鳃盖膜通常不具斑纹。成年雄性体侧为浅灰色或乳白色，体部通常均匀密布红色小圆斑，具7条左右不明显的横向斑块。背鳍2个，分离；第一背鳍呈现旗状，第三或第四鳍棘最长，第一背鳍第一与第三鳍棘中部具黑色斑，雌性常缺失此特征；第二背鳍平放时不伸达尾鳍基部。胸鳍基部浅色，具大小不等的红棕色斑点；背鳍、臀鳍呈红棕色或棕褐色，尾鳍呈浅黄色。

生态习性			椎骨			
淡水			26～27			
第一背鳍	第二背鳍	胸鳍	臀鳍	纵列鳞	横列鳞	背鳍前鳞
V～Ⅵ	I-8～9	16～18	I-7～8	31～35	10～12	0～3

生活习性 淡水小型底层鱼类，栖息于溪流上游的急流中。肉食性，以水生无脊椎动物为食。为陆封型生态习性，卵较大，幼鱼无浮游期。

分布区域 广泛分布于我国南方地区，福建、广东、广西、浙江等地皆可发现。为中国特有种。

保护等级 中国红色名录：数据缺乏（DD）。

参考文献 [12] [100] [133]

黑吻虾虎鱼雌性

安徽产黑吻虾虎鱼表现型

杭州产白斑型黑吻虾虎鱼表现型

杭州产黑吻虾虎鱼表现型

杭州产黄脸黑吻虾虎鱼表现型

金华产黑吻虾虎鱼表现型

宁波产黑吻虾虎鱼表现型

衢州产黑吻虾虎鱼表现型

浙江产"星条旗"背鳍虾虎鱼表现型

温州产黑吻虾虎鱼表现型一

温州产黑吻虾虎鱼表现型二

湖南产黑吻虾虎鱼表现型一

湖南产黑吻虾虎鱼表现型二

贵州产黑吻虾虎鱼表现型

江西产黑吻虾虎鱼表现型

（34）网纹吻虾虎鱼

拉丁名 *Rhinogobius reticulatus* Li，Zhong & Wu，2007

分类地位 虾虎鱼目、虾虎鱼亚目、背眼虾虎鱼科、吻虾虎鱼属

形态特征 体延长，前部稍平扁，后部侧扁，前部为圆筒形。头中大，圆钝。上、下颌等长。头、体浅灰色。体部两侧均匀密布褐色细斑，无黑色斑块。雄鱼体侧细斑较雌鱼的小而规则、呈细点状。头部眼前缘具红棕色条纹延伸至近上唇部；眼后缘下缘具一红棕色直纹、斜向下伸达眼前缘下方但不伸达口部；颊部及鳃盖部密布黑褐色细点，雄鱼鳃盖条部具8~13条红色条纹，在近喉部交织成网状。雌鱼鳃盖条部色素较少，为无色或略呈黑色。胸鳍基部为浅色，散布深色细点；第一背鳍第一至第三鳍棘中部具蓝黑色斑，上部呈鲜艳的橙红色，下部浅色；第二背鳍具5~6行红棕色断点状细纹，边缘白色；臀鳍为红色，边缘白色，鳍间有不规则白色斑块。尾鳍上具4~6列棕色断点状细纹。

生态习性				椎骨		
淡水				26~27		
第一背鳍	第二背鳍	胸鳍	臀鳍	纵列鳞	横列鳞	背鳍前鳞
Ⅵ	Ⅰ-8~9	15~17	Ⅰ-7~8	27~29	8~9	3~6

生活习性 小型底层鱼类，喜生活于急流浅滩处，以特化为圆盘状的腹鳍吸附于砾石上，肉食性。

分布区域 福建。为中国特有种。

保护等级 中国红色名录：数据缺乏（DD）。

参考文献 [12] [15]

网纹吻虾虎鱼与戴氏吻虾虎鱼的区分

戴氏吻虾虎鱼*Rhinogobius davidi*的一些表现型与网纹吻虾虎鱼*Rhinogobius reticulatus*一样，头部遍布密集点状斑纹，可能分辨困难，但可以通过眼部的线纹进行区分，戴氏吻虾虎鱼的眼纹起源于眼下缘，一般会抵达下唇，呈现"）"形；网纹吻虾虎鱼的眼纹起源于眼后缘，一般较短、较直。

戴氏吻虾虎鱼眼下缘线纹　　　　　　　　　　网纹吻虾虎鱼眼后缘线纹

（35）短吻红斑吻虾虎鱼

台湾地区产表现型一

台湾地区产表现型二

短吻红斑吻虾虎鱼稚鱼

福建产表现型

拉丁名 *Rhinogobius rubromaculatus* Lee & Chang，1996

分类地位 虾虎鱼目、虾虎鱼亚目、背眼虾虎鱼科、吻虾虎鱼属

形态特征 体延长，前部近圆筒形，后部侧扁。口中大，前位，斜裂。两颌约等长或上颌稍突出。体呈黄棕色或褐色，身上密布许多红色或红褐色细小斑点，吻部、颊部及鳃盖上皆有许多红色或橘红色斑点；两眼前方无"U"形条纹，眼前及眼下各有1条细窄红纹，延伸到吻端及上颌中央上方。背鳍2个，第一背鳍第一至第三鳍棘之间下半部的鳍膜处有1个黑蓝色亮斑，各鳍膜有散列的红色斑点；第二背鳍有3～6列红色或橘红色斑点，雄鱼第二背鳍外缘呈白色；尾鳍有4～7列散开的红色或红褐色斑点；臀鳍橘黄色，较外缘为黑色，最外缘则呈白色或无色透明；胸鳍基部有2～3列垂直排列的红色或橘红色斑点。

生态习性				椎骨		
淡水				27～28		
第一背鳍	第二背鳍	胸鳍	臀鳍	纵列鳞	横列鳞	背鳍前鳞
V～Ⅶ	I-7～10	15～17	I-7～9	29～32	10～13	9～13

生活习性 栖息于溪流中、上游的底栖鱼类；肉食性，以水生昆虫为食。本种为陆封型生态习性，产大型卵，幼鱼无浮游期。常栖息在小型的支流里，或主流区的小分流、缓流区、边缘水域等栖地环境中。

分布区域 台湾北部、中部、南部的溪流的中、上游区域，即中央山脉以西的浊水溪以及以北的溪流水系中。在福建发现了类似物种，可能是本种。

保护等级 中国红色名录：数据缺乏（DD）。

参考文献 [25] [32] [36] [38] [44] [83] [132]

（36）三更罗吻虾虎鱼

拉丁名 *Rhinogobius sangenloensis* Chen & Miller，2014

分类地位 虾虎鱼目、虾虎鱼亚目、背眼虾虎鱼科、吻虾虎鱼属

形态特征 体延长，前部稍平扁，后部侧扁。头中大，圆钝，下颌唇下有1条红色细线。颊部无斑纹，为白色。鳃盖膜有数个红色圆点；体侧为乳白色，有3～4条纵向的、不连续的橙色至褐色或棕黑色小斑点组成的条纹；背鳍2个，分离，第一背鳍无丝状突出，在第一至第四鳍棘之间有黑色色块，其上有亮蓝色色块；鳍膜为橘色，第二背鳍鳍膜上有橘色和亮蓝色交织形成的乱纹，外缘为亮蓝色。雄鱼的胸鳍基部有2个灰黑色的斑点，鳍膜无色透明。雄鱼的尾鳍在下1/3区域有一个橙色印记。

生态习性				椎骨		
淡水				26		
第一背鳍	第二背鳍	胸鳍	臀鳍	纵列鳞	横列鳞	背鳍前鳞
V～Ⅶ	I-8～9	16～17	I-7～8	25～27	9～10	9～11

生活习性 小型底层鱼类，栖息于溪流中。

分布区域 海南。为中国特有种。

保护等级 中国红色名录：数据缺乏（DD）。

参考文献 [20] [26] [78]

陵水吻虾虎鱼与三更罗吻虾虎鱼的区分

陵水吻虾虎鱼*Rhinogobius linshuiensis*与三更罗吻虾虎鱼*Rhinogobius sangenloensis*形态极为相似，难以鉴别。根据三更罗吻虾虎鱼定种原始论文的数据，此两种虾虎鱼的主要区分点为椎骨数和纵列鳞。有一较为简单的鉴别方法，即观察臀鳍：三更罗吻虾虎鱼的臀鳍为橘色或黄色的大色块，不具备斑点；陵水吻虾虎鱼臀鳍具有大量红色斑点。此方法在鉴定时应结合纵列鳞和椎骨数使用。

三更罗吻虾虎鱼臀鳍

陵水吻虾虎鱼臀鳍

（37）神农吻虾虎鱼

拉丁名 *Rhinogobius shennongensis* Yang & Xie，1983

同种异名 神农栉虾虎鱼*Ctenogobius shennongensis*

分类地位 虾虎鱼目、虾虎鱼亚目、背眼虾虎鱼科、吻虾虎鱼属

形态特征 体延长，粗壮，前部亚圆筒形。头中大，圆钝，前部宽而低，平扁，背部稍隆起，头宽大于头高。眼间隔狭窄，宽等于眼径，稍内凹。唇略厚，发达。舌游离，前端圆形。体被中大弱栉鳞。胸鳍宽大，圆形，下侧位，鳍长大于眼后头长。腹鳍略短于胸鳍，圆盘状。头、体呈翠绿色，颊部及鳃盖膜无纹，体侧有6～7条较宽的黑色斑条，横跨背部。雄鱼第一背鳍前部有1个大而明显的荧光蓝色斑点；雌鱼无此斑点。各鳍均具黑色斑点组成的条纹；胸鳍基部有1条黑色横纹，雄鱼胸鳍和腹鳍呈灰黑色，雌鱼的为灰白色。尾鳍基有1个深褐色半月形斑。

生态习性			椎骨			
淡水			未知			
第一背鳍	第二背鳍	胸鳍	臀鳍	纵列鳞	横列鳞	背鳍前鳞
VI	I-8～9	18～19	I-8	31～33	9	5～6

生活习性 温水性小型底层鱼类，喜生活于急流浅滩处，以特化为圆盘状的腹鳍吸附于砾石上，使其不至于被急流冲走，平时常潜伏于砾石缝隙间，游动距离不超过1m，活动敏捷，不易捕捉。无食用价值。

注：本种的分类学问题长期混乱，且在《中国动物志》中有将本种与黑吻虾虎鱼*Rhinogobius niger*、李氏吻虾虎鱼*Rhinogobius leavelli*混淆的现象，根据原始文献数据以及饲养者采集者相关资讯，本书将被饲养者称为"三峡吻虾虎鱼"的鱼认作本种，更加详细的研究有待科研人员进行。

分布区域 湖北、重庆等地的河、溪中。为中国特有种。

保护等级 中国红色名录：易危（VU）。

参考文献 [12] [32] [33]

（38）真吻虾虎鱼

拉丁名 *Rhinogobius similis* Gill，1859

别名及俗名 极乐吻虾虎鱼、子陵吻虾虎鱼、栉虾虎鱼、狗甘仔等

同种异名 子陵吻虾虎鱼*Rhinogobius giurinus*、子陵栉虾虎鱼*Ctenogobius giurinus*

分类地位 虾虎鱼目、虾虎鱼亚目、背眼虾虎鱼科、吻虾虎鱼属

形态特征 体延长，前部近圆筒形，后部稍侧扁；头大，稍平扁（雄性）或稍侧扁（雌性）；吻圆钝，雄性吻长稍大于雌性；上颌稍突出；雄性的吻长略长于雌性，但雌雄差异不甚明显。体被中大弱栉鳞，前部鳞小，后部鳞较大。头的吻部、颊部和鳃盖部无鳞，项部背鳍前鳞较多，具11～13个，有别于多数同属物种。背鳍2个，分离；第一背鳍略呈扇形，第三或第四鳍棘最长，平放时几乎伸达第二背鳍起点；雄性第二背鳍通常较雌性宽大，平放时不伸达尾鳍基部。雌、雄活体的体色差异较小。成年个体头、体浅黄褐色，头部具有5～6条棕褐色斜向条纹，部分呈断点状；体侧无明显斑块；胸鳍基部上端具有一大黑斑；第一背鳍无黑斑；雄性第二背鳍和臀鳍边缘通常具外红内黄的斑纹，雌性不明显；尾鳍具多条棕褐色点纹。

支浩浦 供图

生态习性			椎骨			
淡水、两侧洄游			26			
第一背鳍	第二背鳍	胸鳍	臀鳍	纵列鳞	横列鳞	背鳍前鳞
Ⅵ	I-8～9	18～20	I-7～8	28～32	9～10	8～14

生活习性 栖息于江河沙滩、石砾地带含氧丰富的浅水区，水库、池塘也有分布；喜食水生昆虫或底栖性小鱼以及鱼卵；本种为两侧洄游生态习性，产小型卵，存在陆封种群，1龄达性成熟，4～5月产卵。

分布区域 几乎分布于我国除内蒙古和青藏外的地区，主要见于福建、广东、海南及黄河、长江、钱塘江等。国外见于朝鲜半岛、日本、俄罗斯等。

保护等级 中国红色名录：无危（LC）；IUCN：无危（LC）。

参考文献 [6] [20] [30] [32] [38] [40] [42] [44] [49] [50] [51] [132] [170]

杭州产表现型

宁波产表现型

丽水产表现型

拉丁名　*Rhinogobius wuyiensis* Li & Zhong，2007

分类地位　虾虎鱼目、虾虎鱼亚目、背眼虾虎鱼科、吻虾虎鱼属

形态特征　体延长，前部稍平扁，后部侧扁。头大，成年雄性头部平扁，颊部两侧肌肉发达并外突，雌性头部亚圆筒状；吻圆钝，雄性吻长稍大于雌性；眼间隔甚狭窄，小于眼径，稍内凹。口中大，斜裂。体被中大弱栉鳞，前部鳞小，后部鳞较大。头、体浅褐色。体部具7~9个狭长斑块，通常从腹侧延伸至背侧，斑块通常呈"Y"状分叉于背侧交错；体两侧每鳞片处常具一浅棕色斑点，呈规则排列，腹侧及背侧斑点常不明显或缺失，固定标本的后体部两侧中部的斑点色较深，常形成1行点状纹。体为灰黑色，有红色斑点点缀，有数条白色条纹。

生态习性			椎骨			
淡水			26			
第一背鳍	第二背鳍	胸鳍	臀鳍	纵列鳞	横列鳞	背鳍前鳞
Ⅵ	I-8~9	15~18	I-7~9	31~32	9~11	0~4

生活习性　栖息于溪流中的小型鱼类，肉食性，以水生昆虫、小型鱼类及虾类为食。

分布区域　浙江的钱塘江支流武义江。

保护等级　中国红色名录：数据缺乏（DD）。

参考文献　[12] [13]

武义吻虾虎鱼和雀斑吻虾虎鱼的区别

　　武义吻虾虎鱼*Rhinogobius wuyiensis*与雀斑吻虾虎鱼*Rhinogobius lentiginis*较为相似，此处引用原始论文的区分方法。武义吻虾虎鱼的头部斑纹与雀斑吻虾虎鱼类似，但武义吻虾虎鱼头部斑点不规则，且大小不等，常呈线状交织等。

雀斑吻虾虎鱼头部

武义吻虾虎鱼头部

（40）四川吻虾虎鱼

四川吻虾虎鱼（左）与李氏吻虾虎鱼（右）相互夸示

拉丁名 *Rhinogobius szechuanensis*（Tchang，1939）

同种异名 四川栉虾虎鱼*Ctenogobius szechuanensis*

分类地位 虾虎鱼目、虾虎鱼亚目、背眼虾虎鱼科、吻虾虎鱼属

形态特征 吻圆钝，颇长，吻长为眼径的1.2～1.5倍。唇肥厚。舌游离，前端圆形。背鳍2个，分离。液浸标本的体呈灰褐色或浅褐色，腹部黄白色，体侧每一枚鳞片边缘棕褐色，形成网格状纹，中央无纵带，有时体侧具数个小黑斑。头部黑褐色。背鳍、臀鳍、胸鳍和腹鳍均呈灰褐色；第一背鳍无纵纹，第一至第二鳍棘之间的鳍膜上无黑斑，但有时有1条深色的长条纹；第二背鳍有数列深褐色小斑点；胸鳍基部上方有时隐具1个黑斑。尾鳍具6～7条深色横纹，上、下叶近边缘区深棕色，中部灰白色。

生态习性			椎骨			
淡水			27			
第一背鳍	第二背鳍	胸鳍	臀鳍	纵列鳞	横列鳞	背鳍前鳞
VI	I-8～9	17～18	I-7～8	32～35	10～11	0～8

生活习性 暖温性小型底层鱼类，常栖息于流水的溪、河中，多在乱石间活动。肉食性，以小鱼、水生昆虫及小虾、蟹为食。

分布区域 四川岷江水系。

保护等级 中国红色名录：易危（VU）。

参考文献 [6] [32]

（41）乌岩岭吻虾虎鱼

支浩浦　供图

乌岩岭吻虾虎鱼雌性

拉丁名　*Rhinogobius wuyanlingensis* Yang，Wu & Chen，2008

分类地位　虾虎鱼目、虾虎鱼亚目、背眼虾虎鱼科、吻虾虎鱼属

形态特征　体延长，前部稍平扁，后部侧扁。头中大，圆钝，吻较尖。头部有穿过眼的红色"V"状条纹。雄性口小且较斜。颊部无纹，为黄色斑块，鳃盖膜有数条红色倾斜条纹，斜纹间为淡蓝色。体侧上部为浅色，下部为褐色，背鳍2个，第一背鳍无丝状延伸，鳍膜大部分区域为浅红色，前四条鳍棘之间有少量透明区域。胸鳍无色透明。尾鳍基部有1个大黑点，鳍膜为淡黄色，有数行白色斑点点缀。

生态习性				椎骨		
淡水				27		
第一背鳍	第二背鳍	胸鳍	臀鳍	纵列鳞	横列鳞	背鳍前鳞
V ~ VI	I-8 ~ 9	17 ~ 18	I-8	30 ~ 32	9 ~ 10	7 ~ 9

生活习性　暖水性小型底层鱼类，以水生无脊椎动物、昆虫幼虫等为食。本种为陆封型生态习性，产中大型卵，幼鱼存在浮游期但个体较大，可在人工环境下繁殖。

分布区域　中国乌岩岭国家自然保护区、泰顺县、浙江飞云江盆地的上游支流。这一物种可能是该河流上游地区的特有物种。

保护等级　中国红色名录：数据缺乏（DD）。

参考文献　[32] [36] [187]

（42）仙水吻虾虎鱼

宁德产表现型

福清产表现型

罗源产表现型

拉丁名 *Rhinogobius xianshuiensis* Chen，Wu & Shao，1999

分类地位 虾虎鱼目、虾虎鱼亚目、背眼虾虎鱼科、吻虾虎鱼属

形态特征 前部亚圆筒形。头大，圆钝。眼中大，背侧位。唇略厚，发达。体被大栉鳞。腹鳍略短于胸鳍，圆形，左、右腹鳍愈合成一吸盘。尾鳍长圆形，短于头长。头、体呈亮褐色，活时为金黄色。体侧具6~7个方形暗灰色的宽斑块，背侧亦具6~7个大圆亮斑；体侧无灰褐色垂直宽条纹。体侧每一鳞袋后缘暗褐色。颊部和鳃盖骨部无蠕虫形红褐纹。头部眼睛附近具2条深黑色条纹：一条自眼前缘向前伸达吻端，与对侧的形成"U"形纹；另一条黑色条纹很长，由眼的下缘向下垂直伸向口角或稍后处。

生态习性				椎骨		
淡水				27		
第一背鳍	第二背鳍	胸鳍	臀鳍	纵列鳞	横列鳞	背鳍前鳞
VI	I-8	15~16	I-6~7	29~31	9~10	5~7

生活习性 底栖性，河、溪小型底层鱼类。无食用价值。不喜好游动。肉食性，通常以水生昆虫为食。

分布区域 福建木兰溪水系。为中国特有种。

保护等级 中国红色名录：数据缺乏（DD）。

参考文献 [32][38]

（43）瑶山吻虾虎鱼

桂林产表现型

河池产表现型

瑶山吻虾虎鱼亚成体

拉丁名　*Rhinogobius yaoshanensis*（Luo，1989）

分类地位　虾虎鱼目、虾虎鱼亚目、背眼虾虎鱼科、吻虾虎鱼属

形态特征　体延长，前部近圆筒形，后部侧扁。头中大，圆钝，前部宽而平扁，背部稍隆起，头宽大于头高。颊部稍凸出。雄鱼吻短而圆钝，雌鱼稍尖，吻长稍大于眼径。眼较小或中大，背侧位，位于头的前半部，眼上缘突出于头部背缘，眼下缘无放射状乳突线，仅具1条由眼后下方斜向前的感觉乳突线。眼间隔稍宽，小于眼径，微内凹。口中大，前位，斜裂。两颌约等长。上颌骨后端伸达眼前缘下方或稍后。头、体呈淡黄色。体侧有5~6个暗斑，跨越背部。头部在眼前下缘有2条斜带：一条自眼前缘至上唇，另一条自眼前缘至口角。颊部常具小黑点。

生态习性			椎骨			
淡水			28			
第一背鳍	第二背鳍	胸鳍	臀鳍	纵列鳞	横列鳞	背鳍前鳞
Ⅵ	Ⅰ-8~9	16~17	Ⅰ-7~8	29~31	9~10	10~12

生活习性　常栖息于河流、溪流中。以水生无脊椎动物为食。

分布区域　广西大瑶山、金秀、桂林等。为中国特有种。

保护等级　中国红色名录：数据缺乏（DD）。

参考文献　[32] [175]

（44）周氏吻虾虎鱼

非模式产地周氏吻虾虎鱼表现型

周氏吻虾虎鱼雌性

拉丁名 *Rhinogobius zhoui* Li & Zhong，2009

分类地位 虾虎鱼目、虾虎鱼亚目、背眼虾虎鱼科、吻虾虎鱼属

形态特征 体延长，前部亚圆筒状，后部侧扁。头大，稍平扁；吻圆钝，雄性吻长稍大于雌性；眼间隔甚狭窄，小于眼径，稍内凹。颊部和鳃盖膜无色素沉着。口中大，斜裂。上颌稍突出唇略厚，发达。体色在不同性别间的差异较大。成年雄性头、体浅白色，略带浅蓝色光泽；头部仅眼周具红棕色条纹，眼前缘具红棕色条纹延伸至近上唇部；颊部与鳃盖膜呈亮白色，不具有任何斑纹；体侧具6～8个橙红色斑块；胸鳍基白色，中部略偏上位置具一不明显的点状斑；背鳍2个，第一背鳍第三或第四鳍棘最长，第一背鳍鳍膜为亮蓝色，不具有黑斑，各奇鳍均具宽大的亮白色边缘，内侧为橙红色；偶鳍上少有色素分布。

生态习性				椎骨		
淡水				26		
第一背鳍	第二背鳍	胸鳍	臀鳍	纵列鳞	横列鳞	背鳍前鳞
Ⅵ	I-8～9	16～18	I-7～8	29～31	8～9	10～12

生活习性 野外栖息地多为浅滩地带，且水体中有大块的岩石，少有植被覆盖。食性杂，以微型水生昆虫、小鱼、小虾等为食。陆封型生态习性，产大型卵，繁殖一般由雌性发起，雄性会在洞中守护鱼卵。产卵数量30～60粒，发育随温度在13～21日不等，幼鱼无浮游期，一经孵化便营底栖生活。

分布区域 广东省海丰县莲花山的溪流中。

保护等级 中国红色名录：易危（VU）。

参考文献 [14] [40] [42]

2.鲻虾虎鱼属

（1）阿部鲻虾虎鱼

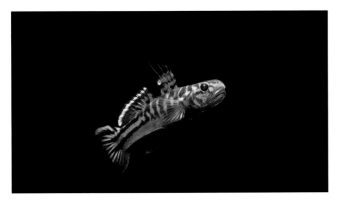

阿部鲻虾虎鱼雌性

拉丁名 *Mugilogobius abei*（Jordan & Snyder，1901）

分类地位 虾虎鱼目、虾虎鱼亚目、背眼虾虎鱼科、鲻虾虎鱼属

形态特征 体延长，前部亚圆筒形，后部侧扁。头颇大，稍宽。颊部球形突出。吻圆钝。口中大，前位，斜裂。舌稍宽且游离，前段浅分叉。左、右腹鳍愈合成一长形吸盘。尾鳍圆形，短于头长。尾柄部有2条向后延伸达尾鳍后缘的黑色纵带。背鳍2个，第一背鳍起点在胸鳍基部后上方，鳍棘均细弱，第三、四鳍棘最长，第五、六鳍棘间具一黑斑。胸鳍宽圆，下侧位，后端不伸达肛门。鳃盖中部有一暗斑。尾鳍上部黑色，边缘白色。其余各鳍为暗色。

生态习性				椎骨		
咸淡水				26		
第一背鳍	第二背鳍	胸鳍	臀鳍	纵列鳞	横列鳞	背鳍前鳞
Ⅵ	Ⅰ-8	18~19	Ⅰ-8	36~40	12~13	19~22

生活习性 生活于热带地区，栖息于河川下游、河口、内湾或红树林等沙泥底质且水流较平缓的地区，不喜好游动，属广盐性、底栖鱼类。杂食性，以有机碎屑及小型底栖无脊椎动物为食。

分布区域 我国分布于南部沿海地区，也在台湾地区发现。国外见于朝鲜、日本。

保护等级 IUCN：无危（LC）。

参考文献 [32] [44] [101] [124]

（2）清尾鯔虾虎鱼

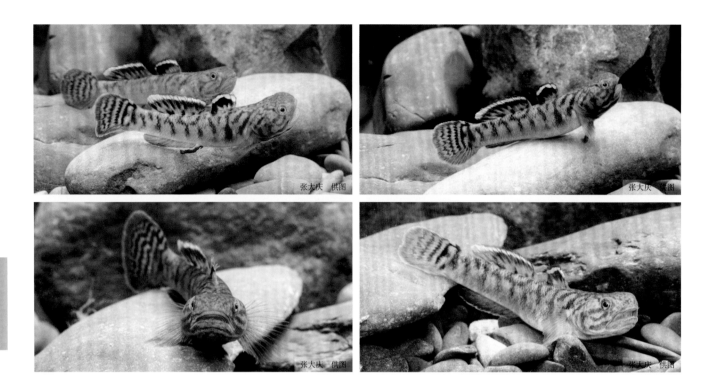

张大庆　供图

张大庆　供图

张大庆　供图

张大庆　供图

拉丁名　*Mugilogobius cavifrons*（Weber，1909）

俗名及别称　小鯔虾虎鱼

分类地位　虾虎鱼目、虾虎鱼亚目、背眼虾虎鱼科、鯔虾虎鱼属

形态特征　体略延长，前方圆钝而后部侧扁。头中大，眼大且位置高。雄鱼吻部稍微长于雌鱼，口裂大小中等。第一背鳍呈圆弧形，所有硬棘长度相当，皆无丝状延长。头部及躯体底色为浅黄褐色，体侧上半部具有9～11条形状不规则的黑褐色横斑。体鳞具有深褐色边缘，腹面为淡黄白色。颊部与前鳃盖区域约有3条倾斜的水平黑褐色条纹。第一背鳍鳍膜灰褐色，外缘浅灰白色，具有一个明显的大型黑色斑块。第二背鳍鳍膜在中间区域具有一条水平分布的灰色带，灰色带上方具有一条浅灰白色带。成熟雄鱼臀鳍鳍膜通常为橘黄色，并具有灰黑色边缘。成熟雌鱼臀鳍鳍膜呈浅灰色，并具有白色边缘。尾鳍鳍膜大致呈浅灰白色，而成熟个体的尾鳍中央区域的鳍膜通常为黄色，并具有浅灰色的外缘。大型个体尾鳍鳍膜上通常具有5～6条垂直排列的黑色线纹。

生态习性			椎骨			
咸淡水			26			
第一背鳍	第二背鳍	胸鳍	臀鳍	纵列鳞	横列鳞	背鳍前鳞
VI～VII	I-8～9	15～17	I-7～8	44～48	13～15	19～24

生活习性　暖水性底层小型鱼类，栖息于河口、红树林等咸淡水交界处。

分布区域　广泛分布于台湾地区。琉球群岛、菲律宾、印度尼西亚与巴布亚新几内亚亦广泛分布。

保护等级　IUCN：无危（LC）。

参考文献　[32] [36] [44] [101] [124]

（3）诸氏鲻虾虎鱼

拉丁名 *Mugilogobius chulae*（Smith，1932）

分类地位 虾虎鱼目、虾虎鱼亚目、背眼虾虎鱼科、鲻虾虎鱼属

形态特征 体延长，前方圆钝而后部略侧扁。头中大，眼大且位置高。雄鱼吻部稍微长于雌鱼，口裂中等大小，雄鱼口裂较雌鱼略大。头部及躯体底色为浅灰褐色或浅黄褐色，体侧约有7块不规则的黑褐色斑块；体侧在第一背鳍中央基部位置具有1条明显的黑褐色粗横带向下及往前方延伸至体侧中央，另外体侧在颈项部具有1条明显的黑褐色粗横带，向下及往后方延伸至胸鳍基部后方位置。体鳞具有深褐色边缘，腹面为淡黄白色。眼窝下方具有1条黑褐色纵带，往前延伸至上唇边缘，往后延伸至前鳃盖后缘。胸鳍基部具有1个明显的黑褐色斑块。第一背鳍第三至第六鳍棘之间具有1个明显的大型黑色斑块，从背鳍基部往上延伸至第一背鳍高度的一半；成熟雄鱼在黑色斑块后缘的鳍膜为鲜黄色。第二背鳍鳍膜灰黑色，上半部具有1条浅色色带，第二背鳍上缘为灰白色；成熟雄鱼第二背鳍后端鳍膜通常为淡黄色。成熟雄鱼臀鳍鳍膜呈红褐色。尾鳍基部的尾鳍鳍膜具有2个垂直排列的明显大型椭圆形或长圆形黑色斑块，在黑斑后方的鳍膜，通常具有1条黑色横斑。

生态习性	椎骨					
咸淡水	26					
第一背鳍	第二背鳍	胸鳍	臀鳍	纵列鳞	横列鳞	背鳍前鳞
Ⅵ	I-6～8	13～15	I-6～7	28～30	8～9	11～14

生活习性 为暖水性底层小型海水鱼类，喜栖息于沿海、河口及潮流可达的内陆河流等的浅水区域。因体形小、胚胎透明、繁殖量大、繁殖周期短及饲养简便，目前已经成为一种实验鱼类。

分布区域 我国南部沿海的河口等半咸水区域。泰国、马来西亚、菲律宾、新加坡等也有分布。

保护等级 IUCN：无危（LC）。

参考文献 [18] [32] [44] [101] [124]

（4）黄斑鲻虾虎鱼

张大庆　供图

拉丁名　*Mugilogobius flavomaculatus* Huang，Chen，Yung & Shao，2016

别称及俗名　龟纹鲻虾虎鱼

分类地位　虾虎鱼目、虾虎鱼亚目、背眼虾虎鱼科、鲻虾虎鱼属

形态特征　体延长，前方圆钝而后部略侧扁。口前位，吻短钝。颊部具有5～7个亮黄色的圆形斑点。头中大，眼大且位置高。体侧为淡黄色，具有7～8条黑褐色横带。背鳍2个，第一背鳍低且圆，没有丝状延长，第一背鳍中央有一灰色弧形斜纹，鳍膜为黄色，鳍缘为黑色。第二背鳍靠近基部有3条黑色斑纹，鳍缘有1条黑色线，黑线下有白色条纹。尾鳍基部具有1条黑褐色横斑或2个黑褐色短棒状斑。尾鳍圆形，鳍膜微黄。

生态习性				椎骨		
咸淡水				26		
第一背鳍	第二背鳍	胸鳍	臀鳍	纵列鳞	横列鳞	背鳍前鳞
Ⅵ	I-7～8	14～16	I-8	34～35	10～11	18～21

生活习性　暖水性底层小型鱼类，栖息于河口咸淡水交界处。

分布区域　台湾地区。为台湾地区特有种。

保护等级　未评估（NE）。

参考文献　[36] [44] [101] [124]

（5）灰鲻虾虎鱼

张大庆 供图

张大庆 供图

张大庆 供图

张大庆 供图

拉丁名 *Mugilogobius fusca*（Herre，1940）

俗名及别称 紫纹鲻虾虎鱼

同种异名 灰鲻虾虎鱼*Mugilogobius fuscus*

分类地位 虾虎鱼目、虾虎鱼亚目、背眼虾虎鱼科、鲻虾虎鱼属

形态特征 体延长，前部圆筒形，后部侧扁，背缘略显弧形。眼侧上位，具有一"X"形线纹，吻圆钝，口上位，下颌骨可以延伸至眼中部。颊部具有斑块，鳃盖上有不规则黑色斑纹。体侧为紫红色，具有2条紫黑色线纹，线纹间有不规则斑块。背鳍2个，第一背鳍中部有一黑色斑块，鳍缘为浅黄色，第二背鳍基部有数个黑斑，鳍膜有时为灰色，有时从下往上灰色向黄色过渡。臀鳍和第二背鳍同形，鳍膜为紫黑色。尾鳍圆形，内缘具有斑点，基部有2~3个黑色斑点。

生态习性			椎骨			
咸淡水			26			
第一背鳍	第二背鳍	胸鳍	臀鳍	纵列鳞	横列鳞	背鳍前鳞
Ⅵ	I-7~8	14~16	I-6~8	28~30	9~11	9~11

生活习性 暖水性底层小型鱼类，栖息于河口、红树林等咸淡水交界处，喜静水。大多躲藏于石缝中。以有机碎屑、小鱼、小虾为食。

分布区域 分布于西太平洋地区，我国见于台湾地区。国外见于日本、菲律宾、印度尼西亚等地。

保护等级 IUCN：无危（LC）。

参考文献 [36] [44] [124]

（6）梅氏鲻虾虎鱼

张大庆 供图 张大庆 供图

拉丁名 *Mugilogobius mertoni*（Weber，1911）

分类地位 虾虎鱼目、虾虎鱼亚目、背眼虾虎鱼科、鲻虾虎鱼属

形态特征 体略延长，前方圆钝而后部侧扁。头中大，眼大且位置高。雄鱼吻部稍微长于雌鱼。雄鱼第一背鳍仅第一鳍棘有丝状延长，压平时往后延伸，可抵达第二背鳍第一根软条的基部；雌鱼第一背鳍则完全没有丝状延长。头部及躯体底色为浅黄褐色，体侧具有约7个黑褐色形状不规则的大型斑块。体鳞具有黑褐色边缘，腹面为淡黄白色。眼窝下方具有一条黑褐色纵带，往前延伸至上唇边缘，往后延伸至前鳃盖后缘。胸鳍基部中央位置具有一个明显的黑褐色斑块。第一背鳍第三鳍棘处具有一个明显的大型黑色斑块往后延伸到背鳍后缘，从背鳍基部往上延伸至第一背鳍高度的一半；成熟雄鱼在黑色斑块的上缘处鳍膜具有一个鲜黄色斑块。成熟雄鱼第二背鳍鳍膜呈黄色，且具有浅灰色边缘。成熟雄鱼的臀鳍鳍膜呈黄色。尾鳍基部的鳍膜通常具有一条不规则的横向黑色短斑，其与体侧在尾柄基部的大型斑块之间具有上下排列的两个稍微相连的黄色斑块。

生态习性				椎骨		
咸淡水				26		
第一背鳍	第二背鳍	胸鳍	臀鳍	纵列鳞	横列鳞	背鳍前鳞
VI	I-7	14～16	I-7	30～31	9～10	12～15

生活习性 暖水性底层小型鱼类，栖息于河口咸淡水交界处。

分布区域 广泛分布于台湾地区。琉球群岛、帕劳、菲律宾、印度尼西亚与巴布亚新几内亚亦广泛分布。

保护等级 IUCN：无危（LC）。

参考文献 [36] [44] [101] [124]

（7）黏皮鲻虾虎鱼

黏皮鲻虾虎雌性

拉丁名　*Mugilogobius myxodermus*（Herre，1935）

分类地位　虾虎鱼目、虾虎鱼亚目、背眼虾虎鱼科、鲻虾虎鱼属

形态特征　体延长，前部亚圆筒形，后部侧扁。头颇大，稍宽。吻圆钝，略大于眼径、眼间隔宽，稍圆凸。颊部球形凸出，口中大，前位，斜裂。上颌稍长于下颌。背鳍2个，第一背鳍起点位于胸鳍基部后上方，鳍棘均柔软，第三、第四鳍棘最长，末端伸达第二背鳍第二鳍条基部；第二背鳍略低，基部长，前部鳍条较短，向后各鳍条渐长，平放时不伸达尾鳍基。体呈灰褐色，腹面浅色。体背侧具有许多不规则灰黑色斑点，有时表现为数条黑色纵带。头的颊部有暗红色虫纹及斑点，腹面自颊部向后有许多条暗色弧形线纹和横线纹。雄鱼背鳍外缘为鲜黄色，第一背鳍后侧有一黑色斑点。

生态习性			椎骨			
淡水、咸淡水			26			
第一背鳍	第二背鳍	胸鳍	臀鳍	纵列鳞	横列鳞	背鳍前鳞
Ⅵ ~ Ⅶ	I-7 ~ 9	16 ~ 17	I-7 ~ 8	35 ~ 40	10 ~ 11	14 ~ 16

生活习性　淡水底层小型鱼类，栖息于河沟和池塘中。小卵型，幼鱼有浮游期，栖息在江河湖泊的缓流区，肉食性，以小鱼和无脊椎动物为食。适应力强，是本属少数深入内陆的物种。

分布区域　长江、九龙江和珠江等水系，最新的研究也在台湾地区有发现。为中国特有种。

保护等级　中国红色名录：数据缺乏（DD）。

参考文献　[3] [32] [101] [124]

3.瓢鳍虾虎鱼属

（1）兔头瓢鳍虾虎鱼

拉丁名 *Sicyopterus lagocephalus*（Pallas，1770）

别称及俗名 兔头秃头鲨、宽额秃头鲨

同种异名 宽颊瓢鳍虾虎鱼*Sicyopterus macrostetholepis*

分类地位 虾虎鱼目、虾虎鱼亚目、背眼虾虎鱼科、瓢鳍虾虎鱼属

形态特征 第一背鳍以第三鳍棘最长，平放时延伸可超过第二背鳍起点，雄鱼鳍棘较为延长。腹鳍愈合成吸盘状。体色呈褐色或青褐色，雄性成鱼呈蓝黑金属光泽，体侧上半部则有金黄色纹。体背侧有7～8个黑色斑块，体侧有6～7个云状黑斑，眼部下方有一黑褐色横纹，鳃盖上方有2条短黑褐色纵纹。雄鱼背鳍呈灰黑色，雌鱼为淡黄色，第二背鳍有2～4列黑色斑点。尾鳍外缘具有黑色马蹄形斑纹，中间有一黑色纵线，雄鱼的尾鳍呈金黄色，雌鱼为浅黄色。雄鱼臀鳍呈灰黑色，外缘具黑色线纹；胸、腹鳍皆为浅黄色。

生态习性						
淡水、两侧洄游						
第一背鳍	第二背鳍	胸鳍	臀鳍	纵列鳞	横列鳞	背鳍前鳞
VI	I-11	19～20	I-10	47～57	15～20	11～20

生活习性 活动于河川中下游，多在水流较湍急水域，底质为石砾与细沙混合区。白天较为活跃，成群在溪流中刮食藻类，亦会摄食浮游生物及水生昆虫等。本种为淡水、两侧洄游生态习性，幼鱼较小且漂浮期极长，可达到130～260日，这也是本种广泛分布于西太平洋的原因。

分布区域 分布极广，印度洋-西太平洋皆有分布，最远可达非洲马达加斯加。我国分布于香港、台湾地区东部和南部河流以及兰屿。

保护等级 中国红色名录：无危（LC）；IUCN：无危（LC）。

参考文献 [32] [44] [49] [120]

（2）日本瓢鳍虾虎鱼

日本瓢鳍虾虎鱼成体高背鳍   日本瓢鳍虾虎鱼亚成体低背鳍

拉丁名　*Sicyopterus japonicus*（Tanaka，1909）

别称及俗名　日本秃头鲨

分类地位　虾虎鱼目、虾虎鱼亚目、背眼虾虎鱼科、瓢鳍虾虎鱼属

形态特征　体延长，前部圆筒形，后部侧扁；背缘浅弧形，腹缘稍平直；尾柄较高，其长稍小于体高。头中大，圆钝，前部宽而略平扁，背部稍隆起，头宽小于头高。吻宽，圆团状，吻端圆钝，前突，具吻褶，几乎包住上唇，吻长大于眼径。眼较小，上侧位，位于头的前半部，眼上缘突出于头部背缘。眼间隔较宽，大于眼径，稍内凹。上唇肥厚，发达，且较下唇突出。舌游离，前端圆形。鳃孔较狭，侧位，向头部腹面延伸，止于胸鳍基部下缘附近。鳃盖及前鳃盖骨后缘光滑，无棘。体被细小栉鳞，头的吻部、颊部、鳃盖部无鳞。项部在背鳍中央前方具小鳞，向前伸达鳃盖骨中部下方。胸部、胸鳍基部及腹部均无鳞。无侧线。体色呈黄褐色或褐色，体侧约有10条黑褐色横带，体前部第二背鳍起点前方的各横带向后方下斜，体后部在第二背鳍起点后方各横带则向前下斜。背鳍2个，第一背鳍随发育而变化，在亚成体阶段无丝状突出，呈现弧形，而成年体丝状突出。各鳍呈褐色，第二背鳍具许多列黑褐色斑点，雄鱼较不明显；雌鱼臀鳍外缘有一水平向黑色线纹，雄鱼则无。眼下方有一斜向上颌后部的黑色横纹。

生态习性						
淡水、两侧洄游						
第一背鳍	第二背鳍	胸鳍	臀鳍	纵列鳞	横列鳞	背鳍前鳞
Ⅵ	Ⅰ-10	18～20	Ⅰ-10	47～61	13～18	12～18

生活习性　多栖息在潭区或急濑区的岩石上，为河海洄游鱼类，于河川中游产卵。本种为淡水、两侧洄游生态习性，幼鱼较小且存在较长时间浮游期，孵化后，仔鱼随河流漂流入海，成长后再洄游至河川中。属杂食性偏草食性，主要以附着藻类为食。

分布区域　台湾、香港、福建地区。国外见于韩国、菲律宾、日本。

保护等级　中国红色名录：无危（LC）。

参考文献　[32] [44] [49] [120]

（3）长丝瓢鳍虾虎鱼

长丝瓢鳍虾虎亚成体

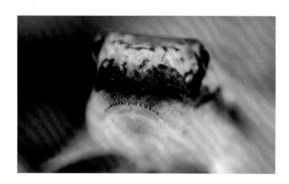

拉丁名 *Sicyopterus longifilis* de Beaufort，1912

别称及俗名 西瓜天使

分类地位 虾虎鱼目、虾虎鱼亚目、背眼虾虎鱼科、瓢鳍虾虎鱼属

形态特征 体延长，前部圆筒形，后部侧扁；头呈现弹头状，颊部无纹。眼上侧位，眼下具有一黑色短线纹。吻圆钝，上颌长于下颌，口下位，呈马蹄形。胸鳍为扇形，鳍上下边缘有黄色斑纹。体侧呈橄榄绿色，下部为浅蓝色，腹部为白色；背鳍2个，第一背鳍第二至第四鳍棘可延长呈丝状，尾鳍宽大呈扇形，雄鱼尾鳍上下边缘有橙色黑色条带，鳍膜为橘黄色或无色。

生态习性						
淡水、两侧洄游						
第一背鳍	第二背鳍	胸鳍	臀鳍	纵列鳞	横列鳞	背鳍前鳞
Ⅵ	I-10	19～21	I-10	52～61	14～18	18～22

生活习性 小型河海洄游鱼类，通常栖息于河口未受污染的溪流中，喜好底质为微小石砾含小砂石的环境。日行性，夜间躲入石缝中。底栖性，具领域性。以刮食藻类为食，亦会摄食水生昆虫。本种为淡水、两侧洄游生态习性，幼鱼较小且存在较长时间浮游期。

分布区域 分布于西太平洋，我国分布于台湾地区东部和南部河流。

保护等级 IUCN：无危（LC）。

参考文献 [44] [49] [120] [143]

4.瓢眼虾虎鱼属

（1）环带瓢眼虾虎鱼

拉丁名　*Sicyopus zosterophorum*（Bleeker，1856）

别称及俗名　环带黄瓜虾虎鱼

分类地位　虾虎鱼目、虾虎鱼亚目、背眼虾虎鱼科、瓢眼虾虎鱼属

形态特征　吻短，吻端圆钝，吻长稍大于眼径，眼中大，背侧位，位于头的前半部，眼上缘突出于头部背缘。口中大，亚下位，水平状，腹视为马蹄形，上颌长于下颌，稍突出。雌鱼体侧呈乳黄色，雄性体侧在第二背鳍第一鳍条下方的前半部为深褐色，后半部为橘红色。体被5条黑褐色横带，由背侧环绕到腹面：前两条较宽大，第一条在第一背鳍基前半部下方，第二条位于第一背鳍后部到第二背鳍起点之间；体后部的3条横带较窄，前两条相互靠近，位于第二背鳍基部前半部下方，最后一条位于尾柄基部。眼下方具有一垂直黑纹延伸至口角处。雌鱼各鳍浅黄色而透明，雄鱼鳍呈粉红色。雄鱼第一背鳍下半叶呈褐色，延伸至第二背鳍，雄鱼臀鳍外缘为黑色，尾鳍具放射状黑色线纹。

生态习性			上颌齿		
淡水、两侧洄游			♂4~18；♀11~24		
第一背鳍	第二背鳍	胸鳍	臀鳍	纵列鳞	横列鳞
Ⅵ	I-9	15~16	I-10	31~37	7~17

生活习性　暖水性小型鱼类，生活于清澈溪流及河川的上游。以小型无脊椎动物为食。本种为淡水、两侧洄游生态习性，幼鱼较小且存在较长时间浮游期。

分布区域　台湾、海南及深圳等地区。国外见于日本石垣岛、西表岛，菲律宾及印度尼西亚。

保护等级　中国红色名录：无危（LC）；IUCN：无危（LC）。

参考文献　[32] [44] [49] [120]

（2）沙栖瓢眼虾虎鱼

拉丁名　*Sicyopus auxilimentus* Watson & Kottelat，1994

别称及俗名　宿务黄瓜虾虎鱼

同种异名　宿务瓢眼虾虎鱼*Sicyopus cebuensis*、宝贝瓢眼虾虎鱼*Sicyopus exallisquamulus*

分类地位　虾虎鱼目、虾虎鱼亚目、背眼虾虎鱼科、瓢眼虾虎鱼属

形态特征　体延长，前部亚圆筒形，后部侧扁。背缘与腹缘平直。头部平扁，头顶部与项部内凹，头长约为体长的1/4。眼上侧位，眼上部突出头顶部，两眼间隔略凹，眼间距与眼径相等。吻部略尖，吻长大于眼径。上额较下额略为前突，上额骨可延伸至眼中部下方处。体呈黄棕色，体表前部无鳞。雄鱼于第一背鳍下方处至第二背鳍中部下方处的体表有一群镶于鳞片上的紫蓝色斑点，斑点十多个至三十多个不等。后部体表为橘红色。雌鱼体表色彩较素，无鲜艳的颜色，体色呈灰褐色。背鳍2个。第一背鳍鳍棘颇长，以第四鳍棘最长，延长呈丝状，可达第二背鳍中部处，鳍膜以橄榄绿色为主，鳍棘间的鳍膜有红色条纹。第二背鳍鳍基颇长，下部鳍膜为橄榄绿色，中部的鳍条间鳍膜有一红色斑点，上部鳍膜为蓝黑色。胸鳍为长圆形，鳍膜黄色。腹鳍愈合呈吸盘状。臀鳍与第二背鳍同形，基底长与第二背鳍相等，中下部鳍膜以橄榄绿色为主，中部的鳍棘间有红色斑点，上部鳍膜带黑色，鳍缘亮蓝色。尾鳍为长圆形，内缘鳍膜为橄榄绿色，外缘灰白透明，鳍棘微黑。雌鱼各鳍均为透明状。

生态习性		上颌齿			
淡水、两侧洄游		♂6~12；♀12~19			
第一背鳍	第二背鳍	胸鳍	臀鳍	纵列鳞	横列鳞
Ⅵ	I-9	14~15	I-9	18~23	4~12

生活习性　暖水性小型鱼类，生活于岩石底的清澈山涧溪流中。以小型无脊椎动物为食。有领地性，会攻击同属其他物种。本种为淡水、两侧洄游生态习性，幼鱼较小且存在较长时间浮游期。

分布区域　台湾东部、东南部。国外见于菲律宾及印度尼西亚。

保护等级　IUCN：数据缺乏（DD）。

参考文献　[44] [49] [120]

5.韧虾虎鱼属

（1）韧虾虎鱼

张大庆 供图

杨远志 供图

张大庆 供图

拉丁名 *Lentipes armatus* Sakai & Nakamura，1979

别称及俗名 蓝凯韧虾虎鱼

分类地位 虾虎鱼目、虾虎鱼亚目、背眼虾虎鱼科、韧虾虎鱼属

形态特征 体延长，前部圆筒形，后部侧扁。头部极纵扁，腹侧平直。上颌前突，上唇前端具明显缺刻。腹鳍愈合成吸盘。体被中大栉鳞，无背鳍前鳞。体后部具有棘鳞。体淡紫色，成熟雄鱼吻端及腹面呈亮青绿色，腹部有3条黑纹，体侧靠近臀鳍处为灰色，背鳍为灰茶色，边缘为白色，第二背鳍基部有小圆斑。雌鱼体侧体色透明且具淡灰色性腺，各鳍透明无色。

生态习性	上颌圆锥状齿		上颌三叉齿		
淡水、两侧洄游	♂1~7；♀0		♂13~30；♀27~40		
第一背鳍	第二背鳍	胸鳍	臀鳍	纵列鳞	横列鳞
Ⅵ	I-10	17~19	I-10	26~37	9~16

生活习性 生活在溪流、河川中上游及支流水系，杂食性偏肉食性，以水生无脊椎动物和藻类为食。本种为淡水、两侧洄游生态习性，幼鱼较小且存在较长时间浮游期。

分布区域 分布于西北太平洋地区，见于日本、菲律宾。我国见于台湾地区。

保护等级 未评估（NE）。

参考文献 [44] [80] [120] [140]

（2）榉仙韧虾虎鱼

榉仙韧虾虎鱼雌性

拉丁名　*Lentipes bunagaya* Maeda & Kobayashi，2021

别称及俗名　红腰双带韧虾虎鱼、樱花韧虾虎鱼

分类地位　虾虎鱼目、虾虎鱼亚目、背眼虾虎鱼科、韧虾虎鱼属

形态特征　体延长，前部圆筒形，后部侧扁。眼上位，眼间距小于眼径。吻尖，吻长可达眼径的2倍，口下位，上颌长于下颌，上颌明显缺刻。体呈灰褐色，腹部为白色，腹部有3条平行的短黑带，体侧后半段有2块粉色色块。背鳍2个，第一背鳍鳍缘为黄色，中底部为灰色，接近基底鳍膜为红色，第二背鳍前缘具有2个眼斑，两眼斑相连。尾鳍长圆形，透明。

注：在2021年10月5日定种，国内尚未有正式翻译，"bunagaya"意为冲绳岛神话中的树精灵，其中"buna"在日文中指山毛榉，故翻译为"榉仙"。

生态习性		合生齿		上颌三叉齿	
淡水、两侧洄游		♂3~4		♂15~17	
第一背鳍	第二背鳍	胸鳍	臀鳍	纵列鳞	横列鳞
Ⅵ	I-10	18~19	I-10	30~32	6~11

生活习性　生活在小而清澈、富氧、岩石底的急流或逆流中，常栖息在岩石表面，吸附能力很强。以水生无脊椎动物、藻类为食。本种为淡水、两侧洄游生态习性，幼鱼较小且存在较长时间浮游期。

分布区域　菲律宾、日本等。我国分布于台湾地区。

保护等级　未评估（NE）。

参考文献　[36] [44] [140]

（3）凯亚韧虾虎鱼

杨远志　供图

杨远志　供图

杨远志　供图

拉丁名　*Lentipes kaaea* Watson，Keith & Marquet，2002

别称及俗名　新喀里多尼亚韧虾虎鱼

分类地位　虾虎鱼目、虾虎鱼亚目、背眼虾虎鱼科、韧虾虎鱼属

形态特征　体延长，前部圆筒形，后部侧扁。头部极纵扁，腹侧平直。上颌前突，上唇前端具明显缺刻；雄性的唇和身体后半部为鲜红色至紫红色，第二背鳍鳍棘之间有黑点，有的个体可能存在多个斑点，第一背鳍带蓝色到紫色，通常没有斑点，臀鳍带红色，基部略带紫色，边缘偏蓝；雌鱼通常发白，棕褐色至棕褐色，所有鳍上的膜通常清晰。

生态习性		上颌圆锥状齿		上颌三叉齿	
淡水、两侧洄游		♂1～6；♀0～1		♂10～24；♀14～30	
第一背鳍	第二背鳍	胸鳍	臀鳍	纵列鳞	横列鳞
Ⅵ	I-10	17～18	I-9～10	20～28	暂无

生活习性　生活在小而清澈、富氧、岩石底的急流或逆流中，海拔300～400m，常栖息在岩石表面。肉食性，主要以水生无脊椎动物为食。本种为淡水、两侧洄游生态习性，幼鱼较小且存在较长时间浮游期。

分布区域　新喀里多尼亚、菲律宾、印度尼西亚等。我国分布于台湾地区。

保护等级　IUCN：无危（LC）。

参考文献　[44] [120] [177]

（4）木灵韧虾虎鱼

张大庆 供图

拉丁名 *Lentipes kijimuna* Maeda & Kobayashi，2021

别称及俗名 红鳍韧虾虎鱼

分类地位 虾虎鱼目、虾虎鱼亚目、背眼虾虎鱼科、韧虾虎鱼属

形态特征 体延长，前部圆筒形，后部侧扁，头扁平。眼上侧位，眼眶为鲜红色，眼间距较小。吻尖，吻端为橘黄色或者紫红色，口下位，上颌较下颌突出，上颌可以延伸至眼中下部。颊部为紫红色。体侧为灰褐色，警戒时变为金属蓝色，靠近尾鳍处有一段鲜红色色带。背鳍2个，第一背鳍下方有一黑色斜杠，鳍膜下方为墨绿色，第二背鳍鳍外缘有一条黑带，鳍膜为鲜红色。尾鳍长圆形，灰白微蓝。

注：在2021年10月5日定种，国内尚未有正式翻译，"kijimuna"意为冲绳岛神话中的红发树精灵，故翻译为"木灵"。

生态习性	上颌圆锥状齿	上颌三叉齿			
淡水、两侧洄游	♂1～6	♂14～24			
第一背鳍	第二背鳍	胸鳍	臀鳍	纵列鳞	横列鳞
Ⅵ～Ⅶ	I-9～10	18～19	I-10	29～35	9～14

生活习性 生活在小而清澈、富氧、岩石底的急流或逆流中，常栖息在岩石表面，吸附能力很强。以水生无脊椎动物、藻类为食。本种为淡水、两侧洄游生态习性，幼鱼较小且存在较长时间浮游期。

分布区域 菲律宾、日本等。我国分布于台湾地区。

保护等级 未评估（NE）。

参考文献 [36] [44] [140]

（5）棉兰老韧虾虎鱼

拉丁名　*Lentipes mindanaoenisis* Chen，2004

别称及俗名　花旦韧虾虎鱼、木兰韧虾虎鱼

分类地位　虾虎鱼目、虾虎鱼亚目、背眼虾虎鱼科、韧虾虎鱼属

形态特征　体延长，前部圆筒形，后部侧扁。眼上侧位，眼间距小于眼径。鳃盖为鲜红色。吻部为红色，口下位，侧斜，上颌较下颌突出，上颌可延伸至眼中部，中央明显缺刻。体侧为银灰色，腹部为蓝色，第二背鳍下有一大块红色色斑，靠近尾鳍基部处有一大块乳黄色色斑。胸鳍基部为橘色。背鳍2个，第一背鳍鳍膜为红色，外缘为白色，第二背鳍为红色，外缘为白色，靠近前缘处有一或两个黑点。第二背鳍与臀鳍同形。尾鳍长圆形，微蓝。

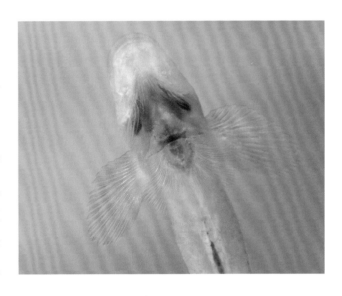

注：市场上本种被称为"木兰韧虾虎鱼""花旦韧虾虎鱼"，而市售被称为"棉兰老韧虾虎鱼"的物种经过标本比对，实为喜门韧虾虎鱼*Lentipes adelphizonus*。

生态习性		上颌圆锥状齿		上颌三叉齿	
淡水、两侧洄游		♂3～8		♂9～15；♀31～37	
第一背鳍	第二背鳍	胸鳍	臀鳍	纵列鳞	横列鳞
VI	I-10	16～17	I-10	29～34	9～13

生活习性　生活在小而清澈、富氧、岩石底的急流或逆流中，常栖息在岩石表面，吸附能力很强。以水生无脊椎动物、藻类为食。本种为淡水、两侧洄游生态习性，幼鱼较小且存在较长时间浮游期。

分布区域　菲律宾、日本等。我国分布于台湾地区。

保护等级　IUCN：数据缺乏（DD）。

参考文献　[44] [120]

（6）多辐韧虾虎鱼

杨远志　供图

拉丁名　*Lentipes multiradiatus* Allen，2001

分类地位　虾虎鱼目、虾虎鱼亚目、背眼虾虎鱼科、韧虾虎鱼属

形态特征　体延长，前部圆筒形，后部侧扁，头扁平。眼上侧位，眼眶为橘色。上颌前突，上唇前端具明显缺刻；第一背鳍与第二背鳍基部非常靠近，可用于与发情期颜色相似的其他韧虾虎鱼区分鉴别；胸鳍基部到颊部有一块红色色块，第二背鳍为黄色，边缘为白色，雄性在第二背鳍的开始处有一个小的黑点；腹部为黑蓝色，第二背鳍下的体侧有红色色块。尾鳍长圆形，透明。

生态习性		上颌圆锥状齿		上颌三叉齿	
淡水、两侧洄游		♂3～5；♀0		♂8～16；♀24～34	
第一背鳍	第二背鳍	胸鳍	臀鳍	纵列鳞	横列鳞
Ⅵ	I-10	17～20	I-10	33～42	12～15

生活习性　生活于流速中等的雨林溪流中，栖息于岩石基质的河段。杂食性，以水生无脊椎动物和藻类为食。本种为淡水、两侧洄游生态习性，幼鱼较小且存在较长时间浮游期。

分布区域　印度尼西亚、菲律宾。我国分布于台湾地区。

保护等级　未评估（NE）。

参考文献　[44] [62] [120]

多辐韧虾虎鱼与蓝肚韧虾虎鱼的区分

多福韧虾虎鱼*Lentipes multiradiatus*与蓝肚韧虾虎鱼*Lentipes ikeae*颜色较为相似，且存在长期的误认情况，在台湾地区发现的多辐韧虾虎鱼长期被当作蓝肚韧虾虎鱼。区分的主要特征之一为多辐韧虾虎鱼有更多的胸鳍鳍条数，但存在更方便的识别方法：多辐韧虾虎鱼的背鳍为帆状，而蓝肚韧虾虎鱼的背鳍为半圆形。

杨远志　供图

多辐韧虾虎鱼背鳍　　　　　　　　　　　蓝肚韧虾虎鱼背鳍

（7）巴拉望红韧虾虎鱼

拉丁名 *Lentipes palawanirufus* Maeda & Kobayashi，2021

别称及俗名 公主韧虾虎鱼、黄鳍韧虾虎鱼

分类地位 虾虎鱼目、虾虎鱼亚目、背眼虾虎鱼科、韧虾虎鱼属

形态特征 体延长，前部圆筒形，后部侧扁。眼上侧位，眼间距小于眼径，眼眶为鲜红色。鳃盖为鲜红色。吻部为橘红色，口下位，侧斜，上颌较下颌突出，上颌可延伸至眼中部，中央明显缺刻。体侧为蓝绿色，腹部为蓝色，有3条不明显的黑色线纹，在第二背鳍下方有大块黑色色块。背鳍2个，第一背鳍鳍膜为灰绿色，第二背鳍为红色，外缘都为白色。第二背鳍与臀鳍同形。尾鳍长圆形，微蓝。

杨远志 供图

注：在2021年10月5日定种，国内尚未有正式翻译，"palawanirufus" 由 "palawan" 与 "rufus" 组成，"i" 为连接元音，前者指巴拉望岛，后者为拉丁语中的红色，故翻译为 "巴拉望红"。

生态习性		上颌圆锥状齿		上颌三叉齿	
淡水、两侧洄游		♂1～9；♀0		♂8～23；♀19～40	
第一背鳍	第二背鳍	胸鳍	臀鳍	纵列鳞	横列鳞
Ⅵ	I-10	16～19	I-10	29～38	10～15

生活习性 生活在小而清澈、富氧、岩石底的急流或逆流中，常栖息在岩石表面，吸附能力很强。以水生无脊椎动物、藻类为食。本种为淡水、两侧洄游生态习性，幼鱼较小且存在较长时间浮游期。

分布区域 菲律宾、日本等。我国分布于台湾地区。

保护等级 未评估（NE）。

参考文献 [44] [140]

6.枝牙虾虎鱼属

（1）翠鸟枝牙虾虎鱼

翠鸟枝牙虾虎鱼雌性

拉丁名 *Stiphodon alcedo* Maeda，Mukai & Tachihara，2012

别称及俗名 翠枝岛枝牙虾虎鱼、皇枝牙虾虎鱼

分类地位 虾虎鱼目、虾虎鱼亚目、背眼虾虎鱼科、枝牙虾虎鱼属

形态特征 体延长，体前亚圆筒形，眼侧上位，眼间距大于眼径。吻部及腹面为金属质绿松石色，雄鱼未发情时，体侧为灰色，鱼体上部有橘黄色带，下部有黑色线带，发情时表现出明亮的橙色；雌性所有鳍通常有细的黑色斑纹；雌鱼体色为乳白色，体侧有黑色线条。背鳍2个，第一背鳍的鳍棘上有白色斑点，第二背鳍与臀鳍同形。尾鳍长圆形，雄鱼有黑色斑点，雌鱼透明无色。

生态习性		合生齿		前颌骨齿		
淡水、两侧洄游		♂1~5；♀0~1		32~40		
第一背鳍	第二背鳍	胸鳍	臀鳍	尾鳍	纵列鳞	横列鳞
VI	I-9~10	15~17	I-10	17	30~33	10~11

生活习性 在淡水河段的中游发现，经常居住在潭区里。分布非常有限，但在原生地的密度很高。食物以藻类为主，也会以小型无脊椎动物为食。本种为淡水、两侧洄游生态习性，幼鱼较小且存在较长时间浮游期。

分布区域 冲绳岛和伊里莫特岛。我国分布于台湾地区。

保护等级 未评估（NE）。

参考文献 [44] [49] [120] [141]

（2）紫身枝牙虾虎鱼

紫身枝牙虾虎鱼雄性（左）和雌性（右）

紫身枝牙虾虎鱼雌性

拉丁名 *Stiphodon atropurpurens*（Herre，1927）

别称及俗名 黑紫枝牙虾虎鱼

分类地位 虾虎鱼目、虾虎鱼亚目、背眼虾虎鱼科、枝牙虾虎鱼属

形态特征 体延长，体前亚圆筒形，吻端圆团状，前端较前突，吻长大于眼径，具吻褶，包住上唇。雄鱼体呈青黑色，体侧上部有一青色带金黄色金属光泽的纵带，自吻部前端延伸至尾鳍基部上方。体背侧的鳞片外缘呈黑色，形成网状格纹，内部金黄色。各鳍青黑色。背鳍及尾鳍具深黑色点纹。液浸标本的头、体呈紫黑色，体侧无黑色垂直横带，胸鳍前下部散具数个小黑点；雌鱼体侧背部及中部各有一条黑棕色纵带，自吻部向后伸达尾鳍基部；尾鳍基部中央有一长方形黑斑。背鳍、尾鳍及臀鳍具许多小黑点。胸鳍基部中央有一黑色条纹。

生态习性		合生齿		前颌骨齿		
淡水、两侧洄游		♂2～6；♀1～3		37～60		
第一背鳍	第二背鳍	胸鳍	臀鳍	尾鳍	纵列鳞	横列鳞
Ⅵ	I-9	14～16	I-10	17	29～31	10～11

生活习性 暖水性小型底层鱼类，生活于热带、亚热带水质非常清澈的中小型山溪急流的中、下游区。摄食岩石表面的藻类、小型水生昆虫及无脊椎动物。本种为淡水、两侧洄游生态习性，幼鱼较小且存在较长时间浮游期。

分布区域 我国南部沿海流入大海的淡水溪流，台湾东部部分溪流。琉球群岛，菲律宾及太平洋中部各岛屿。

保护等级 中国红色名录：近危（NT）；IUCN：无危（LC）。

参考文献 [27] [32] [44] [49] [120]

（3）明仁枝牙虾虎鱼

拉丁名 *Stiphodon imperiorientis* Watson & Chen，1998

分类地位 虾虎鱼目、虾虎鱼亚目、背眼虾虎鱼科、枝牙虾虎鱼属

形态特征 体延长，前部亚圆筒形，后部至尾柄侧扁。背缘与腹缘为浅弧状。头部较为平扁，头长约为体长的1/4。眼上侧位，眼上缘突出，眼间距大于眼径，约为眼径的1.5倍。吻圆钝，吻长约与眼间距相等，吻端有一亮蓝色的半月带，与两眼相连。口下位，口部呈马蹄状，上颌包被下颌，上颌可延伸至眼前部下方处。颊部与上颌带墨绿色。体表上部亮蓝色，体呈青黑色。体侧具有7～9条不明显的褐色横斑，位于两背鳍下方体表中央处至尾柄间。腹部为白色。体背有亮蓝色的点斑5～7个。背鳍2个，第一背鳍具有2～3条纵向点纹，鳍膜为青黑色，鳍缘亮蓝色。第二背鳍亦具有2～3条点纹，鳍膜为青黑色，鳍膜有一条亮蓝色的纵纹。胸鳍为长圆形，基底为亮蓝色横带，胸鳍具横向点纹，此点纹有7～9条，鳍膜灰白色。腹鳍愈合呈吸盘状。臀鳍与第二背鳍同形，基底长略短于第二背鳍，鳍膜为青黑色。尾鳍为圆形，具有5条黑色的横向斑纹，下部鳍膜颜色较浅，为灰色，接近尾鳍鳍缘之鳍膜颜色较深，为青黑色，鳍缘为亮蓝色，尾鳍基底有一黑斑。雄鱼及雌鱼的胸鳍鳍条上皆有点纹，雌鱼体侧纵带为拉链状，尾鳍的点纹较紫身枝牙虾虎鱼雌性多而明显。

生态习性		合生齿		前颌骨齿		
淡水、两侧洄游		♂2～5；♀1～3		35～49		
第一背鳍	第二背鳍	胸鳍	臀鳍	尾鳍	纵列鳞	横列鳞
Ⅵ	I-9～10	16～17	I-10	17～18	30～34	9～12

生活习性 暖水性小型底层鱼类，生活于热带、亚热带的溪流和水库内。主要摄食附生于石上的藻类，成体生活在水质清澈的溪流及瀑布中，在其中产卵。本种为淡水、两侧洄游生态习性，幼鱼较小且存在较长时间浮游期。孵化出幼鱼后顺流而下进入太平洋，发育为亚成体后再进入淡水中。

分布区域 主要记录来自日本。我国分布于海南、福建和台湾地区。

保护等级 中国红色名录：数据缺乏（DD）；IUCN：易危（VU）。

参考文献 [27] [44] [49] [120]

（4）背点枝牙虾虎鱼

拉丁名 *Stiphodon maculidorsalis* Maeda & Tan，2013

别名及俗称 橙翅枝牙虾虎鱼

分类地位 虾虎鱼目、虾虎鱼亚目、背眼虾虎鱼科、枝牙虾虎鱼属

形态特征 体延长，前部亚圆筒形，眼上侧位，眼间距大于眼径，颊部有暗斑。体侧为灰白色，体背有许多黑色小圆点，为本种的特征。体侧有8~9条黑色横带，雌鱼则有2条纵带。背鳍2个，第一背鳍鳍膜为橘色，鳍棘为黑色，第二背鳍鳍膜为橘色，鳍棘上分布黑色斑点，鳍外缘有黑色色带。尾鳍长圆形，鳍膜为橘色，有大量黑色斑点，尾鳍外缘上部有一条黑色色带。

生态习性	合生齿		前颌骨齿		
淡水、两侧洄游	♂2~4；♀1~3		42~65		
第一背鳍	第二背鳍	胸鳍	臀鳍	尾鳍	纵列鳞	横列鳞
Ⅵ	I-9~10	15~16	I-10~11	17	30~35	10~11

生活习性 暖水性小型底层鱼类，生活于热带、亚热带水质非常清澈的山溪急流的中、下游区，喜在稍缓流的潭头或潭区边缘活动。常攀附在岩石表面，摄食附着性的藻类、小型水生昆虫及无脊椎动物。本种为淡水、两侧洄游生态习性，幼鱼较小且存在较长时间浮游期。

分布区域 菲律宾、斯里兰卡等。我国分布于台湾地区。

保护等级 IUCN：数据缺乏（DD）。

参考文献 [44] [120]

（5）多鳞枝牙虾虎鱼

多鳞枝牙虾虎鱼雌性

拉丁名　*Stiphodon multisquamus* Wu & Ni，1986

同种异名　金吻枝牙虾虎鱼*Stiphodon aureorostrum*

分类地位　虾虎鱼目、虾虎鱼亚目、背眼虾虎鱼科、枝牙虾虎鱼属

形态特征　体延长，前部亚圆筒形，后部侧扁；背缘浅弧形，腹缘稍平直；尾柄中长，其长大于体高。头中大，圆钝，前部略平扁，背部稍隆起，具5个感觉管孔。颊部凸出，具2~3条分散且较短的水平状感觉乳突线。吻端圆团状，突出，吻长大于眼径，具吻褶，包住上唇。眼小，背侧位，眼上缘突出于头部背缘。唇厚，上唇很发达，下唇稍薄，平卧状。舌不游离，前端浅弧形。鳃孔狭窄，侧位，向头部腹面延伸，仅止于胸鳍基部稍下方。无侧线。腹鳍短于胸鳍，圆形，基部长仅为腹鳍长的1/2，左、右腹鳍愈合成一吸盘。尾鳍长圆形，短于头长。体呈灰棕色，体背侧有9~10条黑色垂直横带，向下伸达体侧下方。第一背鳍起点处具一小黑点，各鳍棘灰黑色，鳍膜透明。头背自眼间隔至吻部具一深灰色区。背鳍和臀鳍灰色，无条纹。胸鳍有10余条由许多小点组成的暗色垂直横纹。腹鳍浅色。尾鳍上叶后部边缘灰白色，其余部分具10余条由点组成的波状暗色横纹。

生态习性	合生齿		前颌骨齿		
淡水、两侧洄游	1~5		40~66		
第一背鳍	第二背鳍	胸鳍	臀鳍	尾鳍	纵列鳞	横列鳞
Ⅵ	I-9	14~16	I-10	17	31~38	10~11

生活习性　暖水性小型底层鱼类，生活于热带、亚热带的溪流和水库内。主要摄食附生于石上的藻类。无食用价值，可供观赏。体形较大，体长45~60mm，大者可达80mm。本种为淡水、两侧洄游生态习性，幼鱼较小且存在较长时间浮游期。

分布区域　我国分布于海南、福建、香港等南部沿海地区。国外在日本和越南有发现。

保护等级　中国红色名录：数据缺乏（DD）；IUCN：数据缺乏（DD）。

参考文献　[27] [32] [44] [49] [120]

多鳞枝牙虾虎鱼啃食藻类

（6）饰妆枝牙虾虎鱼

饰妆枝牙虾虎鱼雌性

拉丁名　*Stiphodon ornatus* Meinken，1974

别名及俗名　黄金枝牙虾虎鱼

分类地位　虾虎鱼目、虾虎鱼亚目、背眼虾虎鱼科、枝牙虾虎鱼属

形态特征　体延长，呈亚圆筒形，后部侧扁，眼侧上位，吻长大于眼径。眼后有一条青色斑纹到达胸鳍基部，有时颊部为亮绿色。体侧呈现黄色，鳞片大且有金属质感，体侧约有10条黑色横带。背鳍2个，第一背鳍第四鳍棘最长，呈现丝状延伸，鳍膜为黄色，第二背鳍鳍膜为红色，鳍棘上有3行白色斑点，鳍缘为白色。尾鳍长圆形，基部有一黑色斑块，具有复杂的横向点纹。该物种与大洋洲枝牙虾虎鱼*Stiphodon pelewensis*有几乎一模一样的发色情况。

生态习性		合生齿		前颌骨齿		
淡水、两侧洄游		♂1～5；♀0～1		33～47		
第一背鳍	第二背鳍	胸鳍	臀鳍	尾鳍	纵列鳞	横列鳞
Ⅵ	I-9～10	14～16	I-9～10	16～17	29～33	10～11

生活习性　生活在水质非常清澈、富氧的沿海河流中，通常在河流的下游区域，喜好栖息于巨型岩石和鹅卵石上。以刮食石头表面的藻类为生。本种为淡水、两侧洄游生态习性，幼鱼较小且存在较长时间浮游期。

分布区域　印度尼西亚、苏拉威西岛。我国分布于台湾地区。

保护等级　IUCN：数据缺乏（DD）。

参考文献　[44] [120]

（7）大洋洲枝牙虾虎鱼

杨远志　供图

杨远志　供图

拉丁名　*Stiphodon pelewensis* Herre，1936

别名及俗名　帛琉枝牙虾虎鱼、柳陪枝枝牙虾虎鱼

同种异名　深黑枝牙虾虎鱼*Stiphodon aratus*、韦氏枝牙虾虎鱼*Stiphodon weberi*

分类地位　虾虎鱼目、虾虎鱼亚目、背眼虾虎鱼科、枝牙虾虎鱼属

形态特征　体延长，呈亚圆筒形，后部侧扁，眼侧上位，眼间距和眼距相等，颊部为蓝色或青色。体侧为青黑色，体色多变，一些个体的体侧呈现黑白交替的斑块。背鳍2个，第一背鳍第四鳍棘最长，鳍膜为浅黑色，有时为深黑色，第二背鳍与臀鳍同形，鳍膜为浅黑色，鳍棘上有白色斑点，鳍外缘为蓝白色。尾鳍长圆形，通常为黑色。该物种与饰妆枝牙虾虎鱼*Stiphodon ornatus*有几乎一模一样的发色情况。

生态习性		合生齿		前颌骨齿		
淡水、两侧洄游		♂1～5；♀0～2		22～44		
第一背鳍	第二背鳍	胸鳍	臀鳍	尾鳍	纵列鳞	横列鳞
Ⅵ	I-9～10	14～16	I-9～11	17	30～33	10～11

生活习性　生活在水质清澈、富氧的沿海的溪流下游中，喜好栖息于平稳到中流速的溪流中的巨型岩石和鹅卵石表面。以刮取石头表面藻类和小型无脊椎动物为食。体形较大。本种为淡水、两侧洄游生态习性，幼鱼较小且存在较长时间浮游期。

分布区域　分布于中西太平洋、帕劳群岛。我国分布于台湾地区。

保护等级　IUCN：无危（LC）。

参考文献　[44] [120]

（8）浅红枝牙虾虎鱼

郁天天 供图

拉丁名　*Stiphodon rutilaureus* Watson，1996

分类地位　虾虎鱼目、虾虎鱼亚目、背眼虾虎鱼科、枝牙虾虎鱼属

形态特征　体延长，侧扁，前部亚圆筒形，两眼前方和背缘各有1条黑色细线，眼侧上位，眼后方有1条蓝色色带延伸至胸鳍基部，颊部有时呈现亮蓝色。体侧呈红宝石色泽，有10条橘红色横带。背鳍2个，第一背鳍第四鳍棘丝状突出，鳍膜为宝石红色，鳍棘上有白色斑点，第二背鳍鳍缘有黑色纵带，上、下边缘各有白边，有时不显现。尾鳍圆形，有3条蓝白色条纹，基底接近红色。

生态习性		合生齿		前颌骨齿		
淡水、两侧洄游		♂2；♀0~2		41~64		
第一背鳍	第二背鳍	胸鳍	臀鳍	尾鳍	纵列鳞	横列鳞
Ⅵ	Ⅰ-10	13~14	Ⅰ-10	13	30~33	10~11

生活习性　生活在水质非常清澈、富氧的沿海河流中，通常在河流的下游区域，喜好栖息于巨型岩石和鹅卵石上。以刮取石头表面的藻类为食。本种为淡水、两侧洄游生态习性，幼鱼较小且存在较长时间浮游期。

分布区域　广泛分布于西太平洋和南太平洋地区的新几内亚、巴布亚新几内亚、所罗门群岛、瓦努阿图等。我国见于台湾地区。

保护等级　IUCN：无危（LC）。

参考文献　[44] [120]

（9）黑鳍枝牙虾虎鱼

黑鳍枝牙虾虎鱼雌性

黑鳍枝牙虾虎鱼婚姻色表现

黑鳍枝牙虾虎鱼婚姻色表现

拉丁名 *Stiphodon percnopterygionus* Watson & Chen，1998

分类地位 虾虎鱼目、虾虎鱼亚目、背眼虾虎鱼科、枝牙虾虎鱼属

形态特征 体延长，前部亚圆筒形，头略小，圆钝，前部较平扁，颊部凸出。口小，下位，上颌长于下颌，稍突出。唇厚，上唇颇发达，下唇稍薄，平卧状。舌不游离，前端浅弧形。雄鱼体色变异大，头、体呈棕色，带有金黄色或橘色的光泽；头部有蓝青色光泽，眼下具一垂直的黑纹，体侧各鳍后方具黑褐色斑。第一背鳍呈蓝黑色或暗红黑色，第二背鳍及臀鳍呈暗红色，并有深褐色点纹。胸鳍无垂直横纹。雌鱼浅黄色而透明，体侧背部及中部各有1条黑棕色纵带自吻部延伸至尾鳍基部，但背部纵带较细窄；尾鳍基部中央有时有1个垂直的长方形黑斑。该物种颜色变化丰富，不能单纯用颜色区分，可以用黑色且突出的第一背鳍作为鉴别特征。

黑鳍枝牙虾虎鱼特殊发色表现

生态习性		合生齿		前颌骨齿		
淡水、两侧洄游		♂2～6；♀0～2		42～61		
第一背鳍	第二背鳍	胸鳍	臀鳍	尾鳍	纵列鳞	横列鳞
VI	I-9～10	13～15	I-10	17	27～31	10～11

生活习性　暖水性小型底层鱼类，生活于热带、亚热带水质非常清澈的山溪急流的中、下游区，喜在稍缓流的潭头或潭区边缘活动。雄鱼受惊吓时，体色会产生变化。常攀附在岩石表面，摄食附着性的藻类、小型水生昆虫及无脊椎动物。本种为淡水、两侧洄游生态习性，幼鱼较小且存在较长时间浮游期。

分布区域　香港等南部沿海地区，台湾南部的恒春及东部的兰屿等河川上、中游。国外分布于太平洋中部各岛屿，北至日本，南至印度尼西亚。

保护等级　中国红色名录：近危（NT）；IUCN：数据缺乏（DD）。

参考文献　[27] [32] [44] [49] [120]

（10）橘红枝牙虾虎鱼

张大庆 供图

拉丁名　*Stiphodon surrufus* Watson & Kottelat，1995

同种异名　伯德枝牙虾虎鱼*Stiphodon birdsong*

分类地位　虾虎鱼目、虾虎鱼亚目、背眼虾虎鱼科、枝牙虾虎鱼属

形态特征　体延长，呈细条状，前部亚圆筒形，眼侧上位，眼间距和眼径相等。颊部为浅红色。该物种相比本属其他物种体形小，最长个体不超过3cm。体侧呈现橘红色，背面一般为淡灰色，有时颜色朴素，通体透明。体前无鳞，通常仅仅覆盖第二背鳍后半部分。背鳍2个，鳍膜透明，鳍棘有零碎的黑色斑点。尾鳍长圆形，基部有浅红色色块。

生态习性		合生齿		前颌骨齿		
淡水、两侧洄游		♂1~3；♀0~1		25~45		
第一背鳍	第二背鳍	胸鳍	臀鳍	尾鳍	纵列鳞	横列鳞
Ⅵ	I-9	13~15	I-10	17	12~36	2~15

生活习性　生活在水质非常清澈、富氧的沿海河流中，通常在上游岩石基质且阳光充足的河段，以藻类为食。本种为淡水、两侧洄游生态习性，幼鱼较小且存在较长时间浮游期。

分布区域　菲律宾、日本鹿儿岛。我国分布于台湾地区东部。

保护等级　IUCN：无危（LC）。

参考文献　[44] [49] [120]

（11）诸神岛枝牙虾虎鱼

拉丁名　*Stiphodon niraikanaiensis* Maeda，2013

分类地位　虾虎鱼目、虾虎鱼亚目、背眼虾虎鱼科、枝牙虾虎鱼属

形态特征　体延长，前部亚圆筒形；眼侧上位，颊部无明显纹路。体侧为乳黄色，体侧和背鳍及尾鳍经常为鲜艳的橙色。雌性在躯干和尾上有11或12条昏暗的横条；雄性和雌性的胸鳍鳍条分别有2～5个和1～4个黑点。第一背鳍有突出的丝状鳍棘，第二背鳍的鳍缘有一条宽阔的黑色条带，在第一、第二背鳍及尾鳍的鳍条和鳍棘上有几个明显的黑点。

生态习性	合生齿		前颌骨齿		
淡水、两侧洄游	♂4；♀1		46～50		
第一背鳍	第二背鳍	胸鳍	臀鳍	尾鳍	纵列鳞	横列鳞
Ⅵ	Ⅰ-9	16	Ⅰ-10	17	30～32	10～11

生活习性　生活在水质清澈的淡水溪流的中游，或小的潭区或急流中。以刮食岩石表面的藻类为生。本种为淡水、两侧洄游生态习性，幼鱼较小且存在较长时间浮游期。

分布区域　我国分布于海南。国外见于日本和菲律宾。

保护等级　未评估（NE）。

参考文献　[49] [51] [120] [139]

7.锐齿虾虎鱼属

糙体锐齿虾虎鱼

拉丁名 *Smilosicyopus leprurus*（Sakai & Nakamura，1979）

别称及俗名 微笑黄瓜虾虎鱼

同种异名 糙体瓢眼虾虎鱼*Sicyopus leprurus*

分类地位 虾虎鱼目、虾虎鱼亚目、背眼虾虎鱼科、锐齿虾虎鱼属

形态特征 体延长，前部圆筒形，后部侧扁。头大而略扁。吻短而圆。口大，前位。上、下颚具明显的犬齿。鳃孔窄小。颊部颇为宽大。背鳍2个，分离，第一背鳍鳍棘略等高，鳍膜透明，外缘为黄色。腹鳍呈吸盘状。仅尾柄具有鳞片。体呈乳黄色，具透明感，抱卵雌鱼腹部呈橘黄色。背鳍具黑色点纹。上颌边缘具有一道斜向的黑褐色细线。

生态习性			上颌齿		
淡水、两侧洄游			12～17		
第一背鳍	第二背鳍	胸鳍	臀鳍	纵列鳞	横列鳞
Ⅵ	I-9	15	I-9～10	14～35	0

生活习性 属于典型的河海洄游鱼类。以水生昆虫为食，会啃食其他鱼类的鱼鳍，是目前已知唯一会取食鱼鳍的虾虎鱼。领地性强，同种无明显群居性，会在岩石堆中筑巢。因以上习性，鱼缸饲养中不适合混养。本种为淡水、两侧洄游生态习性，幼鱼较小且存在较长时间浮游期。一般体长4～9cm。

分布区域 琉球群岛、菲律宾等。我国分布于台湾地区东部、东北部以及兰屿。

保护等级 IUCN：无危（LC）。

参考文献 [44] [49] [120] [138]

8.裂身虾虎鱼属

（1）斑纹裂身虾虎鱼

斑纹裂身虾虎鱼雌性

拉丁名 *Schismatogobius marmoratus*（Peters，1868）

别称及俗名 超级熊猫虾虎鱼

分类地位 虾虎鱼目、虾虎鱼亚目、背眼虾虎鱼科、裂身虾虎鱼属

形态特征 体颇延长，前部圆筒形，后部侧扁，较为粗壮；背缘和腹缘稍平直；头长约为体长1/4。眼上侧位，眼前缘斜下方有1条黑色斜纹，延伸至下颌。口前位，斜列，雄鱼口裂延伸至眼后，口内为黄色；雌鱼口裂较小，到达眼后缘。体侧乳白色，腹部为白色，微黄。体侧有3条黑色纵纹带，其间为白色不规则斑纹，有不规则黄色纹路及白色斑点。体侧靠近腹部有一黑白线纹，连接体侧的3条黑带。背鳍2个，雄鱼第一背鳍外缘为黄色，后缘有一小蓝点，雌鱼无色，第二背鳍无明显斑纹。胸鳍每条鳍条上有8个黑色斑点，形成竖条状斑纹。

生态习性							
淡水、两侧洄游							
第一背鳍	第二背鳍	胸鳍	臀鳍	尾鳍	纵列鳞	横列鳞	背鳍前鳞
Ⅵ	I-9	17	I-9	16	0	0	0

生活习性 暖水性小型鱼类，喜栖息于江河沙滩、石砾地带等含氧丰富的浅水区，对溶氧需求较多。肉食性，以小型水生动物、虫子为食。体长可达70mm。

分布区域 台湾及南部沿海区域。国外见于日本、菲律宾。

保护等级 IUCN：无危（LC）。

参考文献 [36] [111] [118] [119] [144]

（2）宽带裂身虾虎鱼

拉丁名 *Schismatogobius ampluvinculus* Chen，Shao & Fang，1995

别称及俗名 熊猫虾虎鱼

分类地位 虾虎鱼目、虾虎鱼亚目、背眼虾虎鱼科、裂身虾虎鱼属

形态特征 体颇延长，前部圆筒形，后部侧扁；背缘和腹缘稍平直；尾柄较长，大于体高的1/2。头中大，前部略平宽。头宽大于头高，背部稍隆起。头部具3个感觉管孔。颊部圆凸，稍隆起，散具若干个感觉乳突。眼中大，上侧位，眼上缘突出于头部背缘。全身皆裸露，无鳞。无侧线。胸鳍宽大，长圆形，中侧位，雄鱼的胸鳍末端几乎可达肛门上方。腹鳍小，略短于胸鳍，长圆形，基底长小于腹鳍全长的一半，左、右腹鳍愈合成一大型吸盘。尾鳍长，等于头长。体呈乳黄色，腹面乳白色，体侧具有2条宽大黑色横带：第一条位于第一背鳍基下方；第二条位于第二背鳍基下方。尾鳍基部具一黑斑。体侧横带间隔区上半部具许多褐色网纹。口内部橙红色。头部侧面有大型黑斑，头项背部至背鳍起点前具褐色网纹。各鳍灰白而透明，第一背鳍近基部具1条黑色线纹；第二背鳍具2~3列黑色细点。尾鳍具有2个椭圆形白色斑块。臀鳍灰白色。胸鳍上半部具1个大型黑纵斑，斑点宽度达鳍的1/2。

生态习性							
淡水、两侧洄游							
第一背鳍	第二背鳍	胸鳍	臀鳍	尾鳍	纵列鳞	横列鳞	背鳍前鳞
Ⅵ	I-9~10	15~16	I-8~9	15~17	0	0	0

生活习性 暖水性小型鱼类，喜栖息于水质清澈小溪流的砾石栖地中。不好游动，常与周围环境融为一体，不易被发现。肉食性，以小型水生昆虫为食。体长30~40mm。

分布区域 台湾东部地区及兰屿，香港、福建等南部沿海地区的入海溪流。国外见于日本。

保护等级 中国红色名录：近危（NT）；IUCN：数据缺乏（DD）。

参考文献 [32] [36] [44] [111] [118] [119] [144]

（3）忍者裂身虾虎鱼

拉丁名 *Schismatogobius ninja* Maeda，Saeki & Satoh，2017

别称及俗名 熊猫虾虎鱼

分类地位 虾虎鱼目、虾虎鱼亚目、背眼虾虎鱼科、裂身虾虎鱼属

形态特征 体颇延长，前部圆筒形，后部侧扁；背缘和腹缘稍平直；头平扁，头长约为体长1/3。眼侧上位，眼后缘具有3条黑色斜纹。口前位，雄鱼口裂大，可延伸至眼后；而雌鱼口裂较小。雄鱼口内为鲜黄色。体为乳黄色，腹部白色，项部具有一黑斑，体侧具有3条较宽的黑色纵纹，其间有略微白色的方形斑块，其中有较小的白色斑点，靠近腹部有一黑白相间花纹条带，连接体侧的3条黑色纵纹。背鳍2个，无明显色斑，第一背鳍中略有一黑色弧线。胸鳍为圆扇形，其上有4~5行黑点，基部为白色。尾鳍较小，基部具有一黑点，靠近黑点处上下各有一白斑。

生态习性							
淡水、两侧洄游							
第一背鳍	第二背鳍	胸鳍	臀鳍	尾鳍	纵列鳞	横列鳞	背鳍前鳞
Ⅵ	I-9~10	14~15	I-9	10~13	0	0	0

生活习性 暖水性小型鱼类，喜栖息于江河沙滩、石砾地带等含氧丰富的浅水区，对溶氧需求较多。肉食性，以小型水生动物、虫子为食。体长30~60mm。

讨论 本种在1984年由明仁（Akihito）在日本记录，并鉴定为罗氏裂身虾虎鱼*Schismatogobius roxasi*。在2017年，Ken Maeda等对比了标本以及日本地区所产的裂身虾虎鱼，确认本种为新种，而罗氏裂身虾虎鱼为误认。

分布区域 台湾地区及南部沿海区域。国外见于日本。

保护等级 未评估（NE）。

参考文献 [36] [111] [118] [119] [144]

9.大弹涂鱼属

大弹涂鱼

拉丁名 *Boleophthalmus pectinirostris*（Linnaeus，1758）

别称及俗名 泥猴、石贴仔、跳跳鱼

分类地位 虾虎鱼目、虾虎鱼亚目、背眼虾虎鱼科、大弹涂鱼属

形态特征 体延长，前部亚圆筒形，后部侧扁；背腹缘平直；尾柄高而短。头大，稍侧扁。头部具2个感觉管孔。颊部无横行的皮褶突起，有3行水平状（纵向）感觉乳突线。吻圆钝，大于眼径，前倾斜。眼小，背侧位，互相靠近，突出于头顶之上；眼下方具1个可将眼部分收入的眼窝，下眼睑发达。眼间隔狭窄，小于眼径。体及头部

被圆鳞，前部鳞细小，后部鳞较大。胸鳍基部亦被细圆鳞。体表皮肤较厚。无侧线。背鳍2个，分离；第一背鳍高，鳍棘丝状延长，平放时伸越第二背鳍起点，第三鳍棘最长，大于头长；第二背鳍基底长，其长约为头长的1.7倍，鳍条较高，最后面的鳍条平放时伸达尾鳍基。臀鳍基底长，与第二背鳍同形，起点在第二背鳍第四鳍条基的下方，最后面的鳍条平放时伸越尾鳍基。胸鳍尖圆，基部具臂状肌柄。左、右腹鳍愈合成一吸盘，后缘完整。尾鳍尖圆，下缘斜截形。

体背侧为青褐色，腹侧色浅，第一背鳍深蓝色，具不规则白色小点；第二背鳍蓝色，具四纵行小白斑。臀鳍、胸鳍和腹鳍浅灰色。尾鳍青黑色，有时具白色小点。

生态习性				椎骨			
两栖				26			
第一背鳍	第二背鳍	胸鳍	臀鳍	尾鳍	纵列鳞	横列鳞	背鳍前鳞
V	I-23~26	18~20	I-23~25	17~18	89~115	22~25	28~36

生活习性　暖水性近岸小型底层鱼类。可以利用胸鳍和尾鳍在水面、沙滩和岩石上爬行或跳跃。可用内鳃腔、皮肤和尾部作为呼吸辅助器官。只要身体湿润，大弹涂鱼能较长时间露出水面生活。有穴居习性，喜钻洞穴，能钻入孔道栖息，在滩涂上可见到众多的洞口散布。通常穴居于底质为烂泥的低潮区或咸淡水河口的滩涂，一般孔道必定有2个以上的洞口，一个是正洞口，另一个是后洞口，正洞口为出入要道，后洞口作畅通水流和空气流通用。洞穴一般为独占性，但在繁殖季节常有雌雄同穴现象，因此可作为产卵繁殖的场所。以滩涂上的底栖藻类、小昆虫等小型生物为食，属杂食性，但以取食底栖硅藻类（俗称泥油）为主。

分布区域　广泛分布于太平洋地区的潮间带区域。我国主要分布于江苏、浙江、福建、广东、广西等沿海地区。

保护等级　未评估（NE）。

参考文献　[20] [26] [32] [49] [51] [104] [151] [172]

黄康亮 供图

10.青弹涂鱼属

青弹涂鱼

拉丁名 *Scartelaos histophorus*（Valenciennes，1837）

别称及俗名 天线跳跳鱼、天线弹涂鱼

分类地位 虾虎鱼目、虾虎鱼亚目、背眼虾虎鱼科、青弹涂鱼属

形态特征 体延长，前部近于圆柱状，后部侧扁。头略呈长方形，稍平扁。眼小，高位，极为接近，可突出于头顶之上，下眼睑发达。口中大，近于横裂，下颌略短于上颌。舌前端略圆。牙锐尖，两颌各有一行，上颌牙直立，下颌牙略呈平卧状，下颌缝合部内侧有犬牙1对。下颌腹面有细小触须。鳃盖膜连于峡部。鳃孔窄而斜裂。峡部宽，鳃盖膜与峡部相连。体及头部被细小退化鳞片，前部鳞埋于皮下，后部鳞稍大。无侧线。腹膜银黑色。无鳔，肠粗长。背鳍2个，相距较远；第一背鳍高，基底短，鳍棘呈丝状延长，第三鳍棘最长，平放时伸达第二背鳍前基1/4处。体蓝灰色，腹部较浅色。体侧常具5～7条黑色狭横带，头背和体上部具黑色小点。第一背鳍蓝灰色，端部黑色；第二背鳍暗色，具小蓝点。臀鳍、胸鳍和腹鳍浅色。胸鳍鳍条和基部具蓝点。尾鳍上具4～5条暗蓝色点横纹。

生态习性		椎骨		
两栖		26		
第一背鳍	第二背鳍	胸鳍	臀鳍	尾鳍
V	I-25～27	21～22	I-24～25	16～17

生活习性　暖水性小型鱼类，栖息于沿岸的河口区及红树林区的半咸、淡水水域，也见于沿岸泥沙底质的滩涂、潮间带及低潮区水域。常依发达的胸鳍肌柄匍匐或跳跃于泥滩上，时常在滩涂上觅食。视觉和听觉灵敏，稍有惊动，就很快跳回水中或钻入洞穴。适温、适盐性广，洞穴定居。杂食性，摄食泥涂表层硅藻类、底栖小型无脊椎动物及有机碎屑。可供食用，味美，有滋补功效。较常见。体长一般70～110mm，最大可达180mm。该种的水栖适应性比较强，可以在深水中长期存活。

分布区域　广泛分布于我国东海和南海的沿岸滩涂区域。

保护等级　IUCN：无危（LC）。

参考文献　[20] [32] [44] [49] [51] [104] [151]

黄梁亮 供图

11.弹涂鱼属

（1）银线弹涂鱼

拉丁名 *Periophthalmus argentilineatus* Valenciennes，1837

别称及俗名 红旗跳跳鱼

分类地位 虾虎鱼目、虾虎鱼亚目、背眼虾虎鱼科、弹涂鱼属

形态特征 体延长，侧扁；背缘平直，腹缘浅弧形；尾柄高而长。头中大，近似方形，前部高而隆起，后部侧扁。头部和鳃盖部无任何感觉管孔。颊部无横列的皮褶突起，仅散具零星感觉乳突。吻短而圆钝，斜直隆起，吻褶发达，边缘游离，盖于上唇。眼小，高位，位于头的前半部，相互靠近，突出于头的背面，下眼睑发达。眼间隔甚窄狭，似一细沟。鼻孔每侧2个，相距较远：前鼻孔为一小管，突出于吻褶前缘；后鼻孔小，圆形，位于眼前方。背鳍2个，分离，相距较远；第一背鳍颇高，前上方尖突，边缘凹扇状，起点在胸鳍基底后上方，第一及第二鳍棘最长，稍大于眼后头长（雌鱼），后方鳍棘较短，平放时伸达第二背鳍起点；第二背鳍基部长，起点在臀鳍起点稍前上方，后部鳍条稍短，最后面的鳍条平放时不伸达尾鳍基。体呈灰棕色，头侧具许多珠状细点。体及背侧隐具5~6个深色不规则斜斑块，斑块间有时有小点或斜纹。头侧具许多珠点，两背鳍的鳍膜上隐具若干个小白点。第一背鳍边缘及第二背鳍中部各具黑色宽纵纹，鳍膜呈现浅红色。尾鳍具许多小黑点形成的条纹。臀鳍浅白色。胸鳍和腹鳍灰色。其余各鳍暗灰色。

生态习性				椎骨			
两栖				26			
第一背鳍	第二背鳍	胸鳍	臀鳍	尾鳍	纵列鳞	横列鳞	背鳍前鳞
XIII~XIV	I-11~12	12~13	I-11	10	74~84	20~26	32~36

生活习性 暖水性近岸小型鱼类，栖息于热带及亚热带河口咸、淡水水域及近岸滩涂低潮区，常依靠发达的胸鳍肌柄匍匐或跳跃于泥滩上。适温、适盐性广，洞穴定居。视觉和听觉灵敏，稍受惊即潜回水中或钻入洞内。杂食性，以无脊椎动物和藻类为食。

分布区域 广泛分布于印度洋-太平洋区域。我国分布于南部沿海区域以及台湾的沿岸滩涂。

保护等级 IUCN：无危（LC）。

参考文献 [32] [44] [49] [51] [104] [151] [172]

（2）大鳍弹涂鱼

拉丁名 *Periophthalmus magnuspinnatus* Lee，Choi & Ryu，1995

别称及俗名 红旗跳跳鱼

分类地位 虾虎鱼目、虾虎鱼亚目、背眼虾虎鱼科、弹涂鱼属

形态特征 体延长，侧扁；背缘平直，腹缘浅弧形；尾柄较长。头宽大，略侧扁。吻短而圆钝，斜直隆起。头部和鳃盖部无任何感觉管孔。眼中大，背侧位，位于头的前半部。互相靠近，突出于头的背面；下眼睑发达。眼间隔颇狭，不明显。液浸标本的体呈灰棕色，头侧无珠状细点。体侧中央具若干个褐色小斑。第一背鳍浅褐色，近边缘处具1条有白边的较宽黑纹。第二背鳍上缘白色，其内侧具1条黑色较宽纵带，此带下缘另具一白色纵带，近鳍的基底处暗褐色。臀鳍黑褐色，边缘白色。胸鳍黄褐色。腹鳍中间灰褐色。尾鳍褐色，下方鳍条新鲜时呈浅红色。

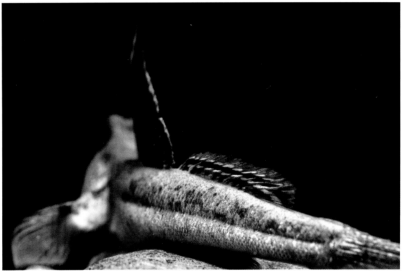

生态习性				椎骨			
两栖				26			
第一背鳍	第二背鳍	胸鳍	臀鳍	尾鳍	纵列鳞	横列鳞	背鳍前鳞
XI ~ XII	I-12 ~ 13	13 ~ 14	I-11 ~ 12	16	82 ~ 91	24 ~ 26	31 ~ 32

生活习性 暖水性近岸小型鱼类，栖息于河口咸、淡水水域及近岸滩涂低潮区，常依靠发达的胸鳍肌柄匍匐或跳跃于泥滩上。适温、适盐性广，洞穴定居。视觉和听觉灵敏，稍受惊即潜回水中或钻入洞内。杂食性，以无脊椎动物和藻类为食。

分布区域 广泛分布于我国沿岸滩涂，可见于广东、上海、山东、海南等沿海地区。

保护等级 未评估（NE）。

参考文献 [32] [104] [151]

（3）弹涂鱼

支浩浦 供图

拉丁名 *Periophthalmus modestus* Cantor，1842

别称及俗名 泥猴、石贴仔、跳跳鱼、广东弹涂鱼

分类地位 虾虎鱼目、虾虎鱼亚目、背眼虾虎鱼科、弹涂鱼属

形态特征 体长形，侧扁，背缘平直，腹缘略凸。头稍大，亦侧扁。吻短，前端近截形。眼位于头侧上缘。前鼻孔小，短管状，后鼻孔位于眼前方。口前位，很低，微斜；舌圆形；唇发达，无须。鳃孔侧位。鳃膜连鳃峡，鳃峡宽，鳃耙小突起状。肛门位于臀鳍稍前方。眼后头体均有小圆鳞。无侧线。背侧褐色，微绿，向下色渐淡。鳍灰黄色，后背鳍有2条蓝黑色纵带纹，背鳍上缘白色，腹鳍基部与尾鳍中部色较暗，臀鳍有时有一灰黑色纵纹。

生态习性				椎骨			
两栖				26			
第一背鳍	第二背鳍	胸鳍	臀鳍	尾鳍	纵列鳞	横列鳞	背鳍前鳞
XII~XIV	I-12~14	14~15	I-11~13	17~18	80~95	23~26	13~16

生活习性 暖水性近岸小型底层鱼类。弹涂鱼具有挖钻孔道而栖息的习性，其孔口至少有2处，一处为正孔口，是出入的主通道；另一处为后孔口，是出入的支通道。利用胸鳍和尾鳍在水面、沙滩和岩石上爬行或跳跃。以淤泥中的有机质、藻类为食。

分布区域 分布于西北太平洋，从越南向北至朝鲜和日本南部。我国分布于渤海、黄海、东海和南海海域。

保护等级 未评估（NE）。

参考文献 [20][26][32][44][49][51][104][151]

12.裸身虾虎鱼属

（1）栗色裸身虾虎鱼

拉丁名 *Gymnogobius castaneus*（O'Shaughnessy，1875）

分类地位 虾虎鱼目、虾虎鱼亚目、背眼虾虎鱼科、裸身虾虎鱼属

形态特征 体延长，前部亚圆筒形，后部略侧扁；背缘、腹缘浅弧形隆起；尾柄颇高。头中大，前部背方略平扁，头长大于体高。吻稍长，吻长大于眼径，圆钝。眼小，上侧位，位于头的前半部，背缘稍突出于头背缘。眼间隔中央平坦或微凹，眼间隔的宽度短于或等于眼径。口中大，近前位，斜裂。下颌微长于上颌，雄鱼上颌骨末端伸达眼后缘下方或稍前，雌鱼上颌骨末端仅伸达眼中部下方或稍后。头部无鳞，项部及背鳍前方具小鳞。无侧线。背鳍2个，分离，相距较近；第一背鳍起点位于胸鳍中部稍后上方，竖起时后缘圆，鳍棘细弱。体侧呈淡黄色，发情期时呈现出黑黄相间色带；体侧中央有一条间断黑线，从胸鳍基部延伸至尾鳍基部。

生态习性						
淡水						
第一背鳍	第二背鳍	胸鳍	臀鳍	纵列鳞	横列鳞	背鳍前鳞
Ⅶ～Ⅷ	I-7～11	19～21	I-7～11	60～69	15～20	0～7

生活习性 小型鱼类，生活于沟渠或砂砾底质的河流、湖泊的下游，以无脊椎动物为食。幼鱼在淡水中度过漂浮期，不入海。

分布区域 图们江、辽河以及鸭绿江水系。国外分布于朝鲜、日本。

保护等级 IUCN：无危（LC）。

参考文献 [7] [32] [50] [167]

（2）大颌裸身虾虎鱼

崔世辰 供图

崔世辰 供图

拉丁名　*Gymnogobius macrognathos*（Bleeker，1860）

分类地位　虾虎鱼目、虾虎鱼亚目、背眼虾虎鱼科、裸身虾虎鱼属

形态特征　体延长，前端颇粗壮。头宽大，前部稍平扁，背视为长方形，口裂极大，可达眼后。吻圆钝，上、下颌基本对齐。眼中大，上侧位，位于头的前半部。眼间隔狭窄，体前部被小圆鳞，体后部被中大栉鳞，头部、胸部及胸鳍基部裸露无鳞。无侧线。体侧为浅灰色，分布有几条不明显的黑色横纹。头部和背部有云状斑点。背鳍2个，分离，第一背鳍的第三、第四鳍棘最长，第一、第二背鳍鳍膜皆透明，略带黄色。

生态习性						
咸淡水						
第一背鳍	第二背鳍	胸鳍	臀鳍	纵列鳞	横列鳞	背鳍前鳞
Ⅵ	I-10～12	19～20	I-9～11	42～50	5～9	0

生活习性　冷温性鱼类，栖息于淡水及海湾、河口地区。以无脊椎动物为食。

分布区域　山东。国外见于朝鲜半岛和日本。

保护等级　未评估（NE）。

参考文献　[32] [38] [48] [49] [50] [51] [167]

（3）日本裸身虾虎鱼

拉丁名 *Gymnogobius petschiliensis*（Rendahl，1924）

分类地位 虾虎鱼目、虾虎鱼亚目、背眼虾虎鱼科、裸身虾虎鱼属

形态特征 体延长，前部亚圆筒形，后部略侧扁。眼小，上侧位。口中大，近前位。颌部无须，尾柄颇高。体被小型弱栉鳞，头部、项部及背鳍前方均无鳞。无侧线。体侧为灰黑色，有7~8条不规则白色云斑。背鳍2个，分离，鳍膜为灰黑色，雌鱼产卵时背鳍鳍膜会变为黑色。腹部为白色，雌鱼发情期变为黄色。尾鳍长圆形，鳍膜为灰黑色，外缘为白色，尾鳍基部有一黑色圆点。

生态习性						
咸淡水						
第一背鳍	第二背鳍	胸鳍	臀鳍	纵列鳞	横列鳞	背鳍前鳞
Ⅴ~Ⅶ	Ⅰ-9~11	19~22	Ⅰ-9~11	62~72	18~22	23~31

生活习性 小型鱼类，生活于河川下游及河口地区。

分布区域 我国分布于河北、浙江地区。国外分布于朝鲜、日本。

保护等级 未评估（NE）。

参考文献 [7] [32] [50] [167]

（4）塔氏裸身虾虎鱼

拉丁名　*Gymnogobius taranetzi*（Pinchuk，1978）

分类地位　虾虎鱼目、虾虎鱼亚目、背眼虾虎鱼科、裸身虾虎鱼属

形态特征　体延长，前部亚圆筒形，后部略侧扁；背缘、腹缘浅弧形隆起；尾柄较高。头中大，前部略平扁。吻圆钝。眼中大，上侧位，位于头的前半部。眼间隔狭窄，体前部被小圆鳞，后部被中大栉鳞，头部、胸部及胸鳍基部裸露无鳞。无侧线。背鳍2个，分离；第一背鳍起点位于胸鳍鳍条中部上方，鳍棘细长，第四、第五鳍棘最长，胸鳍尖圆，下侧位，上部无游离丝状鳍条。腹鳍椭圆形，左、右腹鳍愈合成一吸盘。尾鳍圆形。肛门与第二背鳍起点相对。体侧呈浅灰色，有数条亮黄色色带。

本种与栗色裸身虾虎鱼*Gymnogobius castaneus*相似度高，本种头部具2对眼上管开口，而栗色裸身虾虎鱼仅有1对，该特征可用于区分。

生态习性						
淡水						
第一背鳍	第二背鳍	胸鳍	臀鳍	纵列鳞	横列鳞	背鳍前鳞
Ⅵ~Ⅷ	I-9~11	18~19	I-9~11	64~70	18~20	0~6

生活习性　小型鱼类，生活于沟渠或砂砾底质的河流、湖泊中，以无脊椎动物为食。亲鱼多一年性成熟，产卵后死亡。

分布区域　辽河、黑龙江等水系。国外分布于朝鲜、日本。

保护等级　IUCN：无危（LC）。

参考文献　[7][32][50][167]

（5）条尾裸身虾虎鱼

拉丁名　*Gymnogobius urotaenia*（Hilgendorf，1879）

同种异名　黄带裸身虾虎鱼*Gymnogobius laevis*

分类地位　虾虎鱼目、虾虎鱼亚目、背眼虾虎鱼科、裸身虾虎鱼属

形态特征　体延长，前部近圆筒形，后部侧扁；背缘浅弧形隆起，腹缘较平直；尾柄颇高。头中大，前部稍平扁。吻圆钝。眼小或中大，上侧位，位于头的前半部，背缘稍突出于头背缘。眼间隔宽，中央微凹或平坦，眼间隔的宽大于眼径。口中大，前位，斜裂。下颌稍突出。体被弱小栉鳞，头部裸露无鳞，胸部、胸鳍基部及项部被小圆鳞。背鳍2个，分离；第一背鳍起点位于胸鳍鳍条中部上方，后缘有一黑斑，鳍棘较弱。体侧呈灰褐色，腹部为乳黄色，体侧分布有数条不规则的黑色云斑状花纹。

生态习性						
淡水、两侧洄游						
第一背鳍	第二背鳍	胸鳍	臀鳍	纵列鳞	横列鳞	背鳍前鳞
Ⅵ	I-10~11	17~20	I-9~11	66~75	19~22	20~30

生活习性　小型鱼类，生活于入海河川或池塘中。以无脊椎动物为食。成鱼栖息于河川中，幼鱼入海，下游存在水库拦截时会形成陆封种群。

讨论　在中国被称为黄带裸身虾虎鱼*Gymnogobius laevis*的物种，实际上是塔氏裸身虾虎鱼*Gymnogobius taranetzi*或栗色裸身虾虎鱼*Gymnogobius castaneus*，因错误鉴定导致其与条尾裸身虾虎鱼混淆。

分布区域　河北、浙江。国外分布于朝鲜、日本。

保护等级　未评估（NE）。

参考文献　[7] [32] [50] [167]

13.阿胡虾虎鱼属

（1）睛斑阿胡虾虎鱼

张大庆 供图

张大庆 供图

张大庆 供图

拉丁名 *Awaous ocellaris*（Broussonet，1782）

别名及俗名 厚唇鲨

分类地位 虾虎鱼目、虾虎鱼亚目、背眼虾虎鱼科、阿胡虾虎鱼属

形态特征 体延长，前部近圆筒形，后部侧扁。颊部隆起，在口角和前鳃盖处各有一纵向感觉乳突线。鳃盖的肩带内缘有2个肉质皮瓣。左、右腹鳍愈合成一吸盘。眼间隔宽而平坦。口中大，前下位。体侧中部有7~8个灰色不规则斑块，最后面的斑块在尾部基部中央较大。背鳍2个，无丝状突出。第一背鳍鳍膜为橘色，后缘有一灰黑色大斑块。第二背鳍外缘为橘色，鳍膜透明。臀鳍与第二背鳍同形，鳍膜为橘色，外缘为白色。

生态习性						
淡水、两侧洄游						
第一背鳍	第二背鳍	胸鳍	臀鳍	纵列鳞	横列鳞	背鳍前鳞
Ⅵ	I-10	17~18	I-10	49~52	20~21	19~22

生活习性 暖水性底层小型鱼类，栖息于淡水河川中，上溯河川的能力颇强。以水生昆虫为食，也啃食藻类。本种为淡水、两侧洄游生态习性，幼鱼较小且存在较长时间浮游期。

分布区域 分布于西南太平洋沿岸各淡水水域。我国分布于台湾地区。国外见于日本南部各河川、菲律宾、印度。

保护等级 中国红色名录：无危（LC）；IUCN：无危（LC）。

参考文献 [20] [32] [36] [44]

（2）黑首阿胡虾虎鱼

张大庆　供图

张大庆　供图

张大庆　供图

张大庆　供图

拉丁名　*Awaous melanocephalus*（Bleeker，1849）

别名及俗名　曙首厚唇鲨、黑头厚唇鲨、黑首阿胡鲨

分类地位　虾虎鱼目、虾虎鱼亚目、背眼虾虎鱼科、阿胡虾虎鱼属

形态特征　体延长，前部近圆筒形，后部侧扁。吻尖突，颇长。舌小部分游离，前段浅分叉。眼上缘突出于头部背缘。眼的前下方有2条黑色条纹，向前伸达上颌。口中大，前位。具假鳃。齿细小，无犬齿。体被中大栉鳞。左、右腹鳍愈合成一吸盘。体背侧有许多云纹状不规则小斑。背鳍2个，无丝状突出，第一背鳍有3～4条不明显黑色的纵纹，后部无黑色的睛斑；第二背鳍有5～6条黑色的纵纹，第一、第二背鳍鳍膜均无色。臀鳍及腹鳍浅色，其中臀鳍外缘为白色。胸鳍基部上方有1个黑色的长斑。尾鳍有8～10条黑色横纹。

生态习性						
淡水、两侧洄游						
第一背鳍	第二背鳍	胸鳍	臀鳍	纵列鳞	横列鳞	背鳍前鳞
VI	I-10	17～18	I-9～10	54～56	16～17	19～21

生活习性　暖水性的底层小型鱼类，栖息于淡水河川中，有时进入河口或淡水水域。肉食性，喜食砂砾间小鱼、水生昆虫及其他无脊椎动物。本种为淡水、两侧洄游生态习性，幼鱼较小且存在较长时间浮游期。

分布区域　中国分布于海南岛各淡水河溪及各河口区处，也见于台湾地区。国外分布于印度洋北部至太平洋中部各岛屿，北至日本，南至印度尼西亚。

保护等级　中国红色名录：无危（LC）。

参考文献　[20] [32] [36] [44]

14.缟虾虎鱼属

（1）髭缟虾虎鱼

拉丁名　*Tridentiger barbatus*（Günther，1861）

别称及俗名　钟馗虾虎鱼

分类地位　虾虎鱼目、虾虎鱼亚目、背眼虾虎鱼科、缟虾虎鱼属

形态特征　体延长，粗壮，前部圆筒形，后部略侧扁；背、腹部浅弧形隆起。头大，略平扁，宽大于高。上、下唇发达，颇厚。舌游离，前端圆形。头部具许多触须，呈穗状排列，吻部具须1行，向后延伸至颊部，其下方具触须1行，向后亦伸达上后方，延伸至颊部；下颌腹面具须2行，一行延伸至前鳃盖骨边缘；另一行伸达鳃盖骨边缘；眼后至鳃盖上方具2群小须。液浸标本的头、体部呈黄褐色，腹部浅色。体侧常具5条宽的黑横带：第一条在头顶；第二条在第一背鳍前方；第三条在第一背鳍基下后方；第四条在第二背鳍基后半部下方，最宽；第五条在尾鳍基斜向前方。第一背鳍具2条黑色斜纹，有时具1条较宽的黑色斜条；第二背鳍具2~3条暗色织纹。臀鳍灰色。胸鳍及尾鳍灰黑色，具5~6条暗色横纹。

生态习性						
咸淡水						
第一背鳍	第二背鳍	胸鳍	臀鳍	纵列鳞	横列鳞	背鳍前鳞
VI	I-10	21~22	I-9~10	36~37	12~13	17~18

生活习性　近岸暖温性底层小型鱼类，栖息于河口的咸、淡水水域及近岸浅水处，也进入江、河下游淡水水体中。摄食小型鱼类、幼虾、桡足类、枝角类及其他水生昆虫。产黏性卵，亲鱼产后死亡。无经济价值，对养殖业有一定危害。

分布区域　我国沿海地区及朝鲜半岛、日本。

保护等级　未评估（NE）。

参考文献　[32] [38] [49] [50] [51] [84]

（2）短棘缟虾虎鱼

杨旭　供图

短棘缟虾虎鱼雌性

短棘缟虾虎鱼雌性第一背鳍

短棘缟虾虎鱼雄性第一背鳍

拉丁名　*Tridentiger brevispinis* Katsuyama，Arai & Nakamura，1972

别名及俗名　胖头鱼、虎头鱼

分类地位　虾虎鱼目、虾虎鱼亚目、背眼虾虎鱼科、缟虾虎鱼属

形态特征　体延长，前部圆筒形，后部略侧扁。头略平扁。口大，前位，稍斜裂。上、下颌约等长，或者上颌稍突出；上颌骨后端伸达眼前缘下方或稍前。体被中大栉鳞，前部鳞较小，后部鳞较大。头部无鳞，项部具背鳍前鳞，鳞向前延伸至鳃盖骨上方。腹部被小型圆鳞。无侧线。头侧在颊部及鳃盖上有15～20个较大的淡色（或白色）斑点，体侧有数条淡色细窄纵线纹。腹面无白色小圆斑。各鳍均呈暗褐色。第一背鳍前部下方近基底处的鳍膜上有3条深色纵纹，第二背鳍及臀鳍均有白色边缘。胸鳍灰蓝色，近基部处上端有1个黑斑，还有2条橙色垂直细带。

生态习性						
咸淡水						
第一背鳍	第二背鳍	胸鳍	臀鳍	纵列鳞	横列鳞	背鳍前鳞
Ⅵ	I-10～11	18	I-9～10	34～36	13～14	17～18

生活习性　近海小型底层鱼类，栖息于河口咸、淡水及近岸浅水处，也进入江、河下游淡水水体中。摄食小仔鱼、钩虾、桡足类、枝角类及其他水生昆虫。

分布区域　我国环渤海区域。国外分布于日本和朝鲜半岛。

保护等级　中国红色名录：数据缺乏（DD）。

参考文献　[32] [49] [50] [51]

（3）双带缟虾虎鱼

黄康亮　供图

拉丁名　*Tridentiger bifasciatus* Steindachner，1881

分类地位　虾虎鱼目、虾虎鱼亚目、背眼虾虎鱼科、缟虾虎鱼属

形态特征　体延长，筒形，后部侧扁。头部中大，前部略平扁。吻短小而圆钝。眼中大，上侧位，眼间隔宽大。口裂颇大，上颌向后延伸可达或超过眼中部的下方。鳃裂略小。颊部具有4列水平向的感觉乳突。雄鱼的颊部极为膨大。体侧被较小的栉鳞，头部裸出无鳞；背前区的鳞列，个体的变异较大。第一背鳍鳍棘未延伸成丝状。胸鳍的上方无游离的鳍条。尾鳍呈长圆形。体色呈黄棕色或褐色，雌鱼的体色较淡。雄鱼的体侧具褐色的横带，雌鱼则无此横带。雄鱼的体两侧各有2条较明显的黑褐色纵线。颊部、鳃盖以及头腹面具有许多不规则的白斑。胸鳍基部上方具一大型的黑斑。尾鳍具有数列褐色的点纹。

该物种与纹缟虾虎鱼非常相似，可以以鳃盖上的白色斑点为特征作区分。若捕获到活体，则可以观察胸鳍上方的鳍条是否游离作区分，本种不游离，而纹缟虾虎鱼游离。

生态习性						
咸淡水						
第一背鳍	第二背鳍	胸鳍	臀鳍	纵列鳞	横列鳞	背鳍前鳞
VI	I-12 ~ 13	18 ~ 20	I-10 ~ 11	54 ~ 58	17 ~ 20	11 ~ 20

生活习性　生活在河口的半淡咸水区域，以及内湾、沿海沙泥底质的水域中。常生活于河口咸淡水水域及近岸浅水处。退潮后栖息于水洼及岩石间隙的水中，也常进入淡水水库和上游小溪。属于肉食性的底栖鱼类，主要以小鱼、小型甲壳类为食。

分布区域　广泛分布于我国沿海地区。

保护等级　IUCN：无危（LC）。

参考文献　[32] [38] [44] [49] [50] [51]

<h2 style="text-align:center">双带缟虾虎鱼与纹缟虾虎鱼的区分</h2>

双带缟虾虎鱼*Tridentiger bifasciatus*与纹缟虾虎鱼*Tridentiger trigonocephalus*形态极为相似，无十分明显的区分特征。此处沿用《中国动物志》的区分方法，即纹缟虾虎鱼胸鳍上有游离鳍条，而双带缟虾虎鱼无。此方法适于实物鉴别，对于其他情况，可观察颊部是否存在黑色小点，双带缟虾虎鱼的颊部具有黑色小点，而纹缟虾虎鱼无。因为缟虾虎鱼体色多变，区分以胸鳍为准。

纹缟虾虎鱼头部

黄康亮　供图

双带缟虾虎鱼头部

（4）暗缟虾虎鱼

沈忠诚　供图

沈忠诚　供图

拉丁名　*Tridentiger obscurus*（Temminck & Schlegel，1845）

分类地位　虾虎鱼目、虾虎鱼亚目、背眼虾虎鱼科、缟虾虎鱼属

形态特征　体延长，前部亚圆筒形，后部侧扁。头中大，前部略平扁。头部分布有白斑密集花纹，头侧背面的白点小而细。吻短而圆钝。眼中大，上侧位，眼间隔宽大。尾柄颇长，高为体高的1/2。头宽大，略平扁，颊部肌肉凸出。吻短，前端圆钝。眼颇小，上侧位。口大，前位。上、下颌约等长。上颌骨后端可深达眼中部或眼后缘下方。背鳍2个，雌、雄皆有丝状突出，但鳍膜不伸长。胸鳍基部一般为纯色，无复杂花纹。胸鳍宽圆，长于腹鳍与尾鳍；腹鳍较短，左、右腹鳍愈合成吸盘状；尾鳍后端圆形。

生态习性						
咸淡水						
第一背鳍	第二背鳍	胸鳍	臀鳍	纵列鳞	横列鳞	背鳍前鳞
Ⅵ	Ⅰ-9 ~ 10	19 ~ 20	Ⅰ-9	35 ~ 38	13 ~ 17	13 ~ 14

生活习性　生活在河川河口区的半淡咸水域，或是内湾、沿海的沙泥底质的水域。肉食性底栖鱼类，以小鱼及小型无脊椎动物为食。

分布区域　台湾地区，也见于黄渤海地区。

保护等级　未评估（NE）。

参考文献　[25] [49] [50] [51]

暗缟虾虎鱼与短棘缟虾虎鱼的区分

短棘缟虾虎鱼*Tridentiger brevispinis*与暗缟虾虎鱼*Tridentiger obscurus*的关系较为接近，其区分也长期混乱，《中国动物志》中没有收录暗缟虾虎鱼，只收录了短棘缟虾虎鱼，随着后续的考察发现了暗缟虾虎鱼，在此提出较为准确的区分方法。暗缟虾虎鱼头部白斑更为密集，头侧背面的白点小而细，胸鳍基部一般为纯色，无复杂花纹。短棘缟虾虎鱼头部白斑大而分散，头背部与侧面的白斑大小差别不大，分布均匀，胸鳍基部存在复杂的迷宫状花纹。

暗缟虾虎鱼胸鳍基部纯色

短棘缟虾虎鱼胸鳍基部花纹

（5）辐缟虾虎鱼

颜麒峰 供图

颜麒峰 供图

颜麒峰 供图

拉丁名 *Tridentiger radiatus* Cui，Pan，Yang & Wang，2013

分类地位 虾虎鱼目、虾虎鱼亚目、背眼虾虎鱼科、缟虾虎鱼属

形态特征 体延长，粗壮，前部圆筒形，后部略侧扁，背、腹部浅弧形隆起。头大，略平扁，宽大于高，头部具许多触须，但少于髭缟虾虎鱼*Tridentiger barbatus*。体背部为褐色至黑褐色，腹部为淡褐色。颜色多变，体侧和鱼鳍上一般没有突出的斑点或斑纹，但可能有6条马鞍状的深色背带。背鳍2个，第一背鳍无丝状突出，鳍膜为淡褐色，略透明，腹鳍几乎为白色。胸鳍第一鳍条游离。尾鳍长圆形，略带橘色。

生态习性						
咸淡水						
第一背鳍	第二背鳍	胸鳍	臀鳍	纵列鳞	横列鳞	背鳍前鳞
Ⅵ	I-10 ~ 11	19 ~ 22	I-10	42 ~ 50	17 ~ 21	10 ~ 16

生活习性 近岸暖温性底层小型鱼类，生活在河川河口区的半淡咸水域，或是内湾、沿海的沙泥底质的水域。肉食性底栖鱼类，以小鱼及小型无脊椎动物为食。

分布区域 广东，福建也有发现。

保护等级 未评估（NE）。

参考文献 [84]

辐缟虾虎鱼与髭缟虾虎鱼的区分

辐缟虾虎鱼*Tridentiger radiatus*为2013年发布的新种，其形态类似髭缟虾虎鱼*Tridentiger barbatus*。目前国内对辐缟虾虎鱼的记录较少，但参考原始论文，可以得出以下区分方法。辐缟虾虎鱼有更多的纵列鳞，须更少且小，而髭缟虾虎鱼纵列鳞更少，须更大且密集。一个较好的识别方法为观察上唇附近的须，辐缟虾虎鱼此处的须小而短，而髭缟虾虎鱼此处的须较长。

辐缟虾虎鱼头部

髭缟虾虎鱼头部

（6）裸项缟虾虎鱼

拉丁名 *Tridentiger nudicervicus* Tomiyama，1934

分类地位 虾虎鱼目、虾虎鱼亚目、背眼虾虎鱼科、缟虾虎鱼属

形态特征 体延长，前部亚圆筒形，后部侧扁。头中大，前部略平扁。短吻而圆钝。眼中大，上侧位，眼间隔宽大。口裂颇大，斜裂，上颌骨向后延伸超过眼中线的下方。鳃裂较狭，向下延伸仅至胸鳍基部下方。颊部具3列水平向的感觉乳突。成熟雄鱼的颊部极为膨大。体侧被中大型的栉鳞，头部裸出无鳞，背前区无鳞或仅有少数鳞片。第一背鳍无延长呈丝状的鳍条。体呈黄棕色，腹侧浅黄色。体侧有一条水平而稍向后方斜下的黑褐色纵带。颊部具2条水平向的黑褐色纵带。尾鳍基部具2个黑褐色的斑点，上方的斑点较大而明显。背鳍及尾鳍具褐色的点纹。胸鳍基部上方有一大型的黑斑。

生态习性						
咸淡水						
第一背鳍	第二背鳍	胸鳍	臀鳍	纵列鳞	横列鳞	背鳍前鳞
Ⅵ	I-10	19～20	I-9	37～38	14～15	0

生活习性 近岸暖温性底层小型鱼类，生活在河川河口区的半淡咸水域，或是内湾、沿海的沙泥底质的水域。肉食性底栖鱼类，以小鱼及小型无脊椎动物为食。

分布区域 东海、南海、台湾海峡地区。国外分布于朝鲜半岛和日本。

保护等级 未评估（NE）。

参考文献 [32] [38] [44] [49] [50] [51]

（7）纹缟虾虎鱼

拉丁名　*Tridentiger trigonocephalus*（Gill，1859）

别名及俗名　胖头鱼、虎头鱼

分类地位　虾虎鱼目、虾虎鱼亚目、背眼虾虎鱼科、缟虾虎鱼属

形态特征　体延长，前部圆筒形，后部略侧扁。头略平扁。头部具6个感觉管孔。吻较长。眼小，位于头的前半部。眼间隔平坦。口前位。上、下颌各具牙2行。唇厚。鳃孔较宽。鳃盖膜与峡部相连。胸鳍宽圆，下侧位，最上方鳍条游离。背鳍2个，在中部或稍后部分离。腹鳍膜盖发达，左、右腹鳍愈合成吸盘。尾鳍后端圆形。体被栉鳞，头部无鳞。无侧线。腹部色浅，体侧具2条黑褐色纵带，有时具6～7条不规则横带，有时还具云状斑纹。胸鳍灰蓝色，基部有一黑斑。尾鳍浅色，具4～5条暗色横纹。

生态习性						
咸淡水						
第一背鳍	第二背鳍	胸鳍	臀鳍	纵列鳞	横列鳞	背鳍前鳞
Ⅵ	I-11～13	19～20	I-9～11	51～54	16～18	12～14

生活习性　近海暖温性小型底层鱼类，栖息于河口咸、淡水及近岸浅水处，也进入江、河下游淡水水体中。摄食小仔鱼、钩虾、桡足类、枝角类及其他水生昆虫。

分布区域　分布于西北太平洋海域。渤海、黄海、东海及南海地区均产。国外见于朝鲜半岛、日本沿海。

保护等级　中国红色名录：数据缺乏（DD）；IUCN：无危（LC）。

参考文献　[32] [38] [49] [50] [51]

15.刺虾虎鱼属

（1）黄鳍刺虾虎鱼

拉丁名 *Acanthogobius flavimanus*（Temminck & Schlegel，1845）

分类地位 虾虎鱼目、虾虎鱼亚目、背眼虾虎鱼科、刺虾虎鱼属

形态特征 体延长，前部圆筒形，后部侧扁；背缘浅弧形，腹缘稍平直；尾柄颇长，大于体高。头中大，圆钝，略平扁，背部稍隆起。头部具3个感觉管孔。颊部稍隆起，眼下有1条斜向前下方的感觉乳突线，颊部下方自上颌后部至前鳃盖骨具3条感觉乳突线。吻圆钝，颇长，吻长大于眼径。眼小或大，背侧位，位于头的前半部，眼上缘突出于头部背缘。眼间隔狭窄，小于眼径，稍内凹。体被弱鳞，吻部无鳞，项部及鳃盖上方均具小圆鳞。背鳍2个，分离；第一背鳍高，基部短，起点位于胸鳍基部后上方，鳍棘柔软，第二鳍棘最长，其长约为头长的2.1倍，平放时，不伸达第二背鳍起点；第二背鳍略高于第一背鳍，基部较长。头、体部为灰褐色，背部色深，腹部浅棕色，体侧具1列不规则云状褐色斑块。头部亦具数个不规则棕褐色斑块。眼前下方至上唇具2条黑色斜纹。第一背鳍中部无黑斑，两个背鳍各具3~4行黑色小点。尾鳍具6~7行由黑色小点组成的弧形条纹。

生态习性						
咸淡水						
第一背鳍	第二背鳍	胸鳍	臀鳍	纵列鳞	横列鳞	背鳍前鳞
Ⅷ	I-13~14	20~22	I-11~12	46~50	18~20	25~28

生活习性 冷温性近岸底层小型鱼类，栖息于河口、港湾及沿岸砂质或泥底的浅水区。摄食小型无脊椎动物和幼鱼等。可能在河北、天津的海养虾池中发现。

分布区域 黄海、渤海、东海岸各河口区。国外见于朝鲜半岛、日本。

保护等级 中国红色名录：无危（LC）；IUCN：无危（LC）。

参考文献 [32] [39]

（2）乳色刺虾虎鱼

黄皓晨 供图

拉丁名　*Acanthogobius lactipes*（Hilgendorf，1879）

分类地位　虾虎鱼目、虾虎鱼亚目、背眼虾虎鱼科、刺虾虎鱼属

形态特征　体延长，侧扁；背缘浅弧形，腹缘稍平直；尾柄颇长，其长大于体高。头中大，圆钝，略平扁，背部稍隆起。吻圆钝，颇长，眼稍小，背侧位，眼上缘突出于头部背缘。眼间隔狭窄，稍内凹，小于眼径。口小，前下位，稍斜裂，上颌长于下颌，稍突出。体被弱栉鳞，项部、吻部、颊部及鳃盖骨均无鳞，胸部及腹部被小圆鳞；无侧线。背鳍2个，分离；第一背鳍高，基部短，起点位于胸鳍基部后上方，鳍棘柔软，第二及第三鳍棘最长，背鳍鳍膜上分布有大量圆点状花纹。头、体部为浅棕色，背部色较深，头部及鳃盖部亦具不规则点纹，体侧具约13条乳色竖条纹。

生态习性						
咸淡水						
第一背鳍	第二背鳍	胸鳍	臀鳍	纵列鳞	横列鳞	背鳍前鳞
Ⅶ～Ⅷ	I-10～11	18～19	I-10	33～37	9～11	0～4

生活习性　冷温性近岸底层小型鱼类，栖息于河口及沿岸岩礁石缝中的浅水区。摄食小型无脊椎动物。

分布区域　山东、辽宁、河北沿海地区。国外见于朝鲜半岛、日本、俄罗斯远东地区。

保护等级　IUCN：无危（LC）。

参考文献　[8] [24] [32] [39]

（3）斑尾刺虾虎鱼

拉丁名 *Acanthogobius ommaturus*（Richardson，1845）

同种异名 矛尾复虾虎鱼*Synechogobius hasta*

分类地位 虾虎鱼目、虾虎鱼亚目、背眼虾虎鱼科、刺虾虎鱼属

形态特征 体延长，前部呈圆柱状，后部侧扁且细。头宽而扁平，口端位，上颌略长于下颌，上、下颌均具有锐利的牙齿。吻长，前端圆钝。背鳍2个，分离，第一背鳍起点至吻端的距离等于或稍大于至臀鳍起点的垂直距离。第二背鳍很长，起点在肛门的垂直上方或稍前。胸鳍很长，末端超过腹鳍末端。腹鳍愈合，呈圆盘状。尾鳍尖圆。体被中大圆鳞，颊部、鳃盖等均被小鳞。无侧线。背部黄褐色，腹面白色，背鳍有数行黑色小点。胸鳍黄褐色。腹鳍、臀鳍呈浅金黄色。尾鳍黑色，外缘金黄色。

生态习性						
咸淡水						
第一背鳍	第二背鳍	胸鳍	臀鳍	纵列鳞	横列鳞	背鳍前鳞
IX ~ X	19 ~ 22	20 ~ 22	15 ~ 18	57 ~ 67	16 ~ 20	27 ~ 30

生活习性 暖温性近岸底层中大型虾虎鱼类，生活于沿海、港湾及河口咸、淡水交混处，也进入淡水。喜栖息于底质为淤泥或泥沙的水域。多穴居。性凶猛，摄食各种幼鱼、虾、蟹和小型软体动物。

分布区域 我国沿海及朝鲜半岛、日本。

保护等级 IUCN：无危（LC）。

参考文献 [8] [24] [32] [39]

16.拟虾虎鱼属

（1）小拟虾虎鱼

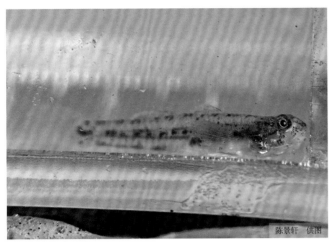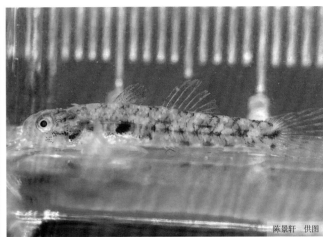

陈景轩　供图　　　　　　　　　　　陈景轩　供图

拉丁名　*Pseudogobius masago*（Tomiyama，1936）

分类地位　虾虎鱼目、虾虎鱼亚目、背眼虾虎鱼科、拟虾虎鱼属

形态特征　体形略延长，前方圆钝而后部侧扁。头中大，眼大且位置高。雄鱼吻部稍长于雌鱼，口裂略小；吻部闭合时，上颌略微较下颌突出。成熟雄鱼及雌鱼的第一背鳍皆略呈圆弧形且低平，无任何丝状延长。头部及躯体底色为浅黄褐色，体侧中间区域有5个形状破碎的水平分布黑色狭长形斑块。体侧上半部具许多黑色杂斑，体鳞具黑褐色边缘，腹面为淡黄白色。眼窝下方具1条灰黑色粗条纹，往下倾斜地延伸至颊部的下缘；眼窝后缘下方另有1条灰黑色粗条纹往后倾斜至前鳃盖区域。眼窝前缘下方另有1条黑褐色粗条纹，往前倾斜地延伸至吻部的前缘。胸鳍基部的中上方区域具1个灰黑色斑块。尾鳍基部具2个上下排列的黑色椭圆形斑块，上方的斑块大而明显，位于尾鳍基部中央位置，下方的斑块小而不明显，位于尾鳍基部下缘位置，两个斑块彼此分离。第一背鳍的鳍膜呈浅灰白色，无明显大型斑块分布，鳍膜散布一些细小的灰色斑点，成熟雄鱼的第一背鳍具有淡黄色边缘，雌鱼则无。第二背鳍的鳍膜呈浅灰白色，鳍膜散布一些细小的灰色斑点，在第二背鳍中间区域具一道水平分布的黑色点纹，成熟雄鱼的第一背鳍有时具淡黄色边缘，雌鱼则无。胸鳍浅灰白色无点纹。雄鱼与雌鱼的腹鳍皆呈浅灰白色。雄鱼与雌鱼的臀鳍鳍膜呈浅灰白色无点纹，并具有狭窄的白色边缘。成熟雄鱼与雌鱼的尾鳍鳍膜皆具3～5列排列不规则的黑色线纹。

生态习性						
咸淡水						
第一背鳍	第二背鳍	胸鳍	臀鳍	纵列鳞	横列鳞	背鳍前鳞
Ⅵ	I-6～8	14～17	I-6～8	24～27	7～8	7～10

生活习性　常见于河口区及海滨、红树林、港湾等环境中。

分布区域　我国沿海地区及韩国、日本。

保护等级　未评估（NE）。

参考文献　[25] [32] [36] [44] [129]

（2）杂色拟虾虎鱼

拉丁名 *Pseudogobius poicilosoma*（Bleeker，1849）

同种异名 爪哇拟虾虎鱼*Pseudogobius javanicus*

分类地位 虾虎鱼目、虾虎鱼亚目、背眼虾虎鱼科、拟虾虎鱼属

形态特征 体略延长，前方圆钝而后部侧扁。头中大，眼大且位置高。雄鱼吻部稍长于雌鱼，口裂大小中等，雄鱼口裂较雌鱼略大。头部及躯体底色为浅黄褐色或浅黄色，体侧中间区域有5个形状破碎的水平分布黑色或黑褐色斑块。第一背鳍后缘基部的位置具一条略往前倾斜的黑色粗横纹，往下延伸至体侧下缘区域。体鳞具黑褐色边缘，腹面为淡黄白色。眼窝下方具一条黑褐色粗条纹，往下倾斜地延伸至颊部的下缘，眼窝前缘下方另有一条黑褐色粗条纹，往前倾斜地延伸至吻部的前缘。胸鳍基部的中上方区域具一个黑褐色斑块。尾鳍基部具有两个上下排列且大小相近的黑色椭圆形斑块，有些个体的两个斑块前端稍微彼此相连，形成"<"的形状，有些个体的两个斑块彼此分离。第一背鳍的鳍膜呈浅黄色，鳍膜在第一至第三鳍棘之间的下缘区域通常具一水平分布的黑斑，而在第五至第六鳍棘之间的区域具一个明显的黑色斑块。第二背鳍鳍膜呈浅黄褐色或浅灰白色，在中间区域具3条水平分布的黑色点纹，外缘鳍膜呈灰色。胸鳍浅灰白色，少数个体基部区域的鳍膜具不明显的细小点纹。成熟雄鱼腹鳍呈浅灰色，成熟雌鱼腹鳍颜色较淡，呈浅灰白色。成熟雄鱼臀鳍鳍膜呈浅橘色，鳍条则为浅灰色，并具狭窄的白色边缘，成熟雌鱼臀鳍鳍膜呈浅灰白色。成熟雄鱼的尾鳍鳍膜呈浅红褐色，成熟雌鱼的尾鳍鳍膜呈浅灰白色，成熟雄鱼与雌鱼的尾鳍鳍膜皆具5～7列黑色线纹。

生态习性						
咸淡水						
第一背鳍	第二背鳍	胸鳍	臀鳍	纵列鳞	横列鳞	背鳍前鳞
Ⅵ	I-7～8	13～17	I-6～8	23～28	7～10	6～8

生活习性 常见于河口区及海滨、红树林、港湾等栖地环境。

分布区域 分布于中国、菲律宾、印度尼西亚与泰国。

保护等级 IUCN：无危（LC）。

参考文献 [25] [32] [36] [44] [73] [89] [129]

（3）黑斑拟虾虎鱼

拉丁名 *Pseudogobius melanosticta*（Day，1876）

别名及俗名 蝶翼拟虾虎鱼

同种异名 腹斑拟虾虎鱼*Pseudogobius gastrospilus*

分类地位 虾虎鱼目、虾虎亚目、背眼虾虎鱼科、拟虾虎鱼属

形态特征 体形略延长，前方圆钝而后部侧扁。头中大，眼大且位置高。雄鱼吻部稍长于雌鱼。成熟雄鱼的第一背鳍呈三角形，第二到第三鳍条都具有明显的丝状延长，而雌鱼无任何延长。头部及躯体底色为浅黄褐色，体侧中间区域有5个形状破碎的水平分布黑褐色斑块。体鳞具有黑褐色边缘，腹面为淡黄白色。眼窝下方具一条黑褐色粗条纹，往下倾斜地延伸至颊部的下缘，眼窝前缘下方另有一条黑褐色粗条纹，往前倾斜延伸至吻部的前缘。胸鳍基部的中上方区域具一个黑褐色斑块。尾鳍基部具有两个上下排列的黑色短棒状斑块。第一背鳍的鳍膜呈浅橘红色或黄色，有两个彼此上下排列的大型黑色斑块，上方的斑块延伸到背鳍上缘，下方的斑块延伸到背鳍基部。第二背鳍鳍膜呈浅黄色或浅黄褐色，在中间区域具一条水平分布的狭窄灰色带，外缘鳍膜呈灰色。胸鳍浅灰白色，少数个体基部区域的鳍膜具不明显的细小点纹。成熟雄鱼腹鳍呈浅灰色，成熟雌鱼腹鳍颜色较淡，呈浅灰白色。成熟雄鱼臀鳍鳍膜呈浅橘红色，边缘呈灰色，成熟雌鱼臀鳍鳍膜呈浅黄褐色，且具有灰白色边缘。成熟雄鱼的尾鳍鳍膜呈浅红褐色，成熟雌鱼呈浅灰白色。

生态习性						
咸淡水						
第一背鳍	第二背鳍	胸鳍	臀鳍	纵列鳞	横列鳞	背鳍前鳞
VI	I-6 ~ 8	14 ~ 16	I-7 ~ 8	23 ~ 26	7 ~ 9	6 ~ 8

生活习性 常见于河口区及海滨、红树林、港湾等栖地环境。

分布区域 台湾。国外见于菲律宾、印度尼西亚与泰国。

保护等级 未评估（NE）。

参考文献 [25] [36] [44] [89] [129]

（4）台江拟虾虎鱼

拉丁名 *Pseudogobius taijiangensis* Chen，Huang & Huang，2014

分类地位 虾虎鱼目、虾虎鱼亚目、背眼虾虎鱼科、拟虾虎鱼属

形态特征 体略延长，前方圆钝而后部侧扁。头中大，眼大且位置高。雄鱼吻部稍长于雌鱼，口裂大小中等，雄鱼口裂较雌鱼略大，可延伸至瞳孔中点的垂直下方位置，雌鱼则仅延伸至眼窝前缘的垂直下方位置；鳃裂的位置约为后鳃盖的中央。后鼻孔仅为一圆形孔洞。成熟雄鱼及雌鱼的第一背鳍略呈圆弧形，各硬棘都没有丝状延长的现象，而在所有第一背鳍的硬棘中，第二及第三鳍棘最长，同时雄鱼略长于雌鱼。将第一背鳍压平时往后延伸，雄鱼最长可抵达第二背鳍的前缘基部，而雌鱼仅仅抵达距离第二背鳍前缘基部约一个鳞片的位置。头部及躯体底色为浅褐色或浅黄褐色，体侧中间区域具5~6个形状破碎的水平分布黑褐色斑块，且体侧通常具一些黑褐色细纵纹连接各个斑块。体鳞具有黑褐色边缘。成熟的雄鱼与雌鱼具有不同的体色表现。成熟雄鱼后鳃盖的下缘区域为黄色，雌鱼则为淡黄白色。成熟雄鱼腹面为黄色或鲜黄色，雌鱼则为淡黄白色。眼窝下方具一条黑褐色粗条纹，往下倾斜地延伸至颊部的中央区域，眼窝前缘下方另有一条黑褐色粗条纹，往前倾斜地延伸至吻部的前缘。胸鳍基部的中上方区域具一个明显的黑褐色斑块。尾鳍基部具两个上下排列的黑褐色斑块，上方的斑块皆大于下方的斑块，而两个斑块前端稍微彼此相连，形成"<"的形状。成熟雄鱼第一背鳍的鳍膜呈浅黄褐色或是浅红褐色，鳍膜在第四至第六鳍棘之间的上缘区域通常具一个大型的深蓝色圆形斑块；成熟雌鱼第一背鳍的鳍膜呈浅灰褐色或是浅灰白色，鳍膜在

第五至第六鳍棘之间的上缘区域通常具一个小型的黑色圆形斑块。成熟雄鱼第二背鳍鳍膜呈浅黄褐色或浅红褐色，雄鱼与雌鱼在中间区域皆具2～3列水平分布的黑色点纹。成熟雄鱼胸鳍浅灰色。成熟雄鱼臀鳍鳍膜呈浅橘黄色，鳍条则为浅灰色，并具有狭窄的白色边缘；成熟雌鱼的臀鳍鳍膜呈浅灰白色。成熟雄鱼的尾鳍鳍膜呈浅红褐色，下缘区域为淡黄色或黄色；成熟雌鱼呈浅灰褐色或浅灰白色，成熟雄鱼与雌鱼的尾鳍鳍膜皆具4～7列黑色线纹。

生态习性						
咸淡水						
第一背鳍	第二背鳍	胸鳍	臀鳍	纵列鳞	横列鳞	背鳍前鳞
Ⅵ	I-7	16～15	I-7	25～27	8～9	8～9

生活习性　常见于河口区及海滨、红树林、港湾等栖地环境。

分布区域　我国南部沿海各个区域。

保护等级　未评估（NE）。

参考文献　[36] [44] [73] [129]

台江拟虾虎鱼雌性

17.雷虾虎鱼属

（1）拜库雷虾虎鱼

拉丁名 *Redigobius bikolanus*（Herre，1927）

别称及俗名 斑纹雷虾虎鱼

分类地位 虾虎鱼目、虾虎鱼亚目、背眼虾虎鱼科、雷虾虎鱼属

形态特征 体略延长，前方略圆钝而躯干明显侧扁。体略高。头中大，眼大且位置高。雄鱼吻部稍长于雌鱼，口裂大小中等，雄鱼口裂明显较雌鱼大。成熟雄鱼的第一背鳍略呈三角形且延长；成熟雌鱼的第一背鳍较低，没有明显延长，压平时往后延伸，仅仅抵达距离第二背鳍前缘基部的位置。腹鳍大而近似圆形；尾鳍呈椭圆形，且具圆形后缘。体侧被大型栉鳞，头背部前方区域则裸露无鳞。后鳃盖区域被少量圆鳞，颊部则裸露无鳞。头部及躯体底色为浅褐色或黄褐色，体侧中间区域具5个形状破碎的纵向黑色斑块。眼窝前缘下方有一条黑褐色粗条纹，往前倾斜地延伸至吻部的前缘。颊部具有黑褐色粗条纹交叉构成的网纹，后鳃盖的中央位置具一倾斜的粗条纹。胸鳍基部的上缘具2个前后排列的黑色斑块，胸鳍基部的下缘具一个黑色斑块。尾鳍基部具2个上下排列且大小相近的黑色椭圆形斑块，两个斑块前端通常稍微彼此相连，形成"<"的形状。成熟雄鱼第一背鳍的鳍膜呈浅黄色，成熟雌鱼第一背鳍的鳍膜呈浅灰白色，雄鱼及雌鱼的第一背鳍鳍膜在下缘及上缘各具一条纵向灰黑色带，而在第五至第六鳍棘之间的鳍膜下缘区域具一个明显的圆形黑色斑块。成熟雄鱼第二背鳍鳍膜呈浅黄色，成熟雌鱼第二背鳍的鳍膜呈浅灰白色，在中间区域具3条纵向分布的黑色点纹。

生态习性						
咸淡水						
第一背鳍	第二背鳍	胸鳍	臀鳍	纵列鳞	横列鳞	背鳍前鳞
VI	I-6 ~ 8	14 ~ 18	I-6 ~ 8	21 ~ 27	6 ~ 8	5 ~ 8

生活习性 生活于河口半淡咸水域与溪流下游感潮带附近淡水域。

分布区域 分布广，可见于日本、中国、菲律宾、斐济、新喀里多尼亚与帕劳。国内产于南方沿海各省和台湾地区。

保护等级 IUCN：无危（LC）。

参考文献 [32] [44] [49] [124] [127]

（2）金色雷虾虎鱼

拉丁名　*Redigobius chrysosoma*（Bleeker，1875）

分类地位　虾虎鱼目、虾虎鱼亚目、背眼虾虎鱼科、雷虾虎鱼属

形态特征　体略延长，前方略圆钝而躯干明显侧扁。体略高。头中大，眼大且位置高。吻钝，口稍倾斜，上、下颌等长，下颌延伸到眼前。体呈灰白色，腹部为白色，体背有不明显的褐色斑纹，体侧有大块透明黑斑，可能不显现。背鳍2个，第一背鳍呈圆形，后部有一个黑斑，上部有时有红色纹路。腹鳍愈合为吸盘。臀鳍和第二背鳍同形。尾鳍为长圆形，基部有一浅色斑纹。

生态习性						
淡水、两侧洄游						
第一背鳍	第二背鳍	胸鳍	臀鳍	纵列鳞	横列鳞	背鳍前鳞
Ⅵ	I-6	15～18	I-6	22～25	7～9	5～7

生活习性　生活于入海溪流下游的纯淡水区域，喜欢栖息于水流较平缓的浅水区。有穴居习性，较胆小，喜欢躲藏于洞穴中。以水生无脊椎动物、小型甲壳类为食。

分布区域　多见于菲律宾、大洋洲。我国主要产于台湾地区。

保护等级　IUCN：无危（LC）。

参考文献　[44] [124] [127]

（3）奥氏雷虾虎鱼

拉丁名　*Redigobius oyensi*（de Beaufort，1913）

分类地位　虾虎鱼目、虾虎鱼亚目、背眼虾虎鱼科、雷虾虎鱼属

形态特征　体略延长，前方略圆钝而躯干明显侧扁。体略高。头中大，眼大且位置高。吻钝，口稍倾斜，上、下颌等长，下颌延伸到眼部下方。颊部有亮蓝色斑点。体侧呈灰白色，腹部为白色，体背有6个黑色斑块，体侧具有7对小黑斑，有时不明显，亦有许多不规则红色斑纹交错，体侧有时会出现亮蓝色斑点。背鳍2个，第一背鳍呈方形，有时延长，第四鳍棘最长，外缘为赤红色，靠近后缘上方有一大黑斑，第二背鳍有数列赤色花纹。臀鳍与第二背鳍同形，尾鳍长圆形，略灰色。

生态习性						
淡水、两侧洄游						
第一背鳍	第二背鳍	胸鳍	臀鳍	纵列鳞	横列鳞	背鳍前鳞
Ⅵ	I-5～8	16～19	I-5～7	23～26	7～9	6～11

生活习性　生活于入海溪流下游的纯淡水区域，喜欢栖息于水流较平缓的浅水区。有穴居习性，较胆小，喜欢躲藏于洞穴中。以水生无脊椎动物、小型甲壳类为食。

分布区域　多见于菲律宾、日本及大洋洲。我国主要产于台湾地区。

保护等级　IUCN：无危（LC）。

参考文献　[44] [124] [127]

138　中国虾虎鱼

18.沟虾虎鱼属

（1）小鳞沟虾虎鱼

徐一扬 供图 （左右两张图均标注）

拉丁名 *Oxyurichthys microlepis*（Bleeker，1849）

分类地位 虾虎鱼目、虾虎鱼亚目、背眼虾虎鱼科、沟虾虎鱼属

形态特征 体延长，侧扁；背缘和腹缘几乎平直；尾柄较高。头中大，圆钝。吻宽短，前端圆钝，背缘圆弧形，约与眼径等长。眼中大，上侧位，眼下缘有一黑色斑纹。位于头的前半部背方，眼上缘后方无触角状皮瓣。口大，前上位，斜裂。下颌稍突出。上颌骨后端伸达眼中部下方。眼后头部及体前部被小圆鳞，体后部被较大弱栉鳞。吻部、颊部和鳃盖部均无鳞，背中线无鳞，具一低小皮段突起，向前伸达眼后方。背鳍2个，分离，相距颇近；第一背鳍起点位于胸鳍基部上方，鳍棘柔软，细长，第二、第三鳍棘最长，其长大于体高。体侧为乳白色，有数条不明显黑色云斑，在靠近体背处有密集的黑色斑点花纹，尾鳍为尖长形。

生态习性						
咸淡水						
第一背鳍	第二背鳍	胸鳍	臀鳍	纵列鳞	横列鳞	背鳍前鳞
Ⅵ	I-11~13	21~25	I-12~13	41~58	13~21	0~25

生活习性 暖水性小型鱼类，栖息于河口咸、淡水处及沿岸滩涂礁石、红树林等环境。

分布区域 分布于西太平洋地区。我国见于东海、南海、台湾海峡等地。国外见于泰国、印度尼西亚、菲律宾等地。

保护等级 IUCN：无危（LC）。

参考文献 [32] [153]

（2）项鳞沟虾虎鱼

拉丁名　*Oxyurichthys auchenolepis* Bleeker，1876

分类地位　虾虎鱼目、虾虎鱼亚目、背眼虾虎鱼科、沟虾虎鱼属

形态特征　体延长，侧扁；背缘、腹缘略凸起，呈浅弧形；尾柄颇短。头较短小，侧扁，背缘圆突。吻略长，前端钝圆，背缘圆弧形。眼中大，背侧位，位于头的前半部背方；眼上缘无触角状皮瓣。头部以及体侧呈乳黄色，腹部为白色，头部到鳃盖处分布4～5条浅蓝色不规则斜纹，体侧分布水波状不规则蓝色斑纹，有时无。背鳍2个，分离，第一背鳍第一鳍棘最长，鳍膜透明，第二背鳍鳍膜略带红色，靠近外缘有蓝色波浪状花纹；胸鳍透明，扇形；尾鳍为尖长形。

生态习性						
海水						
第一背鳍	第二背鳍	胸鳍	臀鳍	纵列鳞	横列鳞	背鳍前鳞
Ⅵ	I-11～13	21～25	I-12～13	52～72	17～23	14～29

生活习性　栖息于水深50～70m的泥质海床上。底栖性，多半停栖在底部而较少游动。肉食性，几乎只以桡足类为食。

分布区域　分布于西太平洋地区。我国见于广东、海南等地。国外从日本至澳大利亚北部皆可见。

保护等级　未评估（NE）。

参考文献　[32] [153]

（3）眼瓣沟虾虎鱼

拉丁名　*Oxyurichthys ophthalmonema*（Bleeker，1856）

分类地位　虾虎鱼目、虾虎鱼亚目、背眼虾虎鱼科、沟虾虎鱼属

形态特征　体延长，侧扁；背缘和腹缘几乎平直；尾柄较短。头略短小，侧扁，圆突，后部较高；头高大于头宽。眼上具皮质瓣，为红色。吻较长，前端钝，背缘圆弧形。眼中大，上侧位，位于头的前半部背方。口大，前上位，斜裂。下颌较上颌长，稍突出。背鳍2个，分离，相距颇近；第一背鳍起点位于胸鳍基部后上方，鳍棘柔软，第一背鳍的第二、第三鳍棘最长，但不呈丝状延长。头、体呈乳白色，腹部色浅。体侧隐具5个暗斑，排列成一纵行，暗斑之间有不规则的灰色斑纹。尾鳍为尖长形，透明，外缘为红色。

生态习性						
咸淡水						
第一背鳍	第二背鳍	胸鳍	臀鳍	纵列鳞	横列鳞	背鳍前鳞
Ⅵ	I-12 ~ 13	20 ~ 23	I-12 ~ 13	45 ~ 63	11 ~ 21	0 ~ 27

生活习性　栖息于河口、港湾、沙岸等沙泥底质的环境。底栖性，多半停栖在底部而较少游动。偏肉食性，喜好以小型鱼虾及其他无脊椎动物为食。

分布区域　分布于印度洋至西太平洋地区。我国见于南部沿海地区。

保护等级　IUCN：无危（LC）。

参考文献　[20] [25] [26] [32] [44] [153]

（4）巴布亚沟虾虎鱼

拉丁名 *Oxyurichthys papuensis*（Valenciennes，1837）

分类地位 虾虎鱼目、虾虎鱼亚目、背眼虾虎鱼科、沟虾虎鱼属

形态特征 体延长，侧扁；背缘、腹缘略凸起，呈浅弧形；尾柄颇短。头较短小，侧扁，背缘圆突。吻略长，前端钝圆，背缘圆弧形。眼中大，背侧位，位于头的前半部背方；眼上缘无触角状皮瓣。体前部被小圆鳞，体后部被较大弱栉鳞。颊部和鳃盖部均无鳞；项部被小圆鳞，背中线有或无鳞，头背部具小鳞。无侧线。背鳍2个，分离，相距颇近；第一背鳍起点位于胸鳍基部上方，鳍棘柔软。体侧具5~6条暗褐色横带，横带中央有一大块黑色斑纹，尾鳍为尖长形，且在尾鳍基部有一个黑色斑点。

生态习性						
咸淡水						
第一背鳍	第二背鳍	胸鳍	臀鳍	纵列鳞	横列鳞	背鳍前鳞
Ⅵ	I-12	21~24	I-13	60~80	16~27	0~25

生活习性 栖息于河口、港湾、沙岸等沙泥底质的环境。底栖性，多半停栖在底部而较少游动。偏肉食性，喜好以小型鱼虾及其他无脊椎动物为食。

分布区域 多分布于印度洋至西太平洋海域，由红海南部至南非一带，东至西太平洋地区。我国见于南部沿海地区。

保护等级 IUCN：无危（LC）。

参考文献 [25] [32] [153]

19.狭虾虎鱼属

（1）条纹狭虾虎鱼

拉丁名 *Stenogobius genivittatus*（Valenciennes，1837）

别称及俗名 种子鲨

分类地位 虾虎鱼目、虾虎鱼亚目、背眼虾虎鱼科、狭虾虎鱼属

形态特征 体延长，侧扁；背缘浅弧形，腹缘稍平直；尾柄较高。头中大，短而高，侧扁，背部稍隆起，头高大于头宽。吻圆钝，较短，前端宽，向前突出于上颌的稍前方，背部隆起，吻长大于眼径。眼中大，背侧位，眼上缘突出于头部背缘。体被中大弱栉鳞，头的吻部、颊部及鳃盖部均无鳞。背鳍2个，分离；第一背鳍高，基部短，起点位于胸鳍基部后上方，鳍棘柔软，较长，但不呈丝状，第一鳍棘较短，第三、第四鳍棘最长。体呈灰绿色，雄鱼臀鳍红色，眼下具黑色横带，体侧具褐色横带数条。

生态习性						
咸淡水						
第一背鳍	第二背鳍	胸鳍	臀鳍	纵列鳞	横列鳞	背鳍前鳞
Ⅵ	I-11	15	I-11	48	13	18

生活习性 生活于溪流下游至河口的水域。底栖性，以小型脊椎与无脊椎动物为食。

分布区域 分布于印度洋至西太平洋地区。我国见于南部沿海以及台湾地区。

保护等级 中国红色名录：无危（LC）；IUCN：无危（LC）。

参考文献 [32] [36] [44]

（2）眼带狭虾虎鱼

张大庆 供图

张大庆 供图

拉丁名 *Stenogobius ophthalmoporus*（Bleeker，1853）

别称及俗名 种子鲨、高身种子鲨

分类地位 虾虎鱼目、虾虎鱼亚目、背眼虾虎鱼科、狭虾虎鱼属

形态特征 体延长，体高稍高而侧扁；上侧位，眼间隔稍小于眼径，眼下缘具黑色横带。吻短而吻端钝，口裂小而开于吻端，呈稍斜位；上颌末端达眼前缘下方；左、右鳃膜下端附着于峡部。体后半部被栉鳞；有的个体颊部及鳃盖具鳞。体淡褐色，体背颜色较深，具斑块，体侧中央有不规则斑块，腹部为白色。背鳍2个，第一背鳍鳍棘延长呈丝状；左、右腹鳍连合成吸盘状。尾鳍长圆形，末端略尖，略红色。

生态习性						
淡水、两侧洄游						
第一背鳍	第二背鳍	胸鳍	臀鳍	纵列鳞	横列鳞	背鳍前鳞
Ⅵ	I-10	16～17	I-10	50～52	12～13	18～20

生活习性 生活于溪流下游至河口的水域。底栖性，以小型脊椎与无脊椎动物为食。

分布区域 分布于印度洋至西太平洋地区。我国见于南部沿海以及台湾地区。

保护等级 中国红色名录：无危（LC）；IUCN：无危（LC）。

参考文献 [26] [32] [36] [44]

20.寡鳞虾虎鱼属

（1）尖鳍寡鳞虾虎鱼

拉丁名　*Oligolepis acutipinnis*（Valenciennes，1837）

俗名及别称　尖鳍鲨

分类地位　虾虎鱼目、虾虎鱼亚目、背眼虾虎鱼科、寡鳞虾虎鱼属

形态特征　体延长，侧扁，背缘平直，眼上侧位，眼下方有一条黑色斜纹。体被大型栉鳞，背鳍前区与头部均裸露无鳞。第一背鳍高而延长呈丝状，以第三鳍棘为最长。尾鳍呈矛形。胸鳍及腹鳍大，均略为等长。活体略透明呈淡棕色，体侧中央具有一列约5个较大型的黑斑，在斑块之间亦有黑斑。背侧散有许多细小的黑褐色斑点。背鳍具有数列成水平向排列的小斑点。眼下方具有一条斜向下的黑色线纹。成熟雌鱼的腹部呈亮蓝色。

生态习性						
咸淡水						
第一背鳍	第二背鳍	胸鳍	臀鳍	纵列鳞	横列鳞	背鳍前鳞
Ⅵ	I-10～11	19～20	I-10～11	24～26	9	0

生活习性　底栖性，活动于沙泥底的栖地环境，主要栖息在河口半淡咸水域。杂食性，多半以有机碎屑、小鱼、小虾、无脊椎动物为食。

分布区域　我国南部沿海及台湾地区等。

保护等级　IUCN：无危（LC）。

参考文献　[20] [25] [32] [44]

（2）大口寡鳞虾虎鱼

张大庆 供图

拉丁名 *Oligolepis stomias*（Smith，1941）

俗名及别称 尖鳍鲨

分类地位 虾虎鱼目、虾虎鱼亚目、背眼虾虎鱼科、寡鳞虾虎鱼属

形态特征 体延长，侧扁，背缘浅弧形，眼侧上位，眼下缘有一条黑色斜纹。口前位，口裂巨大，可以延伸至眼下方。体被大型栉鳞，背鳍前区及头部均裸露无鳞。第一背鳍高于体高，以第四、第五鳍棘最长。尾鳍呈毛形尾，中间的鳍条延伸成丝状。腹鳍吸盘大，约达臀鳍起点。活体略透明呈淡棕色，体侧具5个大型的黑斑，最后一个位于尾鳍基部。眼下方有一明显的"L"形黑色纹。背侧散有小黑斑。背鳍具有数列黑色斑点，尾部上方亦相当类似。尾鳍为尖长形，透明。

生态习性						
咸淡水						
第一背鳍	第二背鳍	胸鳍	臀鳍	纵列鳞	横列鳞	背鳍前鳞
VI	I-10	20	I-11	29～30	8	0

生活习性 主要栖息在河口半淡咸水域，喜好在河湾或缓流区活动，底栖性。肉食性，以小鱼、小虾蟹及其他河口底栖无脊椎动物为食。

分布区域 我国南部沿海及台湾地区等。

保护等级 IUCN：数据缺乏（DD）。

参考文献 [25] [32] [44]

21.鳍虾虎鱼属

（1）大鳞鳍虾虎鱼

黄康亮　供图

拉丁名　*Gobiopterus macrolepis* Cheng，1965

别称及俗名　玻璃虾虎鱼、透明虾虎鱼

分类地位　虾虎鱼目、虾虎鱼亚目、背眼虾虎鱼科、鳍虾虎鱼属

形态特征　体延长，侧扁。头中大，稍侧扁。吻钝，吻长约等于眼径。眼中大，上侧位，位于头的前半部。眼间宽而圆突。口中大，端位，口裂斜，下颌突出于上颌之前，上颌骨后端伸达眼前缘的下方。第一排纵列鳞排列整齐，呈"\\"状，各鳍附近没有黑色斑点。鳃孔大，侧位。鳃膜与峡部分离。鳃耙短小。体被栉鳞，头部及体的前半部裸露无鳞。背鳍2个，分离。第一背鳍短小，位于胸鳍后部的上方，第一、第二鳍棘最长，平放时，其末端不达第二背鳍起点。第二背鳍较高，与臀鳍同形，基底与臀鳍相对。臀鳍中大，起点与第二背鳍起点相对或稍前。胸鳍宽大，圆形。腹鳍短小，后端尖形，末端伸达胸鳍后端的下方。尾鳍圆形。体半透明而细小，成鱼体长只有2~3cm。

生态习性						
淡水						
第一背鳍	第二背鳍	胸鳍	臀鳍	纵列鳞	横列鳞	背鳍前鳞
V	I-8	14	I-10~11	17~19	5~6	0

生活习性　十分少见，游速慢，常群游于缓水处的浅水区中层，以躲避大型鱼类的捕食。多栖息于淡水或半咸淡水的河涌及池塘。以水蚤等微小水生甲壳类为食。

分布区域　只分布于珠江三角洲一带（包括香港），该物种的模式产地在广东省佛山市南海区。

保护等级　中国红色名录：易危（VU）。

参考文献　[9] [32]

（2）湖栖鳍虾虎鱼

湖栖鳍虾虎鱼怀卵

拉丁名 *Gobiopterus lacustris*（Herre，1927）

别称及俗名 玻璃虾虎鱼、透明虾虎鱼

分类地位 虾虎鱼目、虾虎鱼亚目、背眼虾虎鱼科、鳍虾虎鱼属

形态特征 体延长，后部侧扁。头部略平扁且无冠状皮嵴突起，头宽大于体宽。吻较短，圆钝，吻长约为眼径的一半。眼大，上侧位，在头的前半部，无眼睑，眼间距较宽，略小于眼径。头部、腹部和体前部无鳞，体后部被无色透明栉鳞。无侧线。从第二背鳍和臀鳍起点处向前的纵列鳞逐一递减一片，呈"<"状。活体半透明，无色或淡黄色，脊椎骨、肋骨、鱼鳔、肠和性腺等器官清晰可见。雌鱼性腺中的成熟卵细胞清晰可见，雄鱼成熟性腺呈黄色。上、下颌围有深色花斑，头部分散着许多黑色花斑或斑点。背鳍两侧从头部至尾部各有一行斑点。腹鳍、腹部和臀鳍两侧均有花斑。

生态习性						
咸淡水						
第一背鳍	第二背鳍	胸鳍	臀鳍	纵列鳞	横列鳞	背鳍前鳞
V	I-7~8	13	I-10~11	19~21	5	0

生活习性　游速慢，常群游于缓水处的浅水区中层，以躲避大型鱼类的捕食。多栖息于淡水或半咸淡水的河涌及池塘。以水蚤等微小水生甲壳类为食。

分布区域　广东雷州半岛地区。

保护等级　未评估（NE）。

参考文献　[9] [32]

湖栖鳍虾虎鱼与大鳞鳍虾虎鱼的区分

　　湖栖鳍虾虎鱼*Gobiopterus lacustris*与大鳞鳍虾虎鱼*Gobiopterus macrolepis*形态相似，大鳞鳍虾虎鱼曾经被认为是我国唯一一种鳍虾虎鱼。主要区分方法为观察鳞片排列，湖栖鳍虾虎鱼从第二背鳍和臀鳍起点处向前的纵列鳞逐一递减一片，呈"<"状；大鳞鳍虾虎鱼第一排纵列鳞排列整齐，呈"\"状。两者活体体色透明，鳞片不易观察，则可用头部斑纹区分，湖栖鳍虾虎鱼头部分布着大量的黑色斑点，而大鳞鳍虾虎鱼无此特征。

黄康亮　供图

大鳞鳍虾虎鱼

湖栖鳍虾虎鱼

22.高鳍虾虎鱼属

（1）蛇首高鳍虾虎鱼

拉丁名 *Pterogobius elapoides*（Günther，1872）

分类地位 虾虎鱼目、虾虎鱼亚目、背眼虾虎鱼科、高鳍虾虎鱼属

形态特征 体延长，前部圆筒形，后部侧扁；背缘浅弧形，腹缘稍平直；尾柄短而高，其长大于体高的一半。头中大，圆钝，前部略平扁，背部稍隆起。吻稍宽长，圆钝，吻长大于眼径。眼中大，背侧位，眼上缘突出于头部背缘。体被小栉鳞，头部除鳃盖上方部分及眼后项部被鳞外，其余均裸露无鳞。背鳍2个，分离；第一背鳍高，基部短，起点位于胸鳍基部后上方，鳍棘柔软，第四鳍棘最长，大于吻后头长。尾鳍长圆形，短于头长。肛门与第二背鳍起点相对。体呈浅棕色，体侧具6条黑色横带。项部中间至眼的后方具1条黑斜带。眼间隔有1条黑色横纹穿越眼的下方，止于头的腹面。

生态习性						
海水						
第一背鳍	第二背鳍	胸鳍	臀鳍	纵列鳞	横列鳞	背鳍前鳞
Ⅷ	I-21	24	I-20	85	33	39

生活习性 温水性近岸小型底层鱼类，生活于岩礁区海岸。摄食底栖无脊椎动物。不常见。体长90~120mm。

分布区域 黄海、东海近海地区。国外见于朝鲜半岛南岸、日本。

保护等级 IUCN：无危（LC）。

参考文献 [32] [49]

（2）五带高鳍虾虎鱼

拉丁名 *Pterogobius zacalles* Jordan & Snyder，1901

别称及俗名 横带高鳍虾虎鱼

分类地位 虾虎鱼目、虾虎鱼亚目、背眼虾虎鱼科、高鳍虾虎鱼属

形态特征 体延长，前部圆筒形，后部侧扁；背缘浅弧形，腹缘稍平直；尾柄短而高，其长大于体高的一半。头中大、圆钝，前部略平扁，背部稍隆起。吻宽短，圆钝，吻长大于眼径。眼中大，背侧位，眼上缘突出于头部背缘。体被小栉鳞，头部除鳃盖骨及前鳃盖骨被小圆鳞外，其余均裸露无鳞。背鳍2个，分离；第一背鳍高，基部短，起点位于胸鳍基部后上方。头、体部呈浅灰黑色，体侧有5条黑褐色宽横带，各横带间的距离几乎相等。背鳍、臀鳍和边缘均为黑色，其内侧为橘红色，再向里逐渐为灰黑色。眼间隔后方有一橘红色横纹延伸至眼中央下方。

生态习性						
海水						
第一背鳍	第二背鳍	胸鳍	臀鳍	纵列鳞	横列鳞	背鳍前鳞
Ⅷ	I-24	22	I-24	91~94	34~36	33~35

生活习性 暖水性近岸小型鱼类，生活于岩礁区海岸。摄食底栖无脊椎动物。体长100~120mm。

分布区域 辽宁及黄海海域。国外见于日本北海道至九州。

保护等级 未评估（NE）。

参考文献 [32] [49]

23.鳗虾虎鱼属

（1）须鳗虾虎鱼

拉丁名　*Taenioides cirratus*（Blyth，1860）

分类地位　虾虎鱼目、虾虎鱼亚目、背眼虾虎鱼科、鳗虾虎鱼属

形态特征　体颇延长，前半部圆筒形，后部渐侧扁，与鳗形较相似。头部宽而短，亚圆筒形，具有数行黏液管的突起皮褶。其头长略小于腹鳍基部后缘到肛门的距离。吻短而圆钝。眼退化，隐于皮下。眼间距宽大，稍圆凸。口宽短，上位，口裂几近垂直。头部腹侧前区的两侧各具有3条短须。体裸露无鳞。体侧具有26个乳突状的黏液孔，排列稀疏。背鳍相连，以第五、六、七鳍棘的间隔较大；鳍条均在皮膜中，后端具一缺刻，可与尾鳍区分。尾鳍呈矛状。臀鳍与背鳍同形，其起点在背鳍第二软条的下方。胸鳍宽圆，腹鳍长，愈合成一长漏斗状，后缘完整无缺刻。体呈铅红色带蓝灰色调，腹鳍较为浅白。尾鳍呈黑色，其他各鳍呈暗灰色。

生态习性					
咸淡水					
背鳍	胸鳍	臀鳍	纵列鳞	横列鳞	背鳍前鳞
Ⅵ-39～41	16～18	I-37～44	0	0	0

生活习性　暖水性底层鱼类，喜好栖息于河口、港湾、红树林湿地、沙岸海域等栖地中。大多出现在泥质底的环境，常隐于洞穴内。杂食性，喜好以有机质碎屑、小型鱼虾等为食。

分布区域　分布于印度洋北部沿岸，东至澳大利亚，北至日本以及中国南海、台湾海峡、东海等海域。

保护等级　IUCN：数据缺乏（DD）。

参考文献　[20] [32] [38] [44]

（2）鲡形鳗虾虎鱼

拉丁名　*Taenioides anguillaris*（Linnaeus，1758）

分类地位　虾虎鱼目、虾虎鱼亚目、背眼虾虎鱼科、鳗虾虎鱼属

形态特征　体很延长，前部亚圆筒形，后部侧扁；背缘、腹缘几乎平直，近尾端渐细小。头较宽，亚圆筒形，无感觉管孔，头长大于或等于腹鳍基部后缘至肛门的距离，有多行感觉乳突线，自眼后向前、后方辐射，感觉乳突线也见于颊部、鳃盖部和吻侧；颊部还具3条垂直的感觉乳突线。体裸露无鳞。背鳍1个，鳍棘部与鳍条部连续，起点位于体的前半部，臀鳍和背鳍鳍条部相对，同形，基部长，起点在背鳍第一或第二鳍条下方，埋于皮膜中，胸鳍短小，约为头长的1/3，该特征可用于与须鳗虾虎鱼*Taenioides cirratus*区分。腹鳍颇长，左、右腹鳍愈合成一漏斗状吸盘。尾鳍尖长。

生态习性					
咸淡水					
背鳍	胸鳍	臀鳍	纵列鳞	横列鳞	背鳍前鳞
Ⅵ-43～48	16～18	Ⅰ-41～45	0	0	0

生活习性　暖水性小型底层鱼类，栖息于河口咸、淡水水域或近海潮间带的泥涂，有时也进入下游淡水水体。常隐于洞穴内。杂食性，以有机碎屑、小鱼、虾等为食。

分布区域　分布于印度洋北部沿岸，东至澳大利亚。我国分布于东海、台湾海峡、南海沿岸。

保护等级　IUCN：无危（LC）。

参考文献　[20] [32]

24.其他虾虎鱼

（1）六丝钝尾虾虎鱼

拉丁名 *Amblychaeturichthys hexanema*（Bleeker，1853）

同种异名 六丝矛尾虾虎鱼 *Chaeturichthys hexanema*

分类地位 虾虎鱼目、虾虎亚目、背眼虾虎鱼科、钝尾虾虎鱼属

形态特征 体延长，前部亚圆筒形，后部稍侧扁。头部较大，宽而平扁，具2个感觉管孔。颊部微突，吻中长，圆钝。眼大，上侧位，眼径等于或稍大于吻长。眼间隔狭，中间稍凹入。体被栉鳞，头部鳞小，颊部、鳃盖及项部均被鳞，吻部及下颌无鳞。下颌表面具有3对短小的触须。背鳍2个，分离，第一背鳍起于胸鳍基底的后上方，平放时接近或几乎伸达第二背鳍的起点。第二背鳍平放时后缘也几乎伸达尾鳍基部。臀鳍基底长。胸鳍尖圆，稍微长于腹鳍。肩带内缘无长指状肉质皮瓣，但隐藏有2个颗粒状的肉质皮突。左右鳍愈合为一吸盘。尾鳍尖长。体呈黄褐色，体侧有4~5个暗色斑块；第一背鳍前部边缘为黑色，其余各鳍为灰色。

生态习性						
咸淡水						
第一背鳍	第二背鳍	胸鳍	臀鳍	纵列鳞	横列鳞	背鳍前鳞
Ⅷ	14~17	12~15	11~15	35~40	9~11	13~16

生活习性 暖温性近岸小型鱼类，栖息于浅海及河口附近海域。以多毛类、小鱼、对虾、糠虾为食。

分布区域 分布于西北太平洋地区。我国见于南海、黄海、渤海等地的沿海地区。

保护等级 未评估（NE）。

参考文献 [25] [163]

（2）大口裸头虾虎鱼

拉丁名　*Chaenogobius gulosus*（Sauvage，1882）

分类地位　虾虎鱼目、虾虎鱼亚目、背眼虾虎鱼科、裸头虾虎鱼属

形态特征　体延长，筒形，颇粗壮，后部侧扁。头大，平扁。吻颇长，前端圆钝。眼颇大，上侧位。口甚大，前位，略呈水平状。上颌稍突出，下颌末端伸达眼后缘的远后方。舌宽，不游离，附于口底，前端凹入，有一浅裂。颏部前方具一浅横沟。体被小圆鳞；头部裸露无鳞。背鳍2个，分离。胸鳍上部前7根鳍条呈丝状游离。左、右腹鳍愈合成一吸盘。头、体部呈暗褐色，喉部及腹部色浅。头部有不规则的暗色斑点，颊部斑点明显。体侧有不规则的白色小斑点，多排成横列状，有时呈现为9～11条不连的白色横带，正中具白色小点约30个。背鳍暗色，具白色边缘，第一背鳍有2条不清晰的暗色色带，第六鳍棘后缘的鳍膜为黑色。尾鳍几乎全为黑色，边缘白色，基部具1个大黑斑。

生态习性						
海水						
第一背鳍	第二背鳍	胸鳍	臀鳍	纵列鳞	横列鳞	背鳍前鳞
VI	I-10～11	16	I-8～9	85～87	31～35	28

生活习性　暖水性小型底栖鱼类，常栖息于有礁石的沿岸海域。肉食性。

分布区域　渤海、黄海。国外分布于日本和朝鲜半岛。

保护等级　未评估（NE）。

参考文献　[32] [49]

（3）矛尾虾虎鱼

陈江源、陈奕铭 供图

陈江源、陈奕铭 供图

陈江源、陈奕铭 供图

拉丁名 *Chaeturichthys stigmatias* Richardson，1844

分类地位 虾虎鱼目、虾虎鱼亚目、背眼虾虎鱼科、矛尾虾虎鱼属

形态特征 体颇延长，前部亚圆筒形，后部侧扁；背缘、腹缘较平直。头宽扁。体被圆鳞，后部鳞较大；头部仅吻部无鳞，体其余部分被小圆鳞。背鳍2个，分离；第一背鳍起点在胸鳍基底的后上方，鳍棘较短，平放时不伸达第二背鳍起点；第二背鳍后部鳍条较长，平放时不伸达尾鳍基。臀鳍基底长，其起点在第二背鳍第三鳍条基的下方，平放时不伸达尾鳍基。胸鳍宽圆，等于或稍短于头长，不伸达肛门。位于鳃盖内的肩带内缘有2个长舌形（或长指状）的肉质皮瓣。腹鳍中大，左、右腹鳍愈合成一吸盘。尾鳍尖长，大于头长。液浸标本的体呈灰褐色，头部和背部有不规则暗色斑纹；第一背鳍第五至第八鳍棘之间有1个大黑斑；第二背鳍有3～4纵行暗色斑点。胸鳍具暗色斑纹。臀鳍、腹鳍淡色。尾鳍有4～5行暗色横纹。

生态习性						
咸淡水						
第一背鳍	第二背鳍	胸鳍	臀鳍	纵列鳞	横列鳞	背鳍前鳞
Ⅷ	I-21～23	21～24	I-18～19	42～50	12～15	21～26

生活习性 暖温性近岸底层中大型虾虎鱼类，生活于沿海、港湾及河口咸、淡水交混处。以小鱼、小型无脊椎动物为食。可以作为食用鱼。

分布区域 分布于我国沿海及朝鲜半岛、日本。

保护等级 未评估（NE）。

参考文献 [32] [38]

（4）颊纹正颌虾虎鱼

拉丁名　*Eugnathogobius illotus*（Larson，1999）

同种异名　颊纹草栖虾虎鱼*Calamiana illota*

分类地位　虾虎鱼目、虾虎鱼亚目、背眼虾虎鱼科、正颌虾虎鱼属

形态特征　体延长，前部粗壮，圆筒形，后部侧扁；背缘、腹缘浅弧形；尾柄较宽。头中大，略平扁，头宽几乎等于头高。吻钝，吻长略等于眼径。眼中大，眼背缘几乎突出于头背缘口裂达到接近眼后。颊部稍凸，布有大块不规则黑色花纹。眼中大，眼背缘几乎突出于头背缘。口小，前位，斜裂，上、下颌约相等，或上颌稍突出。体侧为乳白色，密布灰黑色不规则斑纹。背鳍2个，分离，鳍膜透明，尾鳍长圆形，透明。

生态习性						
咸淡水						
第一背鳍	第二背鳍	胸鳍	臀鳍	纵列鳞	横列鳞	背鳍前鳞
Ⅵ	I-6~8	14~17	I-7~8	31~39	11~15	17~25

生活习性　常见于河口区、红树林、港湾等栖地环境中。主要以小型无脊椎动物为食。

分布区域　我国产于广西沿海地区。国外见于菲律宾。

保护等级　IUCN：无危（LC）。

参考文献　[32] [123] [126]

（5）暹罗正颌虾虎鱼

黄康亮　供图

黄康亮　供图

拉丁名　*Eugnathogobius siamensis*（Fowler，1934）

同种异名　伍氏拟髯虾虎鱼*Pseudogobiopsis wuhanlini*

分类地位　虾虎鱼目、虾虎鱼亚目、背眼虾虎鱼科、正颌虾虎鱼属

形态特征　体延长，前部粗壮，圆筒形，后部侧扁；背缘、腹缘浅弧形；尾柄较宽。头中大，略平扁，头宽几乎等于头高。吻钝，吻长略等于眼径。眼中大，眼背缘几乎突出于头背缘，口裂接近眼后。颊部稍凸。口小，前位，斜裂，上、下颌约相等，或上颌稍突出。雌鱼上颌骨后端伸达眼中部下方或稍前；雄鱼上颌骨后端伸达眼后缘下方。鳞片大多是栉鳞；背鳍2个，分离；第一背鳍起点位于胸鳍中部上方，鳍棘柔软，第一鳍棘稍短，第二至第四鳍棘较长；第一背鳍鳍膜为橘色，后缘有一大型黑色斑纹，第二背鳍及尾鳍鳍膜略带橘色。体侧为乳白色，有不明显的黑色斑纹。

生态习性						
咸淡水						
第一背鳍	第二背鳍	胸鳍	臀鳍	纵列鳞	横列鳞	背鳍前鳞
Ⅵ	I-6	16～17	I-6	20～23	7～8	6～7

生活习性　常见于河口区、红树林、港湾等栖地环境。主要以小型无脊椎动物为食。

分布区域　我国产于南部沿海地区。国外分布于新加坡、泰国、马来西亚、文莱和印度尼西亚。

保护等级　中国红色名录：无危（LC）；IUCN：无危（LC）。

参考文献　[32] [38] [126]

（6）厚身半虾虎鱼

拉丁名　*Hemigobius crassa*（Bleeker，1851）

分类地位　虾虎鱼目、虾虎鱼亚目、背眼虾虎鱼科、半虾虎鱼属

形态特征　体略延长，前方圆钝而后部明显侧扁，体形较高。头中大，头部前端略扁平，眼大且位置高。雄鱼吻部稍微长于雌鱼，雄鱼口裂较雌鱼略大，可延伸至瞳孔前缘的垂直下方位置，雌鱼则仅延伸至眼窝前缘与瞳孔前缘中央的垂直下方位置；吻部闭合时，上颌较下颌略微突出。体侧被大型栉鳞，背前鳞区及后鳃盖被大型圆鳞，腹侧腹鳍前方区域被小型圆鳞，头背部前方区域有圆鳞分布，后鳃盖区域被小型圆鳞，颊部则裸露无鳞。头部及躯体底色为浅黄褐色或浅灰褐色，颊部具有一条宽阔的灰黑色斜纹，从眼窝后缘延伸至前鳃盖后缘。项部有一条褐色斑纹穿越眼窝延伸至吻部。后鳃盖下缘区域有一条灰黑色的垂直条纹往下延伸至腹面鳃盖膜区域。下颌及鳃盖的腹面区域没有任何斑纹。体鳞具有黑褐色边缘，腹面为淡黄白色。体侧具6条明显的黑褐色倾斜状横斑。胸鳍基部具一个水平分布的灰黑色短棒状斑，胸鳍基部上方区域具一条宽阔的黑褐色倾斜状斑纹，往上延伸至第一背鳍前区域。尾鳍基部下缘区域同样具一条黑褐色倾斜状斑纹，往上延伸至尾鳍基部的中央区域。成熟雄鱼与雌鱼的尾鳍基部上方具一个小型淡黄色斑块。成熟个体的第一背鳍鳍膜具一条水平分布的灰黑色带，并且在第三与第六鳍棘之间具一个大型黑色斑块，且成熟雄鱼具有宽阔的浅黄色边缘，而成熟雌鱼为浅灰白色边缘。

生态习性						
咸淡水						
第一背鳍	第二背鳍	胸鳍	臀鳍	纵列鳞	横列鳞	背鳍前鳞
Ⅵ	I-8	17～18	I-8	36～38	11～12	14～16

生活习性　生活在红树林及淡水河口，以小型无脊椎动物为食。

分布区域　我国南部沿海地区以及台湾地区。

保护等级　未评估（NE）。

参考文献　[32] [36] [44] [102]

（7）斑点竿虾虎鱼

拉丁名 *Luciogobius guttatus* Gill，1859

分类地位 虾虎鱼目、虾虎鱼亚目、背眼虾虎鱼科、竿虾虎鱼属

形态特征 体颇延长，全身皆裸露没有鳞片。第一背鳍退化而消失。第二背鳍位于身体的后半部。臀鳍与第二背鳍相对而同形。胸鳍上方有一游离的鳍条。腹鳍颇小，呈一圆形的吸盘。尾鳍呈扇形。体色呈均一的褐色或暗红褐色，并具许多浅棕色的小型圆斑。尾鳍具不规则的灰白色斑。臀鳍无斑点。幼鱼的体色较深，呈黑褐色。

生态习性					
咸淡水					
背鳍	胸鳍	臀鳍	纵列鳞	横列鳞	背鳍前鳞
I-12	18	I-12 ~ 13	0	0	0

生活习性 中小型的底层鱼类，喜好栖息在沿岸潮间带以及有砾石河口的半淡咸水区域，多躲藏在岩石缝隙中。杂食性，以底藻、底栖的无脊椎动物为食。

分布区域 东海、黄海等海域和台湾周边地区。国外见于朝鲜、日本。

保护等级 未评估（NE）。

参考文献 [4] [32] [36] [44] [49] [51]

（8）拉氏狼牙虾虎鱼

作为食用鱼的拉氏狼牙虾虎鱼

中基渔 供图

拉丁名　*Odontamblyopus lacepedii*（Temminck & Schlegel，1845）

分类地位　虾虎鱼目、虾虎鱼亚目、背眼虾虎鱼科、狼牙虾虎鱼属

形态特征　体颇延长，略呈带状，前部亚圆筒形，后部侧扁而渐细。头中大，侧扁，略呈长方形。头部及鳃盖部无感觉管孔。吻短，宽而圆钝，中央稍凸出。眼极小，退化，埋于皮下。眼间隔甚宽，圆凸。鼻孔每侧2个，分离：前鼻孔具一短管，接近上唇；后鼻孔裂缝状，位于眼前方。口小，前位，斜裂。下颌突出，稍长于上颌，下颌及颏部向前、向下突出。上颌骨后端向后伸达眼后缘后方。上颌齿尖锐，弯曲，犬齿状，外行齿每侧4~6个，排列稀疏，露出唇外；内侧有1~2行短小锥形齿；下颌缝合部内侧有犬齿1对。唇在口隅处较发达。舌稍游离，前端圆形。鳃孔中大，侧位，其宽稍大于胸鳍基部宽。鳃盖上方无凹陷。峡部较宽。鳃耙短小而钝圆，鳞片退化，裸露而光滑。无侧线。背鳍连续，起点在胸鳍基部后上方，鳍棘均细弱，第六鳍棘分别与第五鳍棘、第一鳍条之间有稍大距离，背鳍后端有膜与尾鳍相连。臀鳍与背鳍鳍条部相对，同形，起点在背鳍第三、第四鳍条基下方，后部鳍条与尾鳍相连。胸鳍尖形，基部较宽，伸达腹鳍末端，约为头长的3/5。腹鳍大，略大于胸鳍，左、右腹鳍愈合成一尖长吸盘。尾鳍长而尖形，其长大于头长。体呈淡红色或灰紫色，背鳍、臀鳍和尾鳍为黑褐色。

生态习性					
咸淡水					
背鳍	胸鳍	臀鳍	纵列鳞	横列鳞	背鳍前鳞
VI-38~40	31~34	I-37~41	0	0	0

生活习性　暖温性底栖鱼类，栖息于河口及沿海浅水滩涂区域，也生活于咸淡水交汇处，水深2~8m的泥或泥沙底质的海区；偶尔进入江河下游的咸淡水区。一般穴居于250~300mm深的泥层中，最深可达550mm。游泳能力弱，行动迟缓。生活力甚强而不易死亡，以浮游植物为饵，主要摄食圆筛藻、中华盒形藻，也食少量哲镖水蚤、蛤类幼体等。

分布区域　多分布于西北太平洋地区。我国见于南部沿海地区。

保护等级　未评估（NE）。

参考文献　[20] [32] [38] [44]

（9）犬齿背眼虾虎鱼

陈景轩　供图

陈景轩　供图

陈景轩　供图

陈景轩　供图

拉丁名　*Oxuderces dentatus* Eydoux & Souleyet，1850

别称及俗名　海狼

同种异名　中华钝牙虾虎鱼*Apocryptichthys sericus*

分类地位　虾虎鱼目、虾虎鱼亚目、背眼虾虎鱼科、背眼虾虎鱼属

形态特征　体延长，前部亚圆筒形，后部稍侧扁；尾柄甚短，尾柄高大于尾柄长。头长，平扁。眼小，上侧位，不突出，约在头前1/4处，眼眶位亮蓝色。吻宽，圆钝。口宽大，前位，平裂。下颌稍突出。上颌骨后端向后伸达眼后缘下方。体被小圆鳞，前部鳞细小，向后鳞渐大。眼后项部、前鳃盖骨、鳃盖骨均被细鳞。无侧线。背鳍2个，以完整的鳍膜相连；第一背鳍起点在胸鳍基上方，最后面的两鳍棘较长，第六鳍棘与第五鳍棘、第六鳍棘与第二背鳍第一鳍棘的间距较大。头和体侧具黑色小点。背鳍鳍条暗灰色，略带橘色，最后面的3个鳍条末端为黑色，形成一小黑斑。胸鳍基部及尾鳍为黑色，其余各鳍为灰色。

生态习性						
两栖						
第一背鳍	第二背鳍	胸鳍	臀鳍	尾鳍	纵列鳞	横列鳞
Ⅵ	I-25～26	22～23	I-24～25	17	74～85	22～24

生活习性　暖水性底层鱼类，生活在潮间带，底栖性，类似弹涂鱼具两栖性，更偏向水生。多见于滩涂海边以及常匍匐或跳跃于泥滩上。适温、适盐性广，洞穴定居。视觉和听觉灵敏，通常退潮时白天出洞，稍受惊即潜回水中或钻入洞内。

分布区域　南海、台湾海峡、东海等海域。

保护等级　IUCN：数据缺乏（DD）。

参考文献　[32] [104] [151]

（10）蛳型副平齿虾虎鱼

张继灵 供图

黄康亮 供图

拉丁名 *Parapocryptes serperaster*（Richardson，1846）

分类地位 虾虎鱼目、虾虎鱼亚目、背眼虾虎鱼科、副平齿虾虎鱼属

形态特征 体低而延长，前部圆柱形，尾部侧扁，尾柄短。头近圆柱形，头宽稍大于头高。吻短而圆钝，吻长稍大于眼径。前鼻孔两侧有一个三角形皮突，悬垂于上唇。鼻孔每侧2个，无短管。眼较小，上侧位，眼间窄，下陷。口端位，上、下颌约等长，口裂稍斜，后端伸达眼后缘的下方。齿尖形，上颌齿小，直立，前面具4~6个大齿。下颌齿尖形，向外倾斜，呈平卧状，缝合处内侧有1对大而弯的犬齿，舌前端近截形，连于口底。鳃孔侧位。鳃膜连于峡部，峡部宽。鳞小，圆鳞，体后部鳞片较前部为大，头部在颊部、鳃盖具细小圆鳞，胸鳍基部被鳞，背鳍前鳞伸达眼后。在眼后缘中间具一黏液孔。背鳍2个，第一背鳍与第二背鳍基部有膜相连。第二背鳍基部长，最后鳍条末端伸达尾鳍基。臀鳍与第二背鳍同形，起点约与第二背鳍的第三鳍条相对，最后鳍条的鳍端伸达尾鳍基。胸鳍短于头长，后缘稍尖。腹鳍约与胸鳍等长，后端尖形。尾鳍尖形。

生态习性							
咸淡水							
第一背鳍	第二背鳍	胸鳍	臀鳍	尾鳍	纵列鳞	横列鳞	背鳍前鳞
Ⅵ	I-24~26	21~22	I-23~25	17~18	64~71	22~25	13~16

生活习性 热带、亚热带暖水性小型底层鱼类。栖息于滩涂、河口附近，有时进入淡水。以小型无脊椎动物为食。

分布区域 多分布于印度洋至西太平洋地区。我国见于南部沿海地区。

保护等级 IUCN：无危（LC）。

参考文献 [32] [104] [151] [172]

（11）孔虾虎鱼

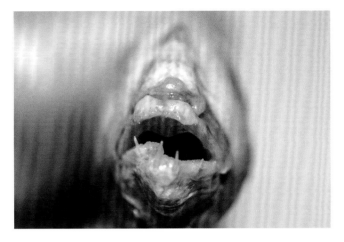
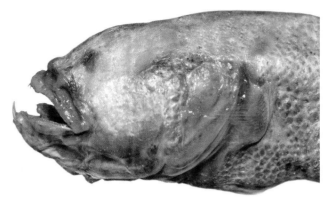

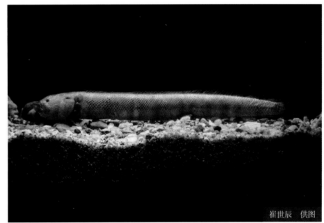

崔世辰 供图

拉丁名 *Trypauchen vagina*（Bloch & Schneider，1801）

分类地位 虾虎鱼目、虾虎鱼亚目、背眼虾虎鱼科、孔虾虎鱼属

形态特征 体颇延长，侧扁；背缘、腹缘几乎平直，至尾端渐收敛。头短，侧扁，头后中央具一棱状嵴，嵴边缘光滑。吻短而钝，背缘弧形，斜向后上方。眼甚小，上侧位，埋于皮下。上、下颌各具2~3行齿，外行齿稍扩大，排列稀疏。体被圆鳞，头部裸露无鳞，项部、胸部及腹部被小鳞。无侧线。背鳍连续，起点在胸鳍末端上方，鳍棘与鳍条不分离，鳍条部稍高于鳍棘部，后部鳍条与尾鳍相连。体侧略呈红色或紫红色。

生态习性					
咸淡水					
背鳍	胸鳍	臀鳍	纵列鳞	横列鳞	背鳍前鳞
Ⅵ-42~52	18~21	I-42~49	71~85	20~24	0

生活习性 近海潮间带暖水性底层小型鱼类，常栖息于咸、淡水的泥涂中，也栖息于水深20余米处。行动缓慢，涨潮游出穴外，不成大群。生命力强，能在缺氧情况下生活。主要摄食底栖硅藻和无脊椎动物。

分布区域 分布于印度洋-西太平洋海域。我国见于东海、南海、台湾海峡的沿岸地区。

保护等级 IUCN：无危（LC）。

参考文献 [32] [152]

（12）多鳞汉霖虾虎鱼

拉丁名　*Wuhanlinigobius polylepis*（Wu & Ni，1985）

同种异名　多鳞鲻虾虎鱼*Mugilogobius polylepis*、多鳞草栖虾虎鱼*Calamiana polylepis*、多鳞正颌虾虎鱼*Eugnathogobius polylepis*

分类地位　虾虎鱼目、虾虎鱼亚目、背眼虾虎鱼科、汉霖虾虎鱼属

形态特征　体形颇为延长，前方圆钝而后部侧扁，体低，体背平直，头中大，眼大且位置高，唇部肥厚；雄鱼吻部长于雌鱼，雄鱼口裂较雌鱼略大，可延伸至瞳孔前缘的垂直下方位置，雌鱼则仅延伸至眼窝前缘的垂直下方位置；吻部闭合时，上颌明显较下颌突出。体侧被中小型栉鳞，背前鳞区被中小型圆鳞，头背部前方区域，雄鱼通常裸露无鳞，雌鱼则通常有鳞片分布。胸鳍基部、腹鳍前方区域、前鳃盖与后鳃盖区域皆裸露无鳞。头部及躯体底色为浅黄色或浅黄褐色，体侧上半部及项部具有许多水平分布的深褐色短棒状细纹。体鳞具有褐色边缘，腹面为淡黄白色。颊部与前鳃盖区域具3条水平分布的黑褐色条纹：第一条条纹位于眼窝下缘，往后延伸至后鳃盖区域；第二条条纹位于口裂上缘，往后同样延伸至后鳃盖区域；第三条条纹位于颊部下缘，往后仅延伸至前鳃盖区域。成熟个体的上吻与下吻各具一道红色线纹，通常雄鱼较雌鱼鲜艳。胸鳍基部具一个水平分布的黑褐色短棒状斑纹。成熟雄鱼的尾鳍基部上方一个略呈椭圆形的大型黑色斑块。成熟个体的第一背鳍鳍膜呈灰黑色，且具有宽阔的黄色边

缘。雄鱼第二背鳍鳍膜为灰黑色，雄鱼与雌鱼皆具有宽阔的黄色边缘。成熟雄鱼的尾鳍鳍膜为鲜黄色，无任何线纹，且具有黑色边缘，尤其以下缘较为明显；成熟雌鱼的尾鳍鳍膜为浅灰白色或浅黄褐色，鳍膜上具3~5条垂直分布的黑褐色线纹。

生态习性				椎骨		
咸淡水				26		
第一背鳍	第二背鳍	胸鳍	臀鳍	纵列鳞	横列鳞	背鳍前鳞
Ⅵ	I-8~9	17~19	I-8~9	54~58	18~20	25~34

生活习性　栖息于红树林与河口半淡咸水域。

分布区域　南部沿海地区，可能为特有种。

保护等级　中国红色名录：无危（LC）。

参考文献　[32] [36] [44] [102]

三、虾虎鱼科

1.舌虾虎鱼属

（1）黄金舌虾虎鱼

张继灵 供图

拉丁名 *Glossogobius aureus* Akihito & Meguro，1975

分类地位 虾虎鱼目、虾虎鱼亚目、虾虎鱼科、舌虾虎鱼属

形态特征 体延长，前部亚圆筒形，后部侧扁，体被中大型的栉鳞，后部的鳞片较大。头背部及鳃盖上方具小圆鳞。第一背鳍棘末特别延长或呈丝状，约呈三角形。胸鳍宽圆，长度小于尾鳍。尾部呈长圆形。体色呈淡棕色或黄棕色，腹面灰白色。背侧散布有深色的斑点。鳃盖具有金黄色的光泽。体侧具有一列黑色的斑块，前方的斑块较淡而模糊，尾基的黑斑则最为明显。背鳍散具褐色的点纹。尾鳍具4～6条垂直排列的黑褐色斑点。胸鳍、腹鳍、臀鳍呈灰白色。

生态习性						
咸淡水						
第一背鳍	第二背鳍	胸鳍	臀鳍	纵列鳞	横列鳞	背鳍前鳞
Ⅵ	I-9	18～19	I-8	32～33	9～10	23～27

生活习性 在淡水水域中少见，成鱼主要栖息在河口、潟湖等半淡咸水的区域。喜好以水中的小鱼及其他无脊椎动物或有机碎屑为食。

分布区域 分布于西太平洋及印度洋地区。我国见于福建、台湾等南部沿海地区。

保护等级 IUCN：无危（LC）。

参考文献 [32] [38] [44]

（2）双须舌虾虎鱼

拉丁名 *Glossogobius bicirrhosus*（Weber，1894）

分类地位 虾虎鱼目、虾虎鱼亚目、虾虎鱼科、舌虾虎鱼属

形态特征 体延长，前部亚圆筒形，后部侧扁；背缘浅弧形，腹缘稍平直；尾柄颇长，小于体高。头颇大，较尖，略平扁，背部稍隆起，背侧位，眼上缘突出于头部背缘。眼间隔狭窄，稍内凹。下颌有1对小须，可作为识别特征。背鳍2个，分离；第一背鳍高，基部短，起点位于胸鳍基部后上方，鳍棘柔软，雄鱼的第二鳍棘最长，呈丝状延长。液浸标本的头、体呈灰棕色，背部色较深，隐具若干个不规则褐色斑块，头部有一些虫纹状的细线纹。背鳍灰色，第一背鳍后下方灰黑色，雄鱼第二鳍棘灰黑色。臀鳍灰色，边缘色深。腹鳍灰黑色。胸鳍浅灰色。尾鳍灰色，隐具数行横条纹，下叶边缘及鳍端灰黑色。颏须深黑色。

生态习性						
咸淡水						
第一背鳍	第二背鳍	胸鳍	臀鳍	纵列鳞	横列鳞	背鳍前鳞
Ⅵ	I-9	18～19	I-8	30～31	9	16～17

生活习性 暖水性底层小型鱼类，栖息于河口的半咸、淡水水域、潟湖等，较少侵入纯淡水水域。平时潜伏在泥沙间，以小型无脊椎动物、有机碎屑为食。不常见。无经济价值。体长80～100mm，大者可达150mm。

分布区域 海南东部及南部各河口、台湾地区。国外分布于日本南部沿海、西太平洋海域。

保护等级 IUCN：无危（LC）。

参考文献 [26] [32] [44] [49]

（3）叉舌虾虎鱼

拉丁名 *Glossogobius giuris*（Hamilton，1822）

别称及俗名 项斑舌虾虎鱼、斑带叉舌鲨

分类地位 虾虎鱼目、虾虎鱼亚目、虾虎鱼科、舌虾虎鱼属

形态特征 体延长，前部亚圆筒形，后部侧扁，体被略大的栉鳞，背前区的鳞片约可延伸至眼背侧后缘，胸、腹部被圆鳞。第一背鳍以第二、第三鳍棘最长；第二背鳍稍低于第一背鳍。胸鳍宽大，呈长圆形。腹鳍为一长圆形的吸盘，其长度小于胸鳍长。尾鳍呈长圆形。体呈黄棕色，背侧暗棕色，腹侧灰白色。体侧沿中轴有5个黑色的斑块。背侧具4～5个褐色的斑块。体侧具5～6条黑色纵纹。头部棕色，眼前下方至上颌有1条黑褐色的线纹，颊部具褐色的斑块。第二背鳍具2～3条褐色点纹。胸鳍基部有2条灰黑色的平行短纹。尾鳍具黑色斑点。

生态习性						
咸淡水						
第一背鳍	第二背鳍	胸鳍	臀鳍	纵列鳞	横列鳞	背鳍前鳞
Ⅵ	I-9～10	17～18	I-8～9	31～34	9～10	19～21

生活习性 暖水性小型底层鱼类，栖息于河口、淡水区以及江河下游淡水中，也见于红树林、港湾及近岸滩涂处。可食用。

分布区域 东南沿海地区、海南及台湾地区。国外见于日本。

保护等级 IUCN：无危（LC）。

参考文献 [20] [26] [32] [44] [49] [66]

（4）斑纹舌虾虎鱼

拉丁名　*Glossogobius olivaceus*（Temminck & Schlegel，1845）

分类地位　虾虎鱼目、虾虎鱼亚目、虾虎鱼科、舌虾虎鱼属

形态特征　体延长，前部亚圆筒形，后部侧扁。眼前有一延伸至下颌的粗黑色纹路。体被略大的栉鳞。背前区的鳞面延伸达眼的后缘。胸、腹部被圆鳞。第一背鳍高，第二鳍棘最长，有的鳍棘呈丝状；第二背鳍约与第一背鳍等高。臀鳍约与第二背鳍等高。胸鳍宽圆。腹鳍愈合成一吸盘状，较短于胸鳍的长度。尾鳍呈长圆形或圆形。体色呈淡灰绿色或棕色，背侧较深且暗。体侧的中部具4～5个大暗斑，背侧具3～4个褐色的斑块；项部具小黑斑，排成2列。背鳍前方附近有2列散布成数小群的黑点。背鳍、胸鳍、尾鳍皆具有深褐色的点纹。腹鳍及臀鳍呈灰黑色。

生态习性						
咸淡水						
第一背鳍	第二背鳍	胸鳍	臀鳍	纵列鳞	横列鳞	背鳍前鳞
Ⅵ	I-9	18～19	I-8～9	29～32	10～12	24～27

生活习性　常见于河口区及溪流下游、红树林、港湾等栖地环境。主要以小鱼及小型甲壳类为食。

分布区域　分布于西太平洋区。我国分布于南海、台湾海峡、东海及上述海区的沿岸河流中。也见于琉球群岛、菲律宾等沿海。

保护等级　中国红色名录：无危（LC）；IUCN：无危（LC）。

参考文献　[20] [26] [32] [44] [49]

2.蜂巢虾虎鱼属

（1）裸项蜂巢虾虎鱼

裸项蜂巢虾虎鱼稚鱼

拉丁名 *Favonigobius gymnauchen*（Bleeker，1860）

分类地位 虾虎鱼目、虾虎鱼亚目、虾虎鱼科、蜂巢虾虎鱼属

形态特征 体延长，前部圆筒形，后部侧扁；背缘浅弧形，腹缘稍平直；尾柄颇长，其长大于体高。头中大，较尖，前部宽而平扁，背部稍隆起，三角锥形，头宽大于头高。体被中大型弱栉鳞，头的吻部、颊部、鳃盖部无鳞。胸部及项部裸露无鳞，无背鳍前鳞。腹部被小圆鳞。无侧线。背鳍2个，分离；第一背鳍高，基部短，起点位于胸鳍基部后上方，鳍棘柔软，第一、第二鳍棘最长，雌鱼的不延长呈丝状，雄鱼的延长呈丝状。臀鳍与第二背鳍相对，同形，其起点位于第二背鳍第二鳍条的下方，基底长约与第二背鳍的基底长相等，后部鳍条较长，平放时，伸达尾鳍基。胸鳍宽大，长圆形，下侧位，无游离丝状鳍条，鳍长约等于吻后头长，后缘几乎伸达肛门上方。头、体呈棕褐色，体侧具4～5个暗色斑块，每一个暗斑由2个成对的小圆斑组成。第一背鳍灰色，边缘黑色，下方具暗色斑点3行；第二背鳍灰色，边缘深色，下方具暗色斑点多行。突起的边缘具较宽的黑边。胸鳍基部上角有1个黑色小斑。腹鳍浅灰色，无深色斜纹。尾鳍具多行黑色斑纹，下叶边缘呈黑色，基部具1个分支状的暗斑。

生态习性						
咸淡水						
第一背鳍	第二背鳍	胸鳍	臀鳍	纵列鳞	横列鳞	背鳍前鳞
Ⅵ	I-9	16～17	I-9	28～30	8～9	0

生活习性 暖温性小型底层鱼类，喜栖息于沿岸浅水区以及港湾、河口或红树林的沙泥底质的环境，生活于河口区的裸项蜂巢虾虎鱼常出现在盐度较高的半咸、淡水中。杂食性，摄食小鱼、甲壳类及底栖无脊椎动物。

分布区域 我国沿海及台湾地区。国外见于日本、朝鲜半岛。

保护等级 未评估（NE）。

参考文献 [32] [36] [44] [49]

（2）雷氏蜂巢虾虎鱼

拉丁名 *Favonigobius reichei*（Bleeker，1854）

分类地位 虾虎鱼目、虾虎鱼亚目、虾虎鱼科、蜂巢虾虎鱼属

形态特征 体延长，前部圆筒形，后部侧扁；背缘浅弧形，腹缘稍平直；尾柄颇长，其长大于体高。头中大，较尖突，前部宽而平扁，背部稍隆起，头宽小于头高。吻端尖突，短而圆锥形，吻长小于眼径。眼较大，背侧位，位于头的前半部，眼上缘突出于头部背缘。口中大，前位，斜裂，下颌长于上颌，稍突出。上颌骨后端伸达眼前部下方。体被中大型栉鳞，后部鳞片较大。头部、胸鳍基部、胸部均无鳞。背鳍中央前方具2～3枚小鳞，向前不伸达鳃盖后缘上方。无侧线。背鳍2个，分离；第一背鳍高，基部短，起点位于胸鳍基部后上方，鳍棘柔软，第二鳍棘最长，雄鱼的特别延伸，呈丝状。体浅黄色，腹侧灰白色，体侧散布有许多黑褐色及红褐色细斑。体侧中央具5个排成一列的暗色较大斑块，每一个暗斑由2个成对的小圆斑组成；其中，第五个斑块位于尾鳍基部中央，不分叉，由一小一大两个圆斑连在一起组成。颊部及鳃盖具斜走的褐色纹，吻部由眼斜向上唇具1条黑色线纹。第一背鳍灰白色，上半部具1列浅黄色纵线，下半部散布黄褐色斑点。第二背鳍灰色，边缘浅灰色，下方具暗色斑点多行。臀鳍浅色，具一较宽的灰黑色边。尾鳍灰白，具4～6列垂直排列的褐色斑点。雌鱼的腹鳍和臀鳍为灰白色，无深色斜纹，雄鱼布有蓝色波浪纹，鳍外缘为黄色。胸鳍灰白色，基部上方具一小黑斑。

生态习性						
咸淡水						
第一背鳍	第二背鳍	胸鳍	臀鳍	纵列鳞	横列鳞	背鳍前鳞
Ⅵ	I-8	17	I-8	29～33	8～9	2～3

生活习性 暖温性小型底栖鱼类，喜栖息于沿岸浅水区以及港湾、河口和沙泥底质的环境，常出现在半咸、半淡水中。杂食性，摄食小鱼、甲壳类及底栖无脊椎动物。

分布区域 广泛分布于印度洋以及大西洋各沿海地区。我国见于南部沿海地区及台湾地区。

保护等级 IUCN：无危（LC）。

参考文献 [32] [36] [44] [49]

3.细棘虾虎鱼属

（1）短吻细棘虾虎鱼

张继灵　供图

拉丁名　*Acentrogobius brevirostris*（Günther，1861）

同种异名　短吻缰虾虎鱼*Amoya brevirostris*

分类地位　虾虎鱼目、虾虎鱼亚目、虾虎鱼科、细棘虾虎鱼属

形态特征　体延长，前部略侧扁，后部甚侧扁；背缘浅弧形隆起，腹缘稍平直；尾柄颇长且高，其长等于体高。头部短小，圆钝，前部略平扁，背部稍隆起。背部正对胸鳍处有一蓝色大斑，有时不明显。吻颇短，前端略圆钝，吻长约等于眼径。眼小，背侧

位，眼上缘突出于头部背缘，眼后下方具1列斜向上颌后部的感觉乳突线。体被中大型栉鳞，前部的鳞小。头部完全裸露无鳞，项部亦无鳞，背鳍起点前方有一个略窄的无鳞区。胸部及腹部被小圆鳞。无侧线。背鳍2个，第一背鳍丝状突出，其中第二鳍棘最长。背鳍颜色不明显，有微弱的蓝色。尾鳍长圆形，靠近基部处有红色花纹。头、体为淡褐色，体侧正中有1条不甚清晰的暗色纵带，体侧中部有数个不明显的蓝色圆形斑纹，靠近背部处有一条间断的黑色纹带，断于第二背鳍后缘。

生态习性						
咸淡水						
第一背鳍	第二背鳍	胸鳍	臀鳍	纵列鳞	横列鳞	背鳍前鳞
Ⅵ	I-10	16～18	I-9～10	46～49	15～16	0

生活习性　暖水性沿岸鱼类，栖息于淡、咸水水域或近岸浅水处。以藻类、浮游生物、小型无脊椎动物为食。

分布区域　我国东部、南部沿海。为中国特有种。

保护等级　未评估（NE）。

参考文献　[26] [32] [38]

（2）犬牙细棘虾虎鱼

拉丁名 *Acentrogobius caninus*（Valenciennes，1837）

同种异名 犬牙缰虾虎鱼*Amoya caninus*

分类地位 虾虎鱼目、虾虎鱼亚目、虾虎鱼科、细棘虾虎鱼属

形态特征 体延长，前部成亚圆筒形，后部较侧扁，尾柄略长。头中大，侧扁。吻略短而圆钝。眼间隔较窄小。口裂大，斜裂，口裂可达眼中部的下方。唇肥厚。鳃裂略小，延伸未达前鳃后缘。体被中大型栉鳞，头背侧及胸部、腹部被鳞。第一背鳍以第三鳍棘较长。臀鳍的起点位于第二背鳍第二软条的下方。尾鳍呈长圆形。体呈黄绿色，头侧和体侧具亮绿色和红色小点。体侧正中有5个较大的紫黑色斑块，排成一纵行。背侧有4～5个不规则的紫黑色横斑与体侧斑块相间排列。眼后方到第一背鳍起点间具2条灰黑色横带。

生态习性						
咸淡水						
第一背鳍	第二背鳍	胸鳍	臀鳍	纵列鳞	横列鳞	背鳍前鳞
VI	I-9～10	18～20	I-9～10	25～29	9～11	18～19

生活习性 暖水性沿岸小型鱼类，生活于河口咸淡水水域、沙岸、红树林及沿海沙泥地的环境。耐盐性较广，但不能在纯淡水中生存。食肉性，以底栖动物、小型鱼类、小型无脊椎动物、有机碎屑等为食。

注：此鱼体内含有TTX（河豚毒素），以内脏中含量最高，其次为生殖腺、头部、皮肤及肌肉。为安全起见，应避免食用此鱼。鱼头、鱼身和整鱼的TTX含量呈季节性变化，春、秋两季TTX含量较高，其中湛江港地区春季2月鱼身TTX含量达0.325×10^{-6}、3月鱼头TTX含量达0.356×10^{-6}、整鱼TTX含量达0.300×10^{-6}。

分布区域 广泛分布于印度洋-西太平洋海域。我国可见于东南沿海地区。

保护等级 IUCN：无危（LC）。

参考文献 [25] [29] [32] [34] [44] [45] [49]

（3）绿斑细棘虾虎鱼

拉丁名　*Acentrogobius chlorostigmatoides*（Bleeker，1849）

同种异名　绿斑缰虾虎鱼*Amoya chlorostigmatoides*

分类地位　虾虎鱼目、虾虎鱼亚目、虾虎鱼科、细棘虾虎鱼属

形态特征　体延长，前部粗壮，近圆筒形，后部侧扁；背缘浅弧形隆起，腹缘稍平直；尾柄较高。头颇大，前部略平扁，圆钝。吻钝。眼较小，位于头的前半部。口大，前位，斜裂。下颌稍突出。上颌骨后端伸达眼后缘下方或稍前。体被中等大的栉鳞，项部及鳃盖上部被小鳞，项部的小鳞向前延伸达眼后缘。颊部无鳞。无侧线。背鳍2个，分离；臀鳍与第二背鳍同形，尾鳍呈长圆形。体侧为浅灰色，腹侧呈浅褐色；体侧散布有青绿色的亮斑。体下半侧具3～4列绿黑色的细斑。鳃盖的后上方有一个较大的蓝青色斑块。尾鳍基部上方有一个暗斑。

生态习性						
咸淡水						
第一背鳍	第二背鳍	胸鳍	臀鳍	纵列鳞	横列鳞	背鳍前鳞
Ⅵ	I-10～12	18～20	I-9～10	28～31	10～11	23～25

生活习性　近岸底层小型鱼类，栖息于咸淡水水域或近岸浅水处。喜好在河口区及红树林区的潮沟中栖息，亦分布在沿岸、内湾等水域。对盐度的耐受力较广，但不会溯游栖息于纯淡水区域。肉食性，主要以小型虾、蟹等无脊椎动物及小鱼为食。

分布区域　分布于印度洋-西太平洋海域，由印度尼西亚至菲律宾等。我国见于南部沿海地区和台湾地区。

保护等级　未评估（NE）。

参考文献　[25] [32]

（4）小眼细棘虾虎鱼

拉丁名 *Acentrogobius microps* Chu & Wu，1963

同种异名 小眼缰虾虎鱼*Amoya microps*

分类地位 虾虎鱼目、虾虎鱼亚目、虾虎鱼科、细棘虾虎鱼属

形态特征 体延长，前部略呈圆筒形，后部侧扁。鼻孔2个，前鼻孔具一短管，接近上唇；后鼻孔圆形，位于眼前。口中大，端位，斜裂；下颌微突，上颌骨后延伸达眼前缘下方。唇颇发达，下唇中部具一"人"形短小皮瓣。胸鳍稍尖，约等于吻后头长。腹鳍圆形，吸盘状。尾鳍尖圆，约等于头长。体浅灰色，背部隐具灰色横纹；鳃盖后上角和尾鳍基部上方各具一黑斑，胸鳍基底上方具两小黑斑，有时合二为一，腹侧具数个黑点。第二背鳍、臀鳍和尾鳍均具暗色条纹。

生态习性						
咸淡水						
第一背鳍	第二背鳍	胸鳍	臀鳍	纵列鳞	横列鳞	背鳍前鳞
Ⅵ	I-11~12	22	I-9	26~28	9~11	22~23

生活习性 暖水性沿岸鱼类，栖息于淡、咸水水域或近岸浅水处。以小型鱼类、甲壳动物为食。

分布区域 我国见于东海沿岸地区。

保护等级 未评估（NE）。

参考文献 [32]

（5）普氏细棘虾虎鱼

拉丁名 *Acentrogobius pflaumi*（Bleeker，1853）

同种异名 普氏缰虾虎鱼*Amoya pflaumi*

分类地位 虾虎鱼目、虾虎鱼亚目、虾虎鱼科、细棘虾虎鱼属

形态特征 体延长，侧扁，尾柄略长。头部侧扁，吻部短而圆钝。眼中大，上侧位，位于头的前半部。口裂中大，斜裂，口裂可达眼前缘的下方。鳃裂中大，延伸至鳃盖中部的下方。体被较大的栉鳞，前半部鳞片较小；除后项部外，头部裸露无鳞。第一背鳍以第二、第三鳍棘较长，高于第二背鳍。臀鳍的起点在第二背鳍第一软条的下方。腹鳍为较大的吸盘。尾鳍呈长圆形。体呈灰褐色；体侧中轴有2条平行的黑色纵线，并有约5个灰黑色的斑块，以尾鳍基部上的黑斑最明显；背侧约有2条断续的纵纹及不规则的斑块；颊部有2条平行的水平灰黑色线纹；鳃裂上方有一青黑色的斑点。第二背鳍及尾鳍有数列点纹，其他各鳍呈灰色或灰黑色。

生态习性						
咸淡水						
第一背鳍	第二背鳍	胸鳍	臀鳍	纵列鳞	横列鳞	背鳍前鳞
Ⅵ	I-9～10	17～18	I-10	25～26	8～9	0～2

生活习性 暖水性沿岸小型鱼类，生活于河口咸淡水水域、港湾、红树林、潟湖及沿海等环境。耐盐性较广，但不能在纯淡水中生存。通常与鼓虾共生，居住在洞穴中。食肉性，以小型无脊椎动物等为食。

分布区域 分布于太平洋海域，由俄罗斯至新西兰沿岸。我国见于东南沿海地区。

保护等级 未评估（NE）。

参考文献 [32] [44] [49]

（6）头纹细棘虾虎鱼

拉丁名 *Acentrogobius viganensis*（Steindachner，1893）

别称及俗名 亮片鲨

分类地位 虾虎鱼目、虾虎鱼亚目、虾虎鱼科、细棘虾虎鱼属

形态特征 体延长，侧扁；背缘、腹缘微微隆起；尾柄较高。头侧扁，头部具有6个感觉管孔。吻钝。眼中大，上位。口中大，前位，上、下颌等长，口裂向后延伸至眼前缘。背鳍2个：第一背鳍起于胸鳍基部后上方，棘柔软，第二鳍棘最长，几乎与头长相等；第二背鳍基底较长，平放时延伸至尾鳍基部。臀鳍起于第二背鳍的第二鳍条基部的下方，平放时，臀鳍末端延伸至尾鳍基部。胸鳍尖圆形，胸鳍末端延伸至臀鳍起点。腹鳍尖圆形，起于胸鳍基部的下方，基底等于腹鳍全长的1/2，左、右腹鳍愈合成一个圆形吸盘。尾鳍尖圆，尾鳍长大于头长。体呈黄棕色，体侧后半部具4个黑褐色大斑块，排列成一纵列。大个体在鳃盖后上方有一个半月形棕黑色斑点，每一个鳞片的后上

半部分具一棕色小斑点，形成不规则的纵线。胸鳍至臀鳍基之间有3~4条靛青色细线，最后一条线与体侧第一斑块接近。第一背鳍第一至第六鳍棘下部鳍膜为黑色，形成一个长黑斑，第二背鳍近边缘处具一条白色带，下半部具2~3行小黑斑，腹鳍灰色。臀鳍最后面的鳍条末端呈黑色。胸鳍呈浅色。尾鳍为灰色，上部具斜带。

生态习性						
咸淡水						
第一背鳍	第二背鳍	胸鳍	臀鳍	纵列鳞	横列鳞	背鳍前鳞
Ⅵ	I-9	18	I-8	27~28	7~8	0

生活习性 暖水性沿岸小型鱼类，喜栖息于沿岸沙泥底质及河口、内湾等咸淡水域。肉食性，摄食小鱼、小型底栖无脊椎动物。

分布区域 分布于西太平洋区，包括琉球群岛、菲律宾等沿海。我国主要分布于台湾西部及西南部。

保护等级 未评估（NE）。

参考文献 [25] [32] [44] [49]

（7）青斑细棘虾虎鱼

拉丁名　*Acentrogobius viridipunctatus*（Valenciennes，1837）

分类地位　虾虎鱼目、虾虎鱼亚目、虾虎鱼科、细棘虾虎鱼属

形态特征　体延长，侧扁。背缘、腹缘微微隆起；尾柄较高。头中大。吻部圆钝。眼上侧位。位于头的前半部。口大，颇斜裂，口裂可达眼前缘的下方。上、下颌均具有尖锐的大型犬齿。鳃裂中大。体被中型栉鳞，背前鳞为较细小的圆鳞，腹部亦被鳞。第一背鳍的前方鳍棘约等长。第二背鳍及臀鳍的后方鳍条均较长，雄鱼的鳍条末端可达尾鳍的基部。尾鳍圆形。体呈暗褐色，体背具5~6个深色斑驳，斑驳间具亮蓝色斑；体侧中央具5个黑斑，围绕其周散布有青绿色的亮斑。胸鳍基部的上方有一暗斑。各鳍灰色。第二背鳍的上方具一淡黄色的纵纹。腹鳍灰黑色。尾鳍基部具红褐色点纹。

生态习性						
咸淡水						
第一背鳍	第二背鳍	胸鳍	臀鳍	纵列鳞	横列鳞	背鳍前鳞
Ⅵ	I-10~11	18~20	I-9	31~37	10~12	30~37

生活习性　主要栖息于泥滩底质的河口或红树林区沿岸内湾的浅水区及潮间带，白天多躲藏在洞穴里。攻击性较强，肉食性，以小型甲壳类、小鱼为食。

分布区域　分布于印度洋-西太平洋区，由东非到新几内亚，北至日本。我国见于南部沿海地区和台湾地区。

保护等级　IUCN：无危（LC）。

参考文献　[32] [36] [44] [49]

4.缰虾虎鱼属

马达拉斯缰虾虎鱼

李志新 / 供图

拉丁名　*Amoya madraspatensis*（Day，1868）

分类地位　虾虎鱼目、虾虎鱼亚目、虾虎鱼科、缰虾虎鱼属

形态特征　体延长，颇侧扁；背缘、腹缘浅弧形隆起；尾柄较长。头中大，背缘略高，圆凸，侧扁，头高大于头宽。吻短钝，前端略圆，背缘圆凸。眼中大，上侧位，位于头的前半部。眼间隔狭窄，略凹。口较小，前位，稍斜裂。体被中大型栉鳞，头部的颊部、鳃盖部完全裸露无鳞。胸鳍基部、胸部被小圆鳞；背鳍起点前方具一窄的无鳞区，两侧具小圆鳞。无侧线。背鳍2个，分离。头、体为褐色，腹部浅色。体侧约具14条灰黑色细横纹，并隐具5～6条暗线纹。头部具不规则蓝色斑点。尾鳍呈灰色，具暗色小点。

生态习性						
咸淡水						
第一背鳍	第二背鳍	胸鳍	臀鳍	纵列鳞	横列鳞	背鳍前鳞
Ⅵ	I-9	16～17	I-9	26～28	8～9	0

生活习性　暖水性小型鱼类，栖息于河口咸、淡水区及沿海地区。

分布区域　分布于太平洋及印度洋地区。我国产于海南地区。

保护等级　未评估（NE）。

参考文献　[32] [157]

5.裸颊虾虎鱼属

云斑裸颊虾虎鱼

拉丁名　*Yongeichthys criniger*（Valenciennes，1837）

分类地位　虾虎鱼目、虾虎鱼亚目、虾虎鱼科、裸颊虾虎鱼属

形态特征　体延长，粗壮，侧扁；背缘浅弧形，腹缘稍平直；体长为体高的4.2~4.8倍，为头长的3.1~3.5倍，尾柄中长，其长稍小于体高。头中大，圆钝，前部平扁，背部稍隆起，侧扁，头宽大于头高。头的吻部、颊部、鳃盖部和项部均无鳞；背鳍前方无鳞，起点前有颇宽的无鳞区；体侧正中有3~4个大黑斑，最后的黑斑在尾鳍基底；背侧有2个或3个鞍状斑与体侧正中的大黑斑相间排列；头侧由眼至上颌，眼下至口角后方及鳃盖上方均有一暗色长斑。体淡褐色，体侧正中有3~4个大黑斑，最后的黑斑在尾鳍基底；背侧有2个或3个鞍状斑与体侧正中的大黑斑相间排列，各斑之间还杂以小型暗色斑点，项部有2条暗褐色宽横带，各带均有浅色虫状线纹。头侧由眼至上颌有一暗色长斑，眼下至口角后方及鳃盖上方均各有一暗色长斑。第一背鳍有2纵行暗斑，边缘暗色；第二背鳍有3~4纵行暗斑，边缘亦黑色。臀鳍有暗黑色边缘。尾鳍有3~5横行暗斑，边缘亦呈黑色。胸鳍基底常具2个暗色大斑。

生态习性						
咸淡水						
第一背鳍	第二背鳍	胸鳍	臀鳍	纵列鳞	横列鳞	背鳍前鳞
VI	I-9	17 ~ 18	I-9	27 ~ 29	11 ~ 12	0

生活习性 暖水性沿岸小型有毒鱼类，生活于河口咸淡水水域港湾、砂岸、红树林及沿海砂泥地的环境。常停栖于底部，较少游动。食肉性，以底栖动物、小型鱼、虾、有机碎屑为食。

注：本鱼含TTX（河豚毒素），其毒性随季节和地点而变化，以冬季至翌年早春含毒量最高。为安全起见，应避免食用此鱼。研究显示，云斑裸颊虾虎鱼各组织毒性以肝脏最强，其次为卵巢、皮肤、肌肉、眼睛。而对台湾的样品分析发现，毒力在鱼鳍最强。单位组织的毒性含量，云斑裸颊虾虎鱼肝脏毒性是暗纹东方鲀肝脏毒性的9倍左右，其皮肤毒性超过暗纹东方鲀12倍，肌肉接近于39倍，眼睛超过4倍，TTX含量比野生暗纹东方鲀相应组织均高。

分布区域 广泛分布于太平洋及印度洋地区。我国产于东南沿海和台湾地区。国外分布于日本、菲律宾等众多太平洋地区国家。

保护等级 IUCN：无危（LC）。

参考文献 [23] [25] [29] [32] [34] [44] [49]

6.深虾虎鱼属

（1）椰子深虾虎鱼

拉丁名　*Bathygobius cocosensis*（Bleeker，1854）

分类地位　虾虎鱼目、虾虎鱼亚目、虾虎鱼科、深虾虎鱼属

形态特征　体延长，侧扁，尾柄略长。头部稍扁，吻短。眼大，上侧位。口斜裂，口裂向后延伸至眼中部的下方；下颌腹面的颏瓣后缘内凹，两端突起。前鼻孔下方有一小形的皮瓣。颊部中央列感觉乳突线呈分叉状。鳃裂小，向腹侧延伸仅达鳃盖中部的下方。体被中大型栉鳞。头部无鳞。第一背鳍无丝状鳍条；胸鳍上方的鳍条末端游离呈细丝状；腹鳍相连愈合呈吸盘状，膜盖中央凹入，无突起；尾鳍长圆形。体呈黄棕色，体侧中央具1个纵列暗色小斑块，上方隐具若干条褐色横带；腹部无任何暗色斑点。眼后方具1个深褐色斑点，鳃盖部具1个黑斑，上方及胸鳍基上方各具1个黑斑。背鳍深褐色，具3行不明显纵列斑；臀鳍边缘深褐色，基部色浅；胸鳍、腹鳍为浅色；尾鳍具数行不规则的横纹。

生态习性						
海水						
第一背鳍	第二背鳍	胸鳍	臀鳍	纵列鳞	横列鳞	背鳍前鳞
VI	I-9	18	I-7	35～36	13	14～18

生活习性　沿岸的小型底栖性鱼类，栖息于潮间带石砾海域。杂食性，以藻类及底栖动物为食。

分布区域　广泛分布于印度洋-西太平洋地区。我国见于南部沿海地区和台湾地区。

保护等级　IUCN：无危（LC）。

参考文献　[32] [44 [49]

（2）褐深虾虎鱼

拉丁名　*Bathygobius fuscus*（Rüppell，1830）

分类地位　虾虎鱼目、虾虎鱼亚目、虾虎鱼科、深虾虎鱼属

形态特征　体延长，前部圆筒形，后部侧扁。背缘与腹缘平直。头长为体长的1/3。眼居上侧位，眼径大于眼间距。吻圆钝，吻长大于眼径。口斜裂，上、下颌约等长，口裂延伸至眼前缘的下方。胸鳍圆扇形，胸鳍上部分有4~5根游离鳍条；腹鳍呈吸盘状，膜盖中央凹入，无突起；臀鳍与第二背鳍同形，臀鳍基底长小于第二背鳍基底长；尾鳍呈圆形。体色与斑纹变异极大，一般为淡褐色或棕褐色，头部灰棕色，体侧和项部具5~6条灰褐色横带或具不规则的横带与纵带交错的云斑纹；头、体部具亮蓝色的小点。第一背鳍灰色，具2~3行深色纵带，边缘为黄色；第二背鳍浅棕色，具4~5纵行小蓝点，边缘深黄色；臀鳍与腹鳍为深黑色；胸鳍棕色，具4~5横行的黄色小点；尾鳍浅黄色，具4~5横行蓝色或紫色相间排列的小点，下叶1/3处呈灰黑色。

生态习性						
海水						
第一背鳍	第二背鳍	胸鳍	臀鳍	纵列鳞	横列鳞	背鳍前鳞
Ⅵ	I-9	18~19	I-8	35~38	11~12	14~16

生活习性　沿岸的小型底栖性鱼类，主要活动于礁岩区的潮池、港区及河口。有时会进入河川下游，但极少进入纯淡水水域。杂食性，以藻类、小鱼、小型甲壳类及无脊椎动物为食。

分布区域　广泛分布于印度洋-西太平洋地区。我国见于南部沿海区域和台湾地区。

保护等级　IUCN：无危（LC）。

参考文献　[32] [44] [49]

（3）香港深虾虎鱼

拉丁名 *Bathygobius meggitti*（Hora & Mukerji，1936）

分类地位 虾虎鱼目、虾虎鱼亚目、虾虎鱼科、深虾虎鱼属

形态特征 体延长，前部圆筒形，后部侧扁。背缘与腹缘平直。头长为体长的1/5～1/4。眼居上侧位，眼间距小于眼径。吻圆钝，吻长大于眼径。口斜裂，上、下颌约等长，口裂延伸至眼前缘的下方。胸鳍圆扇形；腹鳍呈吸盘状；臀鳍与第二背鳍同形，臀鳍基底长小于第二背鳍基底长；尾鳍呈圆形。体呈棕褐色，体侧隐具3～4条褐色横带或不规则的云纹。头背项部具1条褐色短纵线，鳃盖上方具1列由褐色小斑点组成的点状纵纹。背鳍浅棕色，具2～3纵列褐色点斑，第一背鳍无暗色纵带；臀鳍边缘褐色，基部浅色；胸鳍的游离鳍条的基部具1个小黑斑；腹鳍浅色；尾鳍具3～4行不规则的横带；第二背鳍、尾鳍密具许多小黑点。

生态习性						
海水						
第一背鳍	第二背鳍	胸鳍	臀鳍	纵列鳞	横列鳞	背鳍前鳞
Ⅵ	Ⅰ-9	21～22	Ⅰ-8	36～37	13～14	15～16

生活习性 暖水性底层小型鱼类，栖息于潮间带石砾海域。杂食性，以藻类及底栖无脊椎动物为食。

分布区域 广泛分布于印度洋-西太平洋地区。我国主要分布于南部沿海地区。

保护等级 IUCN：无危（LC）。

参考文献 [32] [44 [49]

（4）扁头深虾虎鱼

黄康亮 供图

拉丁名　*Bathygobius petrophilus*（Bleeker，1853）

分类地位　虾虎鱼目、虾虎鱼亚目、虾虎鱼科、深虾虎鱼属

形态特征　体延长，侧扁，尾柄略长。头部稍扁，吻短。眼大，上侧位。眼间距等于或大于眼径。口斜裂。背鳍2个，不相连。胸鳍透明，分布有几行白色斑点。除胸鳍，各鳍鳍膜均为黑色。体侧为黑色，身体具有沿着鳞片排列的暗色纵纹，但无任何斑块。

生态习性						
海水						
第一背鳍	第二背鳍	胸鳍	臀鳍	纵列鳞	横列鳞	背鳍前鳞
Ⅶ	I-9～10	18～19	I-8～9	33～36	11～13	10～15

生活习性　暖水性底层小型鱼类。杂食性，以藻类及底栖无脊椎动物为食。

分布区域　广泛分布于中西太平洋地区。我国见于海南地区和台湾地区。

保护等级　未评估（NE）。

参考文献　[32] [49]

7.舌塘鳢属

（1）斑尾舌塘鳢

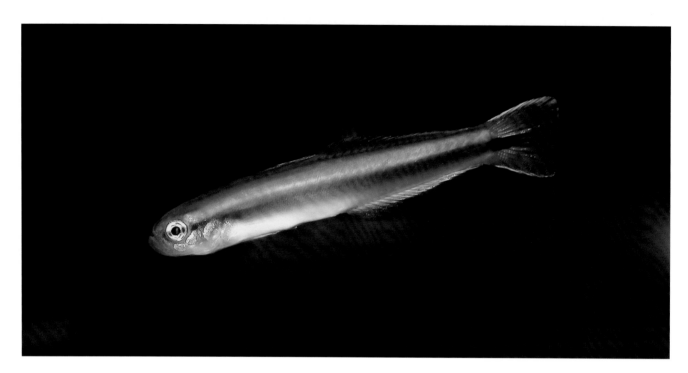

拉丁名　*Parioglossus dotui* Tomiyama，1958

分类地位　虾虎鱼目、虾虎鱼亚目、虾虎鱼科、舌塘鳢属

形态特征　体延长，颇侧扁；背缘、腹缘较平直；尾柄高而短。头小，前部圆钝，侧扁，后部稍隆起，侧扁，头宽小于头高。口中大，前上位，颇斜裂。下颌突起，长于上颌。体被细小圆鳞，项部、胸鳍基部和腹部被小圆鳞。头部和头的腹面无鳞。无侧线。背鳍2个，分离，相距较近；第一背鳍起点在胸鳍基部后上方，第三、第四鳍棘最长，其余鳍棘较短，后部鳍棘平放时后端不伸达第二背鳍起点；第二背鳍高稍小于第一背鳍，基部较长，中部鳍条长，后部鳍条短，平放时几乎伸达尾鳍基。臀鳍和第二背鳍相对，同形，起点在第二背鳍第二和第三鳍条的下方。胸鳍宽圆，扇形，中侧位，长于眼后头长，向后不伸达臀鳍起点。腹鳍长，无愈合膜（系膜），起点在胸鳍基部下方，内侧鳍条长于外侧鳍条，左、右腹鳍相互靠近，不愈合成吸盘，末端远不达肛门。尾鳍深凹，大于头长，上、下叶钝圆。

生态习性						
海水、咸淡水						
第一背鳍	第二背鳍	胸鳍	臀鳍	纵列鳞	横列鳞	背鳍前鳞
Ⅵ	I-16～17	17～20	I-16～18	74～88	0	0

生活习性　暖水性底层小型鱼类，生活于热带、亚热带沿岸岩礁、砂地及珊瑚丛中，也可见于红树林、潟湖等地。以小型浮游生物为食。

分布区域　我国主要见于西沙群岛和台湾地区。

保护等级　未评估（NE）。

参考文献　[32] [44] [49] [51]

（2）菲律宾舌塘鳢

拉丁名 *Parioglossus philippinus*（Herre，1945）

分类地位 虾虎鱼目、虾虎鱼亚目、虾虎鱼科、舌塘鳢属

形态特征 体延长，侧扁，背缘呈浅弧形。眼侧位，眼下缘为浅绿色，上缘为浅蓝色。吻短，口前上位，口裂小，延伸至眼前缘下方。体呈现浅棕色，略透明，腹部为白色。体侧有1条黑色带，带上有1条黄线。体被细小圆鳞，项部、胸鳍基部和腹部被小圆鳞。头部和头的腹面无鳞。无侧线。背鳍2个，第二背鳍基部略带红色，外缘为绿色。尾鳍基部有一黑斑，黑斑上方有一黄色的斑纹。

生态习性						
海水、咸淡水						
第一背鳍	第二背鳍	胸鳍	臀鳍	纵列鳞	横列鳞	背鳍前鳞
Ⅵ	I-16～19	17～20	I-16～19	61～81	0	0

生活习性 暖水性底层小型鱼类，栖息在沿岸潮池、河口红树林等地。具有群居性，经常成群结队出没。以小型浮游生物为食。

分布区域 广泛分布于印度洋-西太平洋地区。我国主要分布于南部沿海地区。

保护等级 IUCN：无危（LC）。

参考文献 [49] [51]

8.凡塘鳢属

（1）长鳍凡塘鳢

拉丁名 *Valenciennea longipinnis*（Lay & Bennett，1839）

别称及俗名 斑纹虾虎鱼

分类地位 虾虎鱼目、虾虎鱼亚目、虾虎鱼科、凡塘鳢属

形态特征 体延长，后部侧扁；背缘、腹缘较平直，浅弧形隆起；尾柄较长，长度大于高度。头中大，侧扁，略长，背缘圆凸，高而侧扁；项部正中稍隆起，头宽大于头高。体呈浅灰白色，腹部白色，腹侧具5条蓝色边缘红棕色的纵线，自吻端至尾鳍基部；头部具有斑点，胸鳍基部具1对粉红色的条纹，第二背鳍与尾鳍有蓝色与红色的斑点。

生态习性						
海水						
第一背鳍	第二背鳍	胸鳍	臀鳍	纵列鳞	横列鳞	背鳍前鳞
Ⅵ	I-12～13	19～21	I-11～13	80～121	30～46	0

生活习性 生活于2～30m海域，栖息于礁石外围的沙地或软泥沙地，居住于沙地洞穴中。肉食性，以小型底栖无脊椎动物为食。

分布区域 分布于印度洋–西太平洋地区。我国主要分布于台湾和西沙群岛。

保护等级 未评估（NE）。

参考文献 [32] [49] [94]

（2）石壁凡塘鳢

拉丁名　*Valenciennea muralis*（Valenciennes，1837）

分类地位　虾虎鱼目、虾虎鱼亚目、虾虎鱼科、凡塘鳢属

形态特征　体延长，后部侧扁，稍成圆柱状，头部稍侧扁；体细长而侧扁；眼小而位于头前半部背缘；吻长而吻端钝；口裂大而呈斜位，上颌较下颌稍长，末端达眼中央下方；第一背鳍的第3~4鳍棘最长；头部具3条斜带；体侧3条红色纵带，上部第一条沿背部上缘，最下一条由体前部达尾鳍；各鳍黄色，第一背鳍具多条红色纵带，末端具小黑点；第二背鳍基部具2条红色纵带；尾鳍具红斑；臀鳍基具红色纵带。

生态习性						
海水						
第一背鳍	第二背鳍	胸鳍	臀鳍	纵列鳞	横列鳞	背鳍前鳞
VI	I-11~13	18~21	I-11~13	73~94	26~37	0

生活习性　生活于1~25m海域，栖息于礁石外围的沙地或软泥沙地，居住于沙地洞穴中，常趴附在洞口附近，生性机警，受惊吓则立即躲入洞穴中。肉食性，以小型底栖无脊椎动物为食。

分布区域　分布于印度洋-西太平洋地区。我国广泛分布于南部沿海地区以及台湾地区。

保护等级　IUCN：无危（LC）。

参考文献　[32] [49] [94]

（3）大鳞凡塘鳢

拉丁名　*Valenciennea puellaris*（Tomiyama，1956）

别称及俗名　钻石哨兵

分类地位　虾虎鱼目、虾虎鱼亚目、虾虎鱼科、凡塘鳢属

形态特征　体延长，侧扁；后头部具肉质状突起；眼大而位于头前部背缘；吻长而吻端钝；口裂大而开于吻端下缘，呈斜位，上颌较下颌稍长，两颌均具尖齿；左、右鳃膜下端均与喉部愈合；两腹鳍接近但不连合；第一背鳍鳍棘稍长呈丝状；头部与胸部基底均无鳞而体侧被栉鳞；眼睛突出，腹鳍愈合成吸盘。体侧为白色，散布3~4列金黄色斑点，下方有一系列短线标记，后背有较小的橙色斑点、蓝色或白色斑点至头部。尾鳍为圆形。

生态习性						
海水						
第一背鳍	第二背鳍	胸鳍	臀鳍	纵列鳞	横列鳞	背鳍前鳞
Ⅵ	I-11~13	19~22	I-11~13	72~91	21~33	0

生活习性　栖息水深2~30m。礁岩外围沙地，居住于洞穴中，生性机警。肉食性，以小型无脊椎动物为食。

分布区域　分布极广，印度洋–西太平洋海区到红海皆有分布。我国主要分布于台湾、西沙群岛、澎湖列岛及附近海域。

保护等级　IUCN：无危（LC）。

参考文献　[32] [49] [94]

（4）六斑凡塘鳢

拉丁名　*Valenciennea sexguttata*（Valenciennes，1837）

分类地位　虾虎鱼目、虾虎鱼亚目、虾虎鱼科、凡塘鳢属

形态特征　体延长，侧扁；背缘、腹缘较平直，浅弧形隆起；尾柄较长，其长度大于高度。头中大，侧扁，略长，背缘稍圆凸，侧扁；项部正中稍隆起，头宽等于头高。口大，前位，斜裂。上、下颌约等长。体被小型栉鳞，但后部鳞较大，头部与项部正中无鳞，项部两侧有细鳞。背鳍2个，分离，相距较近，中间由较少的鳍膜相连；第一背鳍边缘呈尖三角形，起点在胸鳍基部后上方，各鳍棘细长柔软，不延长成丝状，第一背鳍具白色和波状细纹，第三至第四鳍棘间的鳍膜端部具一小黑斑。臀鳍边缘黑色，尾鳍深灰色，胸鳍基部有1~2个不规则蓝点。头、体浅灰色，头部微棕色，颊部具若干个蓝色小斑点，无条纹。背部深色，腹部白色。体侧中央有1条不明显的微红色纵纹。腹鳍白色。眼的上半部黄色。

生态习性						
海水						
第一背鳍	第二背鳍	胸鳍	臀鳍	纵列鳞	横列鳞	背鳍前鳞
Ⅵ	I-11~13	19~21	I-11~13	71~94	21~31	0

生活习性　暖水性的中、小型近海底层鱼类，栖息于砂泥底质和珊瑚丛中。以底栖无脊椎动物及浮游动物为食。不常见，具观赏价值。体长60~70mm，大者可达100mm。

分布区域　印度洋非洲东岸，红海至太平洋中部各岛屿，北至日本，南至澳大利亚北部。我国分布于台湾地区。

保护等级　IUCN：无危（LC）。

参考文献　[32] [49] [94]

（5）丝条凡塘鳢

拉丁名　*Valenciennea strigata*（Broussonet，1782）

别称及俗名　金头虾虎鱼

分类地位　虾虎鱼目、虾虎鱼亚目、虾虎鱼科、凡塘鳢属

形态特征　体延长，后部侧扁，稍成圆柱状，头部稍侧扁；眼中而位于头前部背缘；后头部稍隆起；吻长而吻端钝；口裂大而开于吻端，呈斜位，上颌较下颌稍长；两颌均具尖齿，上颌具齿1列而前部齿较大，下颌具齿2列而后部具犬齿；左、右鳃膜下端附着于喉部；第一背鳍鳍棘长；尾鳍后缘圆；体被小型栉鳞；体背侧茶褐色，腹侧淡灰色，头黄色，颊部具青蓝色纵带；背鳍具淡红色纵带。

生态习性						
海水						
第一背鳍	第二背鳍	胸鳍	臀鳍	纵列鳞	横列鳞	背鳍前鳞
Ⅵ	I-17～19	20～23	I-16～19	101～126	28～40	0

生活习性　生活于1～25m海域，栖息于礁石外围的沙地或软泥沙地，居住于沙地洞穴中，但不常趴附在洞口，生性机敏，受惊吓则立即躲入洞穴中。肉食性，以小型底栖无脊椎动物为食。

分布区域　分布于印度洋-西太平洋地区。我国广泛分布于南部沿海地区以及台湾地区，在南沙群岛有大量分布。

保护等级　IUCN：无危（LC）。

参考文献　[32] [49] [94]

9.衔虾虎鱼属

（1）康培氏衔虾虎鱼

康培氏衔虾虎鱼雌性

拉丁名　*Istigobius campbelli*（Jordan & Snyder，1901）

分类地位　虾虎鱼目、虾虎鱼亚目、虾虎鱼科、衔虾虎鱼属

形态特征　体延长，前部略呈圆筒形，后部侧扁；背缘浅弧形，腹缘稍平直；尾柄颇长，其长大于体高。头大而宽，较尖，前部略平扁，背部稍隆起。吻部颇短，圆突，吻端突出于上唇的上方，形成吻褶，有时包住部分上唇。吻长等于或小于眼径。眼中大，背侧位，眼上缘突出于头部背缘。背鳍2个，分离；第一背鳍高，其高约与体高相等或稍低，基部短，起点位于胸鳍基部后上方，鳍棘柔软，第三、第四鳍棘最长。头、体呈乳白色，体侧鳞片大都具1个淡色小点，体侧散具3~4列不明显的暗红色纵线纹，其间夹以蓝色小圆点。眼后缘至鳃盖上部有1条暗黑色纵带纹。眼下方及颊部有暗色斑块。鳃盖有淡色小点。前鳃盖骨后下角外侧无长黑斑。

生态习性						
海水						
第一背鳍	第二背鳍	胸鳍	臀鳍	纵列鳞	横列鳞	背鳍前鳞
Ⅵ	I-10	17~18	I-9	26~28	9	8~10

生活习性　生活在3~14m海域，大多栖息在水深较浅的礁沙混合区或礁岩上，以宽大的胸鳍支撑，以一游一停的方式缓慢游走。肉食性，以小型底栖无脊椎动物为食。

分布区域　分布于印度洋-西太平洋地区。我国主要分布于台湾和澎湖列岛。

保护等级　未评估（NE）。

参考文献　[32] [38] [49]

（2）饰装衔虾虎鱼

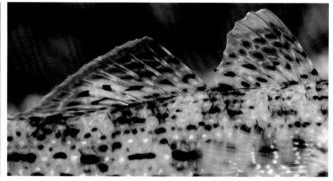

拉丁名　*Istigobius ornatus*（Rüppell，1830）

分类地位　虾虎鱼目、虾虎鱼亚目、虾虎鱼科、衔虾虎鱼属

形态特征　体延长，前部略呈圆筒形，后部侧扁；背缘浅弧形，腹缘稍平直；尾柄颇长，其长大于体高。头中大，较尖，前部略平扁，背部稍隆起。口中大，前位，斜裂，两颌约等长，或上颌稍长于下颌。骨后端伸达眼中部下方或稍前。背鳍2个，分离；第一背鳍高，基部短，起点位于胸鳍基部后上方，鳍棘柔软，第二鳍棘最长。体绿色，体侧鳞片大都各有1个珠色小点。头侧有黄色小点及紫色横条纹，背面有紫色的斑点及线纹，有的线纹有时与体部的相连。体侧亦有紫色斑点及线纹，腹部侧的斑点较大。前鳃盖骨后下角外侧具1个长黑斑。背鳍黄色，有紫色的细长点列，第一背鳍的鳍膜上具3~4条线纹，无黑斑。臀鳍色较暗，基底部有紫色线纹3~4条。尾鳍黄色，鳍条上有暗色斑点。胸鳍鳍条亦有暗斑，基底有2~3个暗斑。腹鳍暗色，边缘淡色。本种与华丽衔虾虎鱼*Istigobius decoratus*极为相似，可用的区分特征为本种胸鳍有游离鳍条，而华丽衔虾虎鱼没有。

生态习性						
海水						
第一背鳍	第二背鳍	胸鳍	臀鳍	纵列鳞	横列鳞	背鳍前鳞
Ⅵ	I-10	19~20	I-9	27~28	8~9	10~12

生活习性　暖水性潮间带小型底层鱼类，栖息于岩礁性砂地海底。摄食底栖无脊椎动物。无食用价值，可供观赏，较常见。体长30~70mm，大者可达80mm。

分布区域　分布于印度洋-西南太平洋各岛。我国分布于南部沿海及台湾地区。

保护等级　IUCN：无危（LC）。

参考文献　[32] [49]

饰装衔虾虎鱼成体婚姻色表现

10.珊瑚虾虎鱼属

（1）漂游珊瑚虾虎鱼

拉丁名　*Bryaninops natans* Larson，1985

分类地位　虾虎鱼目、虾虎鱼亚目、虾虎鱼科、珊瑚虾虎鱼属

形态特征　体延长，较低，前部圆筒形，后部侧扁；背缘浅弧形，腹缘稍平直；尾柄较长，其长等于体高。头颇大，较尖，前部宽而平扁。头宽小于头高；吻短，吻长小于眼径长。口大，前位，斜裂。上、下颌约等长。上颌骨后端伸达眼中部稍前下方。眼间隔狭窄，约为眼径的1/3。背鳍2个，分离；第一背鳍高，略呈扇形，基部短，起点位于胸鳍基部后上方，鳍棘柔软，第二、第三鳍棘最长。腹鳍短，相连愈合成吸盘状，末端不会延伸至肛门。头、体呈浅黄色而透明。背鳍及尾鳍透明无色。臀鳍及腹鳍浅黄褐色。胸鳍基部无斑块。

生态习性				
海水				
第一背鳍	第二背鳍	胸鳍	臀鳍	背鳍前鳞
Ⅵ	I-8	16	I-8	0

生活习性　暖水性底层小型鱼类，主要栖息于热带珊瑚礁的芦茎珊瑚上，具有良好的保护色，与珊瑚营共生生活。常可见到本种成对栖息于同一株珊瑚上，并将卵产于珊瑚的表面上。

分布区域　分布于印度洋-西太平洋地区。我国主要分布于台湾周边沿海地区。

保护等级　IUCN：近危（NT）。

参考文献　[32] [49]

（2）额突珊瑚虾虎鱼

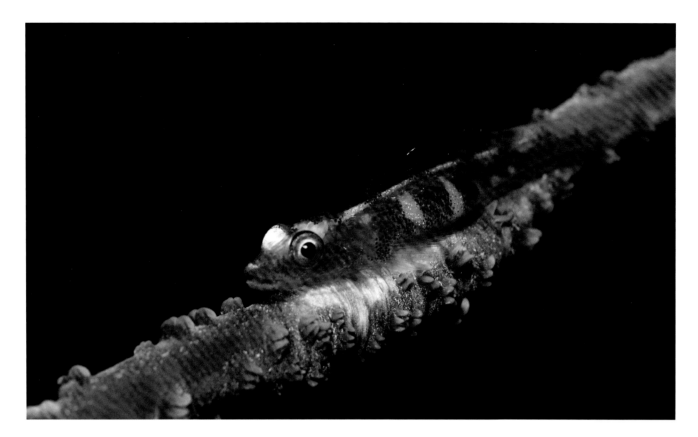

拉丁名 *Bryaninops yongei*（Davis & Cohen，1969）

分类地位 虾虎鱼目、虾虎鱼亚目、虾虎鱼科、珊瑚虾虎鱼属

形态特征 体延长，身体较细长。头宽远大于头高；吻稍长于眼径长。口大，上、下颌约等长；雄鱼下颌具多颗大型犬齿。眼间隔狭窄，约为眼径的1/3。背鳍2个，分离；第一背鳍高，略呈三角形，基部短，起点位于胸鳍基部后上方，鳍棘柔软，第二、第三鳍棘最长，腹鳍短，相连愈合成吸盘状，末端不会延伸至肛门，鳍末端具有肉瓣。体呈浅黄色而透明，可见到体内部具深褐色三角形斑块，斑块向上方延伸达背面，形成褐色斑点。体侧下半部至尾鳍基部及上、下唇均呈黄褐色；头背部具一个黄褐色斑块。背鳍及尾鳍透明无色。臀鳍及腹鳍呈浅黄褐色。胸鳍基部具一个大型黄褐色斑块。

生态习性				
海水				
第一背鳍	第二背鳍	胸鳍	臀鳍	背鳍前鳞
Ⅵ	I-8	16	I-9	0

生活习性 暖水性底层小型鱼类，主要栖息于热带珊瑚礁的芦茎珊瑚上，具有良好的保护色，与珊瑚营共生生活。常可见到本种成对栖息于同一株珊瑚上，并将卵产于珊瑚的表面上。

分布区域 分布于印度洋-西太平洋地区。我国主要分布于台湾周边沿海地区。

保护等级 IUCN：无危（LC）。

参考文献 [32] [49]

11.叶虾虎鱼属

（1）黑角叶虾虎鱼

黄康亮 供图

黄康亮 供图

拉丁名 *Gobiodon micropus* Günther，1861

分类地位 虾虎鱼目、虾虎鱼亚目、虾虎鱼科、叶虾虎鱼属

形态特征 体长圆形，叶片状，甚侧扁；背缘、腹缘浅弧形；尾柄近方形。头大，颇侧扁，短而高。吻短，前端圆钝。眼小，侧位而高，距头部前缘颇近。背鳍2个，基底以鳍膜相连，中间具一凹刻。头为浅蓝色，一红色粗线穿过眼部，靠近胸鳍基部处有一红蓝相间斑块，胸鳍基部有一黑点。体侧为黄色，无斑纹，第二背鳍基部有一红色线条，背鳍、尾鳍、臀鳍鳍膜皆为黄色。

生态习性						
海水						
第一背鳍	第二背鳍	胸鳍	臀鳍	纵列鳞	横列鳞	背鳍前鳞
VI	I-13	19	I-11	0	0	0

生活习性 暖水性沿岸小型虾虎鱼类，栖息于枝状珊瑚的珊瑚丛中。具观赏价值。体长35mm左右。

分布区域 分布于西太平洋地区。我国主要分布于海南周边海域。

保护等级 IUCN：数据缺乏（DD）。

参考文献 [31] [32] [49] [58]

（2）青柳氏叶虾虎鱼

黄康亮 供图

拉丁名 *Gobiodon aoyagii* Shibukawa，Suzuki & Aizawa，2013

分类地位 虾虎鱼目、虾虎鱼亚目、虾虎鱼科、叶虾虎鱼属

形态特征 体长圆形，叶片状，甚侧扁；背缘、腹缘浅弧形；尾柄近方形。头大，颊侧扁，短而高。吻短，前端圆钝。眼小，侧位而高，距头部前缘颇近。背鳍2个，基底以鳍膜相连，中间具一凹刻。头为浅蓝色或橘黄色，眼下缘有一长条形红色斑纹，体侧为浅黄色或淡蓝色，分布有3排红色圆点形斑纹，背鳍、尾鳍、臀鳍鳍膜皆为黄色，外缘略带蓝色。

生态习性						
海水						
第一背鳍	第二背鳍	胸鳍	臀鳍	纵列鳞	横列鳞	背鳍前鳞
VI	I-9～11	19～21	I-8～9	0	0	0

生活习性 暖水性沿岸小型虾虎鱼类，栖息于枝状珊瑚的珊瑚丛中。具观赏价值。

分布区域 分布于西太平洋地区。我国主要分布于海南周边海域。

保护等级 IUCN：易危（VU）。

参考文献 [49] [164]

（3）斐济叶虾虎鱼

黄康亮　供图

拉丁名　*Gobiodon brochus* Harold & Winterbottom，1999

分类地位　虾虎鱼目、虾虎鱼亚目、虾虎鱼科、叶虾虎鱼属

形态特征　体长圆形，叶片状，甚侧扁；背缘、腹缘浅弧形；尾柄近方形。头大，颇侧扁，短而高。吻短，前端圆钝。眼小，侧位而高，距头部前缘颇近。背鳍2个，两背鳍基底以鳍膜相连。体侧为灰绿色，无明显花纹。眼后方有一不规则黑色斑纹。

生态习性						
海水						
第一背鳍	第二背鳍	胸鳍	臀鳍	纵列鳞	横列鳞	背鳍前鳞
Ⅵ	I-10～12	18～20	I-9～10	0	0	0

生活习性　暖水性沿岸小型虾虎鱼类，栖息于枝状珊瑚的珊瑚丛中。具观赏价值。

分布区域　分布于中西太平洋地区。我国见于海南地区。

保护等级　IUCN：近危（NT）。

参考文献　[49] [90] [164]

（4）橙色叶虾虎鱼

拉丁名　*Gobiodon citrinus*（Rüppell，1838）

别称及俗名　柠檬蟋蟀虾虎鱼

分类地位　虾虎鱼目、虾虎鱼亚目、虾虎鱼科、叶虾虎鱼属

形态特征　体长圆形，较短，叶片状，甚侧扁；背缘、腹缘浅弧形隆起；尾柄近方形。头大，颊侧扁，短而高，前端陡直，头的背缘略圆凸；吻短而圆钝，吻端较陡直。眼中大，侧位而高，距头部前缘颇近。背鳍2个，基底以鳍膜相连，中间具一凹刻；第一背鳍较低，鳍棘柔软，始于胸鳍基部上方，第四鳍棘最长，第一背鳍上缘尖，左、右腹鳍连合而成小型吸盘；鳞与侧线皆无；头部和体侧橙褐色或红褐色。鳃盖后上角具1个黑色小圆斑。眼睛有2条蓝色横线向下延伸。胸鳍基底前方另有2条蓝色横线，两背鳍及臀鳍基部均无白色条纹，但各有1条深色细纵纹，有时纵纹不明显。各鳍灰黄色或灰褐色。

生态习性						
海水						
第一背鳍	第二背鳍	胸鳍	臀鳍	纵列鳞	横列鳞	背鳍前鳞
VI	I-9~10	20	I-9	0	0	0

生活习性　热带地区暖水性底层小型鱼类，通常生活在2~20m海域，栖息在枝状珊瑚丛间。肉食性，以小型无脊椎动物、浮游动物为食。本种的皮肤可分泌毒素，有苦味和刺激味，误食会导致恶心、腹痛、上吐下泻、口唇及四肢麻痹、呼吸困难，严重时血压下降、昏睡、死亡。一般不严重，少有死亡。

分布区域　分布于印度洋-西太平洋地区。我国主要分布于台湾与南沙群岛地区。

保护等级　IUCN：无危（LC）。

参考文献　[32][49]

（5）红棕叶虾虎鱼

黄康亮　供图

拉丁名　*Gobiodon fuscoruber* Herler，Bogorodsky & Suzuki，2013

分类地位　虾虎鱼目、虾虎鱼亚目、虾虎鱼科、叶虾虎鱼属

形态特征　体长圆形，叶片状，甚侧扁；背缘、腹缘浅弧形；尾柄近方形。头大，颊侧扁，短而高。吻短，前端圆钝。眼小，侧位而高，距头部前缘颇近。头部和体侧为红棕色，体表无明显花纹。无鳞。背鳍2个，底部以鳍膜相连，鳍膜为红棕色，有时外缘为白色。臀鳍、背鳍、胸鳍均为棕色。

生态习性						
海水						
第一背鳍	第二背鳍	胸鳍	臀鳍	纵列鳞	横列鳞	背鳍前鳞
Ⅵ	I-10	19～20	I-8	0	0	0

生活习性　暖水性沿岸小型虾虎鱼类，栖息于枝状珊瑚的珊瑚丛中。具观赏价值。

分布区域　分布于西太平洋地区。我国主要分布于海南周边海域。

保护等级　IUCN：无危（LC）。

参考文献　[92] [171]

（6）宽纹叶虾虎鱼

拉丁名 *Gobiodon histrio*（Valenciennes，1837）

别称及俗名 绿蟋蟀虾虎鱼

分类地位 虾虎鱼目、虾虎鱼亚目、虾虎鱼科、叶虾虎鱼属

形态特征 体长圆形，叶片状，甚侧扁；背缘、腹缘浅弧形；尾柄近方形。头大，颊侧扁，短而高。吻短，前端
圆钝。眼小，侧位而高，距头部前缘颇近。背鳍2个，基底以鳍膜相连，中间具一凹刻。雄鱼头部和体侧绿色，头部腹
面及体腹部蓝色。头侧具5条棕红色横带，由头背向下伸达头的腹面：第一横带较狭，穿越眼前缘；第二横带穿越眼的
中部；第三横带最宽，位于颊部。各横带在头的背部互相连接。鳃盖上方近鳃孔处具1个黑色圆斑。体侧具5条棕红带
紫色的虫纹状弯曲的纵带，由后头部伸达尾鳍基：第一纵带位于背鳍基底下方，断裂成连续小长斑；第二纵带自眼上
方向后伸达尾柄部背缘，其余3条纵带始于鳃盖后方，伸达尾鳍基。背鳍、臀鳍近基部1/2处为绿色，外缘黄绿色；尾
鳍基部蓝色，中间为绿色，外缘黄绿色；胸鳍透明，呈肉色。雌鱼全身绿色，无棕红色条纹。

生态习性						
海水						
第一背鳍	第二背鳍	胸鳍	臀鳍	纵列鳞	横列鳞	背鳍前鳞
VI	I-10	18～19	I-9	0	0	0

生活习性 暖水性沿岸小型虾虎鱼类，栖息于枝状珊瑚的珊瑚丛中。体长40～50mm。该鱼的皮肤可分泌毒素，
具皮肤黏液毒性，有苦味及刺激味。

分布区域 分布于西太平洋地区。我国主要分布于西沙群岛海域。

保护等级 IUCN：无危（LC）。

参考文献 [32] [49] [164]

（7）多线叶虾虎鱼

黄康亮 供图

黄康亮 供图

拉丁名 *Gobiodon multilineatus* Wu，1979

分类地位 虾虎鱼目、虾虎鱼亚目、虾虎鱼科、叶虾虎鱼属

形态特征 体长圆形，叶片状，甚侧扁；背缘浅弧形，稍圆凸，腹缘平直；尾柄宽长。头大，颊侧扁，短而高。口小，前位，口裂略呈水平状。上、下颌约等长。背鳍2个，两背鳍基底以鳍膜相连，中间具一凹刻。体黄棕色，头部和胸鳍基部具5~7条浅蓝色线状横纹，多数个体为6条。体侧至尾柄具14~20条蓝色横纹，作波形平行排列。

生态习性						
海水						
第一背鳍	第二背鳍	胸鳍	臀鳍	纵列鳞	横列鳞	背鳍前鳞
Ⅵ	I-10	18~19	I-9	0	0	0

生活习性 暖水性沿岸小型虾虎鱼类，栖息于珊瑚丛中，以浮游动物为食。稀有，具观赏价值。体长30~40mm。

分布区域 分布于西太平洋地区。我国主要分布于海南周边海域。

保护等级 IUCN：无危（LC）。

参考文献 [32] [49]

（8）黄体叶虾虎鱼

黄康亮 供图

拉丁名 *Gobiodon okinawae* Sawada，Arai & Abe，1972

别称及俗名 黄蟋蟀虾虎鱼

分类地位 虾虎鱼目、虾虎鱼亚目、虾虎鱼科、叶虾虎鱼属

形态特征 体长圆形，叶片状，甚侧扁。头大，颇侧扁，短而高。舌窄，前端圆形。鳃孔垂直，侧位，裂缝状，较狭。头部与体部完全裸露无鳞。背鳍2个，基底以鳍膜相连，中间具一凹刻。第一背鳍鳍棘柔软，第四鳍棘最长；第二背鳍略高，约等于眼后头长，后缘圆钝。臀鳍与第二背鳍相对，同形。腹鳍小，左、右腹鳍愈合成一杯状吸盘，后端不伸达肛门。头部和体侧艳黄色，无斑点和条纹。各鳍鲜黄色。

生态习性						
海水						
第一背鳍	第二背鳍	胸鳍	臀鳍	纵列鳞	横列鳞	背鳍前鳞
Ⅵ	I-10	16～17	I-9	0	0	0

生活习性 热带地区暖水性底层小型鱼类，通常生活在2～15m海域，栖息在枝状珊瑚丛间。肉食性，以小型无脊椎动物、浮游动物为食。

分布区域 分布于西太平洋地区。我国主要分布于台湾、海南以及南沙群岛地区。

保护等级 IUCN：无危（LC）。

参考文献 [29] [32] [49]

（9）五线叶虾虎鱼

拉丁名 *Gobiodon quinquestrigatus*（Valenciennes，1837）

分类地位 虾虎鱼目、虾虎鱼亚目、虾虎鱼科、叶虾虎鱼属

形态特征 体椭圆形，片状，甚侧扁，颇高；背缘和腹缘均匀圆凸；尾柄近方形。头大，颇侧扁，短而高，头的高度为头长的1.3倍，头的背缘略圆凸，腹缘弧形。吻短，前端圆形。眼小，侧位而高，距头部前缘较近。头部与体部完全裸露无鳞。头部背面及背鳍起点前方均具若干细小似疣状突起的感觉乳突。背鳍2个，基底以鳍膜相连。体灰棕色，头部橘红色。眼黄色。体侧无横纹，头侧和胸鳍基底具5条蓝色细长横纹，鳍基底各具1条淡色纵带纹。鳃盖上方近鳃孔处无黑色圆斑。各鳍黑色，尾鳍边缘浅灰色。

生态习性						
海水						
第一背鳍	第二背鳍	胸鳍	臀鳍	纵列鳞	横列鳞	背鳍前鳞
Ⅵ	I-10	18～19	I-9	0	0	0

生活习性 暖水性沿岸小型虾虎鱼类，栖息于枝状珊瑚的珊瑚丛中。常见，具观赏价值。

分布区域 分布于印度洋非洲东岸、太平洋中部、日本及西太平洋地区。我国主要分布于海南周边海域。

保护等级 IUCN：无危（LC）。

参考文献 [32] [49]

12.裸叶虾虎鱼属

短身裸叶虾虎鱼

黄康亮　供图

拉丁名　*Lubricogobius exiguus* Tanaka，1915

分类地位　虾虎鱼目、虾虎鱼亚目、虾虎鱼科、裸叶虾虎鱼属

形态特征　体长卵圆形，前部亚圆筒形，后部侧扁；背缘和腹缘均匀圆凸。体侧为橙色，中部鳍膜为白色。吻短，前端圆形，稍小于眼径。眼大，侧位而高，距头部前缘颇近。头部与体部完全裸露无鳞。背鳍2个，相互靠近，基底以鳍膜相连，中间具一深凹刻；第一背鳍几乎与第二背鳍等高，鳍棘柔软。左、右腹鳍愈合成一杯状吸盘。尾鳍后缘圆形，约等于吻后头长。液浸标本的头、体呈棕褐色，背部色深，腹部色浅。各鳍浅灰色。

生态习性						
海水						
第一背鳍	第二背鳍	胸鳍	臀鳍	纵列鳞	横列鳞	背鳍前鳞
Ⅵ	Ⅰ-9～10	20～21	Ⅰ-7	0	0	0

生活习性　暖水性沿岸小型虾虎鱼类，栖息于珊瑚丛中，较罕见。体长30～40mm。

分布区域　分布于印度洋-西太平洋地区。我国主要分布于海南及周边海域。

保护等级　IUCN：无危（LC）。

参考文献　[25] [32] [49]

13.副叶虾虎鱼属

黑鳍副叶虾虎鱼

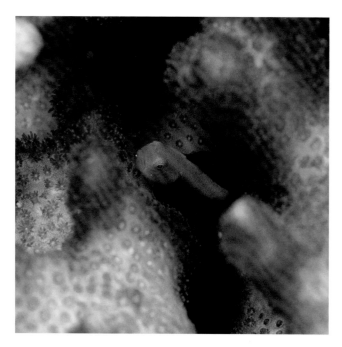

黄康亮 供图

拉丁名 *Paragobiodon lacunicolus*（Kendall & Goldsborough，1911）

别称及俗名 熊猫虾虎鱼

分类地位 虾虎鱼目、虾虎鱼亚目、虾虎鱼科、副叶虾虎鱼属

形态特征 体稍延长，前部亚圆筒形，后部侧扁；背缘弧形，腹缘稍平直；尾柄较短。头大，稍侧扁，短而高，长度和高度约相等，圆球形，头的背缘圆钝，弧形隆起，腹缘稍平直，头长稍小于体高。吻短，前端圆钝。眼中大，大于吻长，上侧位，距头部前缘颇近，眼上缘接近于头的背缘。头部裸露无鳞，吻部、颊部、鳃盖部和头的腹面均密布较短小的毛状乳突。体侧被较大栉鳞；项部、第一背鳍基底附近和胸部裸露无鳞。背鳍2个，相距颇近，基底以鳍膜相连，中间具一深凹刻；第一背鳍较低，鳍棘柔软，始于胸鳍基部上方，第三、第四鳍棘最长；第二背鳍鳍条较长，几乎等于眼后头长，后缘圆钝。头部呈红褐色，体侧乳白色，腹鳍深灰色，其余各鳍深黑色。

生态习性						
海水						
第一背鳍	第二背鳍	胸鳍	臀鳍	纵列鳞	横列鳞	背鳍前鳞
Ⅵ	I-9 ~ 10	21 ~ 23	I-8 ~ 9	21 ~ 22	10	0

生活习性 暖水性中小型底层鱼类，栖息在枝状珊瑚丛间。肉食性，以小型无脊椎动物、浮游动物为食。

分布区域 主要分布于我国南部沿海地区，多见于海南以及台湾地区。

保护等级 IUCN：无危（LC）。

参考文献 [25] [32] [49]

14.美虾虎鱼属

（1）冲绳美虾虎鱼

拉丁名　*Callogobius okinawae*（Snyder，1908）

别称及俗名　冲绳硬皮虾虎鱼

分类地位　虾虎鱼目、虾虎鱼亚目、虾虎鱼科、美虾虎鱼属

形态特征　体延长，前部圆筒形，后部侧扁，标准体长为体高的6.2倍，呈现细长状。头平扁，头宽大于头高。尾鳍圆形，头长为尾柄高的4.2倍，高度短于头长。胸鳍末端延伸超过臀鳍基部。上颌、颊部具有肉质皮瓣构造数个。腹鳍不愈合成吸盘状，但有小而可见的基膜相连。体侧呈棕褐色，具不规则的黑褐色斑块和3条黑褐色横带：第一条横带较窄，位于项部至胸鳍基部上方；第二条横带位于第一背鳍下方，并向腹部延伸；第三条横带位于第二背鳍中部，向腹部延伸。自吻部经眼睛至胸鳍基部上方具1条黑褐色纵带，其后部与第一条横带相连。眼下方至前鳃盖骨下角具1条斜行的黑褐色条纹。头侧具许多不规则黑褐色小斑块。两背鳍各具2～3条褐色斜行点纹；臀鳍、胸鳍、腹鳍色浅。胸鳍具有横纹，基底上部具1个黑褐色斑点；尾鳍上部具多条褐色横纹，上叶近边缘处具1个黑褐色大斑。

生态习性						
海水						
第一背鳍	第二背鳍	胸鳍	臀鳍	纵列鳞	横列鳞	背鳍前鳞
Ⅵ	I-10	16～17	I-8	36～38	15～17	3～4

生活习性　暖水性中小型底层鱼类，生活在热带沿岸岩礁或珊瑚礁区礁沙底质环境。杂食性，以藻类及底栖生物为食。

分布区域　主要分布于我国南部沿海地区，多见于海南以及台湾地区。

保护等级　未评估（NE）。

参考文献　[32] [36] [49] [51]

（2）种子岛美虾虎鱼

张大庆 供图

张大庆 供图

张大庆 供图

拉丁名 *Callogobius tanegasimae*（Snyder，1908）

别称及俗名 种子岛硬皮虾虎鱼

分类地位 虾虎鱼目、虾虎鱼亚目、虾虎鱼科、美虾虎鱼属

形态特征 体延长，前部圆筒形，后部侧扁，呈细长状。背缘与腹缘平直，头长为体长的1/4。眼居背侧位，眼间距窄，眼径大于眼间距。吻圆钝，吻长约等于眼径，约为眼间距的2倍，吻部具皮褶。口前位，斜裂，下颌较上颌前突，口裂延伸至眼睛前缘的下方。脸颊亦具有皮褶。背鳍2个，分离，第一背鳍基底较短；第二背鳍基底较长；胸鳍圆扇形；臀鳍与第二背鳍同形，基底长小于第二背鳍基底长；尾鳍长而尖，约为体长的1/3。体呈棕褐色，体侧隐约具3个黑褐色大横斑，向下仅伸达体的中部：第一个横斑在第一背鳍基部下方，第二、第三个横斑在第二背鳍基部的前、后下方。眼前缘至吻端具一条黑褐色纹。尾柄部有一条浅弧形黑带。各鳍深褐色，背鳍及臀鳍具黑色点纹多行。胸鳍近基部上方具一水平状的黑褐色斑块，其余部分具多行点纹。尾鳍具深色横纹多条。

生态习性						
咸淡水						
第一背鳍	第二背鳍	胸鳍	臀鳍	纵列鳞	横列鳞	背鳍前鳞
VI	I-14	17~18	I-12	65~70	18~19	0

生活习性 栖息于河口或河川下游咸淡水域，通常活动于半淡咸水区，鲜少进入纯淡水域，喜栖息于潟湖、沿海沟渠及红树林等区域，均为砂泥底质环境。游泳能力不佳，通常单独行动，或与鼓虾共生。为夜行性鱼类，通常白天躲藏于泥穴或藤壶中。以小型鱼类、甲壳类等为食。

分布区域 主要分布于西太平洋区海域，包括日本、菲律宾。我国见于南部沿海地区，多见于海南以及台湾地区。

保护等级 未评估（NE）。

参考文献 [32] [36] [49] [51]

15.丝虾虎鱼属

（1）棕斑丝虾虎鱼

拉丁名　*Cryptocentrus caeruleomaculatus*（Herre，1933）

别称及俗名　正猴鲨

分类地位　虾虎鱼目、虾虎鱼亚目、虾虎鱼科、丝虾虎鱼属

形态特征　体延长，后侧扁；尾柄稍高。第一背鳍与第二背鳍略等高，第二、第三鳍棘较长；尾鳍圆形，约与头长等长；两腹鳍愈合成一吸盘，末端延长到肛门位置。体呈暗灰色，头部、颊部及鳃盖骨散布暗红色斑。体侧中部具5个黑色横斑，第一个横斑刚好位于身体中心轴上；体侧另具不太明显的暗色横带及散具一些黑色小点。第一、第二背鳍均具点状纵纹；臀鳍鳍膜上具5条由前向后的斜纹；尾鳍散具小斑点。

生态习性						
海水						
第一背鳍	第二背鳍	胸鳍	臀鳍	纵列鳞	横列鳞	背鳍前鳞
Ⅵ	I-9～10	16～17	I-9～10	54～62	24	0

生活习性　暖水性近海小型鱼类，栖息于沿岸珊瑚礁区礁沙混合底质的水域。喜与鼓虾共生，杂食性，以藻类及底栖动物为食。

分布区域　分布于印度洋-太平洋区海域，由东非至马里亚纳，北至日本南部。我国分布于台湾东部及南部海域。

保护等级　IUCN：无危（LC）。

参考文献　[25] [49]

（2）小头丝虾虎鱼

拉丁名 *Cryptocentrus melanopus*（Bleeker，1860）

别称及俗名 粉点虾虎鱼

分类地位 虾虎鱼目、虾虎鱼亚目、虾虎鱼科、丝虾虎鱼属

形态特征 体延长，侧扁；尾柄稍高。头中大，侧扁，吻短，圆钝，背缘浅弧形。口斜裂，上、下颌基本齐平，口裂延伸至眼后缘下方。头布满圆形或长条形粉色斑纹，圆斑周围有蓝色小点围绕。体侧为黄色，有7条褐色斜纹，斜纹从头部到尾部逐渐变小。背鳍2个，第一背鳍无丝状突出；第一、第二背鳍鳍膜上有大量圆斑，圆斑外缘为蓝色，内部为红色。胸鳍圆扇形；腹鳍呈吸盘状；臀鳍与第二背鳍同形；尾鳍长圆形。

生活习性 暖水性近岸底层小型鱼类，栖息于内湾和咸淡水域。喜与鼓虾共生，以藻类及底栖无脊椎动物为食。无食用价值。

分布区域 分布于西太平洋地区。我国分布于海南地区。国外见于菲律宾、新加坡、印度尼西亚。

保护等级 未评估（NE）。

参考文献 [49] [98]

（3）孔雀丝虾虎鱼

孔雀丝虾虎鱼雄性

孔雀丝虾虎鱼雌性

拉丁名　*Cryptocentrus pavoninoides*（Bleeker，1849）

分类地位　虾虎鱼目、虾虎鱼亚目、虾虎鱼科、丝虾虎鱼属

形态特征　体延长，侧扁；尾柄稍高。头中大，侧扁，吻短，圆钝，小于眼径，背缘浅弧形。吻部不突出于上颌的前方。眼中大，上侧位，位于头的前部。体被小圆鳞，后部鳞较大。头部及胸鳍基无鳞。胸部被鳞。第一背鳍起点至眼后的项部前1/3处裸露，后2/3处被鳞。背鳍2个，分离；第一背鳍稍高，起点在胸鳍基稍后上方，前5个鳍棘延长，第四鳍棘最长，略短于头长；第二背鳍较低。体侧隐具10～11条暗褐色横带，头侧自眼后下方至鳃盖骨后缘，散具2～3行排列稀疏的小褐点。第一背鳍灰褐色，第一与第二鳍棘、第二与第三鳍棘之间的鳍膜上方各具1个长黑斑；第二背鳍灰色，隐具3纵行淡色点纹。臀鳍和尾鳍灰色，下缘为灰黑色。胸鳍灰色。腹鳍深黑色。本种雌雄体色差异较大，雌性体侧有数条橘色竖线，而雄性则遍布蓝点。

生态习性						
海水						
第一背鳍	第二背鳍	胸鳍	臀鳍	纵列鳞	横列鳞	背鳍前鳞
Ⅵ	I-11	18	I-10	90～94	28～30	20～22

生活习性　暖水性近岸底层小型鱼类，栖息于砾石及海藻丛中。喜与鼓虾共生，以藻类及底栖无脊椎动物为食。无食用价值。体长100～120mm。

分布区域　我国分布于香港、澳门、海南等地区。国外见于菲律宾、新加坡、印度尼西亚。

保护等级　未评估（NE）。

参考文献　[32] [49]

（4）中华丝虾虎鱼

拉丁名　*Cryptocentrus sericus* Herre，1932

分类地位　虾虎鱼目、虾虎鱼亚目、虾虎鱼科、丝虾虎鱼属

形态特征　体延长，侧扁；尾柄稍高。头中大，侧扁，吻短，圆钝，背缘浅弧形。口斜裂，上、下颌基本齐平，口裂延伸至眼后缘下方。头部为棕黄色，其上分布有蓝色斑点，项部有一马鞍状花纹。本种体色多变，体侧为灰黑色或黄色，有5条棕色明显或不明显的斑纹。背鳍2个，分离，第一背鳍为帆状，第一鳍棘最长，鳍膜为灰色或黄色，有明显或不明显的灰色斜纹，第二背鳍鳍膜为浅灰色或黄色。胸鳍透明。尾鳍为长圆形，基部有一月牙状灰色斑纹。

生态习性						
海水						
第一背鳍	第二背鳍	胸鳍	臀鳍	纵列鳞	横列鳞	背鳍前鳞
Ⅵ	I-9~11	16~17	I-9	64~78	21~27	18~24

生活习性　暖水性近海小型鱼类，栖息于沿岸珊瑚礁区礁沙混和底质的水域。喜与鼓虾共生，杂食性，以藻类及底栖动物为食。

分布区域　分布于西太平洋海域，国外见印度尼西亚、菲律宾、日本等。我国分布于广东、香港等地。

保护等级　未评估（NE）。

参考文献　[49] [98]

（5）谷津氏丝虾虎鱼

拉丁名　*Cryptocentrus yatsui* Tomiyama，1936

分类地位　虾虎鱼目、虾虎鱼亚目、虾虎鱼科、丝虾虎鱼属

形态特征　体延长，前部亚圆筒形，后部侧扁。背缘浅弧形，腹缘平直。头长为体长的1/3。眼睛上侧位，眼间距小于眼径。口斜裂，下颌较上颌突出，口裂延伸至眼睛后缘的下方。背鳍2个，第一背鳍的第二、第三鳍棘延长呈丝状；胸鳍圆扇形；腹鳍呈吸盘状；臀鳍与第二背鳍同形；尾鳍长圆形。头、体呈黄褐色或浅褐色，腹部灰白色。头部具不规则的褐色斑点或短纹；体背侧自鳃盖上部至尾柄上部具有许多具白色边缘的蓝黑色至深黑色小点及一列小斑块；体侧具2～3列不规则的褐色较大斑块。各鳍浅色，第二背鳍基部具2～3列褐色线状纹；尾鳍基部有一个蓝黑色斑。

生态习性						
咸淡水						
第一背鳍	第二背鳍	胸鳍	臀鳍	纵列鳞	横列鳞	背鳍前鳞
Ⅵ	I-10	15～16	I-9	76～78	24～26	0

生活习性　暖水性中小型底层鱼类，主要栖息于河口区、河川下游、潟湖、内湾、红树林等泥底质的地区。属于穴居鱼类，白天大多躲藏于洞穴，夜晚会出来觅食。此鱼大多在半淡咸水域，并无进入纯淡水域的记录。肉食性，以小型甲壳类、鱼类为食。

分布区域　主要分布于我国南部沿海地区，从上海到海南皆有记录。

保护等级　未评估（NE）。

参考文献　[32] [38] [44] [49]

16.鳍塘鳢属

（1）黑尾鳍塘鳢

拉丁名 *Ptereleotris evides*（Jordan & Hubbs，1925）

别称及俗名 喷射机

分类地位 虾虎鱼目、虾虎鱼亚目、虾虎鱼科、鳍塘鳢属

形态特征 体延长，侧扁；眼大，位于头前部背缘；吻短而吻端钝；口裂大而开于吻端上缘，上颌外列齿较大而下颌具大型齿块，后部具犬齿及小型齿；鳃盖下端于眼下方与喉部连合；两腹鳍完全分离，愈合膜呈痕迹状；尾鳍后缘凹；头部无鳞，体侧被小圆鳞；无侧线；体背侧黑褐色，腹侧臀鳍前青蓝色，尾部呈黑色。

生态习性						
海水						
第一背鳍	第二背鳍	胸鳍	臀鳍	纵列鳞	横列鳞	背鳍前鳞
Ⅵ	I-25 ~ 26	23	I-24 ~ 26	138 ~ 151	36 ~ 41	25 ~ 30

生活习性 穴居于礁石区或砾石堆中，常顶流栖息于洞穴上方1~2m的水层。肉食性，以浮游动物为食。

分布区域 广泛分布于印度洋-西太平洋地区。我国主要分布于澎湖列岛与台湾。

保护等级 IUCN：无危（LC）。

参考文献 [25] [32]

（2）斑马鳍塘鳢

拉丁名　*Ptereleotris zebra*（Fowler，1938）

别称及俗名　红斑马喷射机、红线喷射机、红纹喷射机、国产喷射机

分类地位　虾虎鱼目、虾虎鱼亚目、虾虎鱼科、鳍塘鳢属

形态特征　体延长，侧扁；吻短而吻端钝；口斜位，下颌较上颌长；上颌具齿3列而外列齿较大；下颌后部具犬齿；眼大；左、右鳃膜下端与喉部愈合；左、右腹鳍分离；尾柄高而尾鳍后缘呈截形；体被小型圆鳞，头部与后头部无鳞；体背呈黑褐色，体侧灰白色，胸鳍基部与眼下方各具一黑横带，鳃盖具数条黄色纵斜纹；背鳍、臀鳍及尾鳍各具灰色外缘。

生态习性						
海水						
第一背鳍	第二背鳍	胸鳍	臀鳍	纵列鳞	横列鳞	背鳍前鳞
Ⅵ	I-27	25	I-26	132	36	0

生活习性　暖水性中小型底层鱼类，主要生活在水深2～4m的海域，栖息在珊瑚礁区域。肉食性，以浮游动物为食。

分布区域　主要分布于印度洋–太平洋热带海域。我国见于台湾地区及南海海域。

保护等级　IUCN：无危（LC）。

参考文献　[25][32]

17.钝塘鳢属

（1）头带钝塘鳢

黄康亮 供图

拉丁名 *Amblyeleotris cephalotaenia* Ni，1989

同种异名 头带丝虾虎鱼*Cryptocentrus cephalotaenius*

分类地位 虾虎鱼目、虾虎鱼亚目、虾虎鱼科、钝塘鳢属

形态特征 体延长，颇侧扁；尾柄稍短。头中大，前部圆钝，稍平扁，项部稍隆起，头宽大于体宽，背缘弧形隆起。吻短，圆钝，眼中大，位于头部前背方。口中大，前位，斜裂。体前部被小圆鳞，后部被稍大栉鳞。头部、第一背鳍前方和胸鳍基部均无鳞，胸部和腹部被小圆鳞。背鳍2个，分离。体呈黄绿色，体侧有5条紫灰色横带，头的腹面沿鳃盖膜下缘有1条红色纵带。两个背鳍为黄绿色，上缘红色，第一背鳍具许多蓝点。腹鳍黑色。尾鳍黄绿色，具许多红蓝相间的细纵纹，上缘为红色。

生态习性						
海水						
第一背鳍	第二背鳍	胸鳍	臀鳍	纵列鳞	横列鳞	背鳍前鳞
Ⅵ	I-18 ~ 19	19 ~ 20	I-18 ~ 20	121 ~ 128	30 ~ 33	0

生活习性 暖水性沿海小型鱼类，栖息于近岸沙底质的水域。体长100 ~ 120mm。

分布区域 主要分布于海南。

保护等级 未评估（NE）。

参考文献 [25] [32] [49] [97]

（2）点纹钝塘鳢

拉丁名 *Amblyeleotris guttatus*（Fowler，1938）

分类地位 虾虎鱼目、虾虎鱼亚目、虾虎鱼科、钝塘鳢属

形态特征 体延长，侧扁，背缘、腹缘浅弧形隆起，均颇低；尾柄长且较高。头中大，前部圆钝，略平扁，后部高而侧扁，头宽小于或等于头高。口大，前上位，斜裂。下颌长于上颌，向前突出。上颌骨后端向后伸达眼中部下方。背鳍2个，相距较近，分离；第一背鳍起点在胸鳍基部后上方，第三、第四鳍棘最长。体呈浅黄色，体侧散布许多橘黄色圆斑。腹侧浅色，腹侧面在胸鳍基部前方及后方各有大型三角形黑色斑块，后方的斑块较大而明显。头部于口角处具橘红色斑，腹侧鳃盖膜具小型浅蓝色细点，峡部灰黑色。背鳍透明，第一背鳍后部约有10个橘黄色斑；第二背鳍具20～30个橘色斑。胸鳍无色，基部灰黑色。尾鳍约具10个橘黄色斑点。臀鳍近基部鳍膜具4个橘色斑，外侧具1列宽灰黑色纵纹。腹鳍灰黑色。

生态习性						
海水						
第一背鳍	第二背鳍	胸鳍	臀鳍	纵列鳞	横列鳞	背鳍前鳞
Ⅵ	I-12	19	I-12	70～75	22～24	13～15

生活习性 暖水性中小型底层鱼类，生活于沿岸或珊瑚礁砂砾底质上。会与鼓虾共生。

分布区域 主要分布于西太平洋地区。我国见于台湾地区及南海海域。

保护等级 IUCN：无危（LC）。

参考文献 [25] [32] [49] [97]

（3）日本钝塘鳢

拉丁名 *Amblyeleotris japonica* Takagi，1957

分类地位 虾虎鱼目、虾虎鱼亚目、虾虎鱼科、钝塘鳢属

形态特征 体延长，侧扁；背缘、腹缘浅弧形隆起；尾柄长且较高。头中大，前部圆钝，略平扁，后部高而侧扁，头宽小于或等于头高。吻短，稍平扁，前端圆钝。吻长小于眼径。眼大，上侧位，稍突出。口大，前位，斜裂。下颌较上颌前突。上颌骨后端向后伸达眼中部下方。背鳍2个，相距较近，分离；第一背鳍起点在胸鳍基部后上方，第四鳍棘最长，最后面的鳍棘最短。体呈乳黄色，体侧具5条斜行深褐色宽横带：第一条从项部延伸至鳃盖上，第二条在胸鳍基后方，第三、第四条自第二背鳍基底向前下方延伸，最后一条位于尾柄部。颊部及胸鳍基部具蓝紫色线纹或细点。口角处具1个褐斑。背鳍浅黄色，具许多灰蓝色斑点，第二背鳍下侧具1条橘色纵纹。胸鳍无色。尾鳍浅黄色，具"C"形褐色斑，并散有灰蓝色斑点。臀鳍灰色，近基部处有灰蓝色斑点，中部有1条黄色纵线。腹鳍浅蓝色。

生态习性						
海水						
第一背鳍	第二背鳍	胸鳍	臀鳍	纵列鳞	横列鳞	背鳍前鳞
Ⅵ	I-13 ~ 14	19 ~ 20	I-14	74 ~ 76	24 ~ 25	2

生活习性 暖水性中小型底层鱼类，生活于沿岸或珊瑚礁砂砾底质上。会与鼓虾共生。

分布区域 台湾地区周边海域。

保护等级 IUCN：数据缺乏（DD）。

参考文献 [25] [32] [49] [97]

（4）圆框钝塘鳢

拉丁名　*Amblyeleotris periophthalmus*（Bleeker，1853）

分类地位　虾虎鱼目、虾虎鱼亚目、虾虎鱼科、钝塘鳢属

形态特征　体延长，侧扁；背缘、腹缘浅弧形隆起；尾柄长且较高。头中大，前部圆钝，略平扁，后部高而侧扁，头宽小于或等于头高。吻短，稍平扁，前端圆钝。吻长小于眼径。眼大，上侧位，稍突。背鳍2个，相距较近，分离；第一背鳍起点在胸鳍基部后上方，第三鳍棘最长，略呈丝状，其余鳍棘依次减短，最后的鳍棘最短。体呈棕黄色，具5条深棕色宽横带，向下而略向前斜，体侧横带边缘模糊，不清晰，第一条自眼后项部延伸至鳃盖下方，第二条至第五条宽大，分别位于第一、二背鳍下方。头部及第一、二背鳍具许多浅蓝色亮斑。体侧具一些不规则小斑。鳃盖后上方及口角处各具1个小棕斑。胸鳍透明无色。尾鳍灰白色，下叶有3条棕纵纹。臀鳍灰褐色，具2条橘红色纵线纹，两条线纹间有一个深色长斑。腹鳍灰褐色。

生态习性						
海水						
第一背鳍	第二背鳍	胸鳍	臀鳍	纵列鳞	横列鳞	背鳍前鳞
Ⅵ	I-12	18～20	I-12	74～76	26～28	0

生活习性　暖水性中小型底层鱼类，生活于沿岸或珊瑚礁砂砾底质上。会与鼓虾共生。

分布区域　台湾地区周边海域。国外见于日本和印度尼西亚。

保护等级　IUCN：无危（LC）。

参考文献　[25] [32] [49] [97]

（5）伦氏钝塘鳢

拉丁名 *Amblyeleotris randalli* Hoese & Steene，1978

别称及俗名 大帆虾虎鱼

分类地位 虾虎鱼目、虾虎鱼亚目、虾虎鱼科、钝塘鳢属

形态特征 体延长，侧扁，背缘、腹缘浅弧形隆起；尾柄长而较高。头中大，前部圆钝，略平扁，后部高而侧扁，头宽小于或等于头高。吻短，稍平扁，前端圆钝。吻长小于眼径。眼大，上侧位，稍突出。背鳍2个，相距较近，分离，第一背鳍高，呈圆形。颈部、胸鳍前部无鳞。尾鳍长稍长于头长。腹鳍愈合膜处较低，不形成吸盘状。体呈白灰色，腹侧颜色较浅；身上具5条橘色窄横斑，其中一条在颈部至鳃盖上，另有一条贯彻眼睛的橘色斑纹，自眼睛背侧至前鳃盖下缘。第一背鳍淡褐色，基部具1个大型黑色眼斑，鳍膜散布淡蓝色不规则斑，鳍缘亦为淡蓝色；第二背鳍散布淡蓝色小斑点；尾鳍具橙色"C"形斑纹，但有时会不显著。

生态习性						
海水						
第一背鳍	第二背鳍	胸鳍	臀鳍	纵列鳞	横列鳞	背鳍前鳞
Ⅵ	I-12	18～20	I-12	58～65	17～21	11

生活习性 暖水性中小型底层鱼类，生活于热带沿岸珊瑚礁区或砂砾底质上。杂食性，以藻类及底栖动物为食。会与鼓虾共生。

分布区域 分布于印度洋-西太平洋地区。我国主要分布于台湾周边海域。

保护等级 未评估（NE）。

参考文献 [25] [49] [97]

（6）施氏钝塘鳢

拉丁名　*Amblyeleotris steinitzi*（Klausewitz，1974）

分类地位　虾虎鱼目、虾虎鱼亚目、虾虎鱼科、钝塘鳢属

形态特征　体延长，侧扁，背缘、腹缘浅弧形隆起；尾柄长且较高。头中大，前部圆钝，略平扁，后部高而侧扁。吻短，稍平扁，前端圆钝。吻长小于眼径。眼大，上侧位，稍突出。背鳍2个，相距较近，分离；第一背鳍起点在胸鳍基部后上方，第三鳍棘略长，其余鳍棘依次减短。体呈浅白色，体侧具5条深棕色窄横带，向下而略向前斜，体侧横带边缘清晰，第一条自项部延伸至鳃盖下方，第二条位于第一背鳍后基的下方，第三条和第四条分别位于第二背鳍前、后基部的下方，第五条位于尾柄部。颊部及鳃盖部第一横带处具若干个蓝色小点，第一和第二背鳍具许多暗色小斑。胸鳍透明无色。尾鳍灰白色。臀鳍浅色，下方1/3处具深色纵纹。腹鳍浅色。

生态习性						
海水						
第一背鳍	第二背鳍	胸鳍	臀鳍	纵列鳞	横列鳞	背鳍前鳞
Ⅵ	I-11～12	19	I-12	64	21	0

生活习性　暖水性小型底层鱼类，生活于沿岸或珊瑚礁砂砾底质上。与枪虾共生。体长40～60mm。

分布区域　台湾地区周边海域。国外见于日本、澳大利亚等。

保护等级　IUCN：无危（LC）。

参考文献　[25] [32] [49] [97]

（7）红纹钝塘鳢

拉丁名 *Amblyeleotris wheeleri*（Polunin & Lubbock，1977）

分类地位 虾虎鱼目、虾虎鱼亚目、虾虎鱼科、钝塘鳢属

形态特征 体延长，侧扁，背缘、腹缘浅弧形隆起；尾柄长而较高。头中大，前部圆钝，略平扁，后部高而侧扁，头宽小于或等于头高。吻短，稍平扁，前端圆钝。吻长小于眼径。眼大，上侧位，稍突出。背鳍2个，相距较近，分离；第一背鳍起点在胸鳍基部后上方，第三鳍棘最长，其余鳍棘依次减短。体呈淡黄色，体具6～7条红色横带，向下而略向前斜，第一条自眼后项部延伸至口裂后端，第二条至第六条（或第五条）宽大，其宽度大于间隔，最后一条位于尾鳍基部。体前部及头部、胸鳍基部具许多浅蓝色亮斑。口角处具1个红斑。背鳍灰白色，具10余个红色斑点。胸鳍透明无色。尾鳍灰白，鳍膜具放射状橘红色纹，下半叶有1条较粗红色纵纹。臀鳍灰褐色，具2条橘红色线纹。腹鳍灰褐色。

生态习性						
海水						
第一背鳍	第二背鳍	胸鳍	臀鳍	纵列鳞	横列鳞	背鳍前鳞
VI	I-12	18～19	I-12	65～70	19～21	20～21

生活习性 暖水性小型底层鱼类，生活于沿岸或珊瑚礁砂砾底质上。与枪虾共生。体长40～50mm。

分布区域 台湾地区周边海域。国外见于日本、澳大利亚等。

保护等级 IUCN：无危（LC）。

参考文献 [25] [32] [49] [97]

（8）亚诺钝塘鳢

拉丁名　*Amblyeleotris yanoi* Aonuma & Yoshino，1996

分类地位　虾虎鱼目、虾虎鱼亚目、虾虎鱼科、钝塘鳢属

形态特征　体延长，侧扁，背缘、腹缘浅弧形隆起；尾柄长而较高。头中大，前部圆钝，略平扁，后部高而侧扁，头宽小于或等于头高。吻短，稍平扁，前端圆钝。吻长小于眼径。眼大，上侧位，稍突出。背鳍2个，相距较近，分离；第一背鳍起点在胸鳍基部后上方，第三鳍棘最长，其余鳍棘依次减短。腹鳍愈合膜处较低。颈部无鳞。体呈淡黄色，体侧具有5条橙褐色横带：第一条由项背部向下倾斜至鳃盖下方，第二条由第一背鳍基部延伸至腹部下方，第三条、第四条位于第二背鳍基下方，最后一条位于尾鳍基处。胸鳍和腹鳍透明；背鳍和臀鳍黄色，具浅色小斑及线纹；尾鳍黄色，中间及上缘具橘色条纹。

生态习性						
海水						
第一背鳍	第二背鳍	胸鳍	臀鳍	纵列鳞	横列鳞	背鳍前鳞
Ⅵ	I-13～14	18	I-14	97～103	29～31	0

生活习性　暖水性中小型底层鱼类，生活于沿岸或珊瑚礁砂砾底质上。会与鼓虾共生。

分布区域　主要分布于日本和印度尼西亚。我国见于台湾地区及南海海域。

保护等级　未评估（NE）。

参考文献　[25] [32] [49] [97]

18.犁突虾虎鱼属

（1）橘点犁突虾虎鱼

拉丁名 *Myersina crocata*（Wongratana，1975）

分类地位 虾虎鱼目、虾虎鱼亚目、虾虎鱼科、犁突虾虎鱼属

形态特征 体细长，头、体均侧扁；眼大而位于头部背缘，稍高于头背缘；吻短而吻端钝；口裂大而开于吻端，呈稍斜位，两颌均同长，上颌末端达眼中央下方，颊部及鳃盖处覆盖有橘色点纹。体侧为白色，其上有5~6条橘色细线纹。背鳍2个，基部略相连，第一背鳍高，鳍膜上有淡红色和浅蓝色交替形成的纹路，第二背鳍鳍膜为红色，靠近基部处有几行蓝色纹路；腹鳍愈合成为吸盘，其上密布橘色点纹，尾鳍长圆形略显白色。

生态习性						
海水						
第一背鳍	第二背鳍	胸鳍	臀鳍	纵列鳞	横列鳞	背鳍前鳞
Ⅵ	I-10	16~18	I-9~10	65~78	26~32	0

生活习性 栖息于沿岸礁沙底质的水域。与鼓虾共生，杂食性，以藻类及底栖动物为食。为本次新记录物种。

分布区域 广泛分布于西太平洋亚热带海域。我国目前发现于广东沿海地区。

保护等级 未评估（NE）。

参考文献 [25] [49] [93] [178]

（2）长丝犁突虾虎鱼

拉丁名　*Myersina filifer*（Valenciennes，1837）

同种异名　长丝虾虎鱼*Cryptocentrus filifer*

分类地位　虾虎鱼目、虾虎鱼亚目、虾虎鱼科、犁突虾虎鱼属

形态特征　体延长，头、体均侧扁；眼小而位于头部背缘，稍高于头背缘，眼间隔狭窄；吻短而吻端钝；口裂大而开于吻端，呈稍斜位，两颌均同长，上颌末端达眼后缘下方，两颌具数列尖锐齿，外列齿特大；左、右鳃膜于窄峡部愈合；第一背鳍棘延长呈丝状；左、右腹鳍形成吸盘；体被小型圆鳞；背鳍前方无鳞；体呈淡橄榄色，头部散布青色小点；第一背鳍具黑斑，第二背鳍与尾鳍具淡红色横带。

生态习性						
海水						
第一背鳍	第二背鳍	胸鳍	臀鳍	纵列鳞	横列鳞	背鳍前鳞
Ⅵ	I-10～11	18～19	I-9	100～110	30～35	0

生活习性　栖息在沿海礁砂混合区或礁岩区外围沙泥地上。肉食性，以小型无脊椎生物为食。

分布区域　广泛分布于印度洋-西太平洋地区。我国主要分布于南部沿海地区以及台湾。

保护等级　IUCN：无危（LC）。

参考文献　[25] [32] [49] [93]

（3）大口犁突虾虎鱼

拉丁名 *Myersina macrostoma* Herre，1934

分类地位 虾虎鱼目、虾虎鱼亚目、虾虎鱼科、犁突虾虎鱼属

形态特征 体细长，头、体均侧扁；眼大而位于头部背缘，稍高于头背缘；吻短而吻端钝；口裂大而开于吻端，呈稍斜位，两颌均同长，上颌末端达眼中央下方；第一背鳍鳍棘延长；体呈褐色，腹部为白色；体背具一条淡黄色纵线，自头部后缘延伸至尾柄上方；第二背鳍有橙色斑；臀鳍为黄色，鳍缘为褐色；腹鳍为褐色；尾鳍为黄色略带有粉红色带。

生态习性						
海水						
第一背鳍	第二背鳍	胸鳍	臀鳍	纵列鳞	横列鳞	背鳍前鳞
Ⅵ	I-10	15～16	I-9～10	51～55	20～23	0

生活习性 栖息于沿岸珊瑚礁区礁沙混合底质的水域，生活在水深2～10m。与鼓虾共生，杂食性，以藻类及底栖动物为食。

分布区域 广泛分布于西太平洋亚热带海域。我国目前发现于澎湖周围海域。

保护等级 未评估（NE）。

参考文献 [25] [49] [93]

19.钝虾虎鱼属

（1）短唇钝虾虎鱼

拉丁名 *Amblygobius nocturnus*（Herre，1945）

别称及俗名 短吻钝鲨

分类地位 虾虎鱼目、虾虎鱼亚目、虾虎鱼科、钝虾虎鱼属

形态特征 体延长，自第一背鳍起，向后部甚侧扁；背缘浅弧形，腹缘稍平直；尾柄近于方形，头圆钝，长而高，稍呈亚圆筒形，背部稍隆起。口中大，前位，斜裂，上、下颌约等长。背鳍2个，分离；第一背鳍高，基部短，其起点位于胸鳍基部后上方，鳍棘柔软，各鳍棘约等长，沿第二背鳍和基部具6个小红斑。第二背鳍和臀鳍近基部处各具浅红色宽纵纹。胸鳍和腹鳍无色。头、体呈浅灰色。体侧有2条浅红色的宽纵带：第一条纵带由吻端穿过眼的中部，沿体侧背部直达尾鳍上叶；第二条纵带由口角处开始，经颊部、鳃盖、胸鳍基部，沿体侧中部伸达尾鳍中部。

生态习性						
海水						
第一背鳍	第二背鳍	胸鳍	臀鳍	纵列鳞	横列鳞	背鳍前鳞
Ⅵ	I-13 ~ 15	19 ~ 20	I-13 ~ 15	63 ~ 66	22	0

生活习性 暖水性近岸底栖小型鱼类。生活于浅海泥沙、碎石、珊瑚、岩礁区，偶见于海藻丛生的海域。幼鱼喜集群，成鱼常雌雄成对生活。掘洞隐于石砾缝隙之内。利用鳃部滤食底栖小型无脊椎动物、有机质和藻类。数量少，无经济价值。体长30 ~ 40mm。

分布区域 我国分布于南部沿海及台湾地区。国外见于日本、澳大利亚及西中太平洋海域。

保护等级 IUCN：无危（LC）。

参考文献 [25] [32] [49]

（2）尾斑钝虾虎鱼

拉丁名　*Amblygobius phalaena*（Valenciennes，1837）

别称及俗名　尾斑钝鲨、林哥虾虎鱼

分类地位　虾虎鱼目、虾虎鱼亚目、虾虎鱼科、钝虾虎鱼属

形态特征　体长圆而侧扁；吻圆钝。第一背鳍上缘尖突，具硬棘。头、身体呈绿褐色；体侧有5条宽的暗色横带。头部背面及项部有3~4个纵形暗红色环状斑。鳃孔上方有1个暗黑色斑块。眼下的头侧有3条纵行蓝斑及线纹，常延伸至胸鳍基底部。第二背鳍基底为1条淡褐色纵带，其上方为1条黑褐色纵带，再向上另有一条缀有小白点的淡褐色纵带，边缘为红色。臀鳍淡褐色，近基底处有1条暗色纵带，边缘微红褐色。胸鳍土黄色。腹鳍灰色，有暗色边缘。尾鳍淡红色，边缘灰黑色，近基底处上部有1个大黑斑。

生态习性						
海水						
第一背鳍	第二背鳍	胸鳍	臀鳍	纵列鳞	横列鳞	背鳍前鳞
Ⅵ	I-14	19~20	I-14	55~56	19~21	27~28

生活习性　暖水性近岸底栖小型鱼类。生活于浅海泥沙、碎石、珊瑚、岩礁区，偶见于海藻丛生的海域。幼鱼喜集群，成鱼雌雄成对生活。掘洞隐于石砾缝隙内。利用鳃部滤食底栖小型无脊椎动物、有机质和藻类等为生。

分布区域　分布于印度洋-西太平洋地区。我国主要分布于台湾和西沙群岛。

保护等级　未评估（NE）。

参考文献　[25] [32] [49]

20.磨塘鳢属

（1）尾斑磨塘鳢

拉丁名　*Trimma caudomaculatum* Yoshino & Araga，1975

分类地位　虾虎鱼目、虾虎鱼亚目、虾虎鱼科、磨塘鳢属

形态特征　体延长，粗壮，前部稍平扁，后部侧扁；背缘、腹缘浅弧形隆起；尾柄较长。头宽大，侧扁，前部低平，后部隆起，头宽大于头高。眼大而眼间隔宽，中央隆起，其两侧具沟；吻短而吻端钝；口裂小而呈斜位；两颌约等长；第一、第二背鳍鳍条延长呈丝状；第二背鳍与臀鳍相对，两鳍后缘均延长；腹鳍基部分离；尾鳍后缘约呈截形；背鳍起点前、颊部及鳃盖均被鳞；体呈红黄色，体侧具淡蓝色纵带。

生态习性						
海水						
第一背鳍	第二背鳍	胸鳍	臀鳍	纵列鳞	横列鳞	背鳍前鳞
Ⅵ	I-8	12～14	I-8～9	23	8～9	9～11

生活习性　暖水性小型底层鱼类，主要生活在热带海域，栖息在小礁洞或石缝中；肉食性，以底栖无脊椎动物及浮游动物为食。

分布区域　分布于西太平洋热带海域。我国见于台湾南部海域。

保护等级　未评估（NE）。

参考文献　[25] [49] [179]

（2）丝背磨塘鳢

拉丁名　*Trimma naudei* Smith，1957

分类地位　虾虎鱼目、虾虎鱼亚目、虾虎鱼科、磨塘鳢属

形态特征　体延长，粗壮，前部稍平扁，后部侧扁；背缘、腹缘浅弧形隆起；尾柄较长。头宽大，侧扁，前部低平，后部隆起，头宽大于头高。眼颇大，上侧位，上缘突出于头背的前半部。口大，前上位，颇斜裂。下颌突出，长于上颌。背鳍2个，分离，相距稍远；第一背鳍起点在胸鳍基底后上方，第一鳍棘短弱，第二鳍棘最长，呈丝状延长。体呈暗灰色，密布许多大型红斑块，体侧中央的斑块在尾柄成1条红色纵线，背侧及腹侧各具5～6个斑块。头部深灰色，从眼后下方至颊部具3个红色圆斑。各鳍灰白而透明，第一背鳍基底具1列红色细点，第二背鳍及尾鳍具3～5列红色点纹；臀鳍近基部处具1列红色细点；胸鳍基部具1条垂直黑色线纹。

生态习性						
海水						
第一背鳍	第二背鳍	胸鳍	臀鳍	纵列鳞	横列鳞	背鳍前鳞
VI	I-8	19～20	I-8	26～27	8	6～8

生活习性　暖水性底层小型鱼类，生活于岩礁或珊瑚礁的缝隙或洞穴中。以底栖生物及浮游动物为食。可供观赏。体长20～25mm，大者可达30mm。

分布区域　分布于西太平洋热带海域。我国见于台湾南部海域。

保护等级　IUCN：无危（LC）。

参考文献　[25] [32] [49] [179]

21.库曼虾虎鱼属

（1）雷氏库曼虾虎鱼

拉丁名 *Koumansetta rainfordi* Whitley，1940

同种异名 雷氏钝虾虎鱼*Amblygobius rainfordi*

别称及俗名 红线香蕉虾虎鱼

分类地位 虾虎鱼目、虾虎鱼亚目、虾虎鱼科、库曼虾虎鱼属

形态特征 体延长，前部亚圆筒形，后部稍侧扁；背缘浅弧形，腹缘稍平直；尾柄近方形，其长度与高度几乎相等。头中大而高，稍侧扁，背部稍隆起。吻圆突，稍长，背缘隆起，吻长稍大于眼径，吻的前端突出于上唇的前方，形成皮褶，包住上唇。眼大，背侧位，眼上缘突出于头部背缘。背鳍2个，分离；第一背鳍高，基部短，起点位于胸鳍基部后上方，鳍棘柔软，第一、第二鳍棘最长，延长呈丝状。体呈灰褐、灰绿色，头部上半部为淡黄绿色而下半部为橄榄色；头部具1条橙色纵带自吻端延伸至眼睛周围，其余在体侧分布6条橙色纵带，第2～4条自吻端延伸至尾鳍基部；体背具5～7个大小不一的白色斑点；尾鳍基部上方有一约眼睛大小的黑斑点，斑点下缘为白色；背鳍基部有黑边缘的橘色带，第二背鳍鳍缘为白色，中间有一黄色边缘的黑斑；尾鳍鳍条基部为白色。

生态习性						
海水						
第一背鳍	第二背鳍	胸鳍	臀鳍	纵列鳞	横列鳞	背鳍前鳞
Ⅵ	I-15～17	16～18	I-15～17	55～61	17～19	24～26

生活习性 暖水性底层小型鱼类，主要栖息在珊瑚礁区或礁沙区域；杂食性，以藻类及小型底栖无脊椎生物为食，格外偏好藻类，喜食绿丝藻、绿绒藻等绿藻。

分布区域 分布于西太平洋热带海域。我国见于台湾南部海域以及西沙群岛。

保护等级 IUCN：无危（LC）。

参考文献 [25] [122]

（2）赫氏库曼虾虎鱼

拉丁名 *Koumansetta hectori*（Smith，1957）

同种异名 赫氏钝虾虎鱼*Amblygobius hectori*

别称及俗名 黄线香蕉虾虎鱼

分类地位 虾虎鱼目、虾虎鱼亚目、虾虎鱼科、库曼虾虎鱼属

形态特征 体延长，前部亚圆筒形，后部稍侧扁；背缘浅弧形，腹缘稍平直；尾柄近方形，其长度与高度几乎相等。头中大而高，稍侧扁，背部稍隆起。吻圆突，稍长，背缘隆起，吻长稍大于眼径，吻的前端突出于上唇的前方，形成皮褶，包住上唇。眼大，背侧位，眼上缘突出于头部背缘。背鳍2个，分离；第一背鳍高，基部短，起点位于胸鳍基部后上方，鳍棘柔软，第一及第二鳍棘最长，延长呈丝状。头、体呈棕黑色。头侧及体侧有3条浅色细纵带：第一条自头端向后经眼的上缘，沿体背缘至第二背鳍基底；第二条自吻端经眼的下缘、胸鳍上方，沿体背侧伸达尾鳍基的上中部；第三条自口角，经鳃盖、胸鳍基的中部，沿体侧伸达尾鳍基的中下部。第一背鳍的第一和第二鳍棘间的鳍膜上具一小黑斑，背鳍基部色深。第二背鳍灰棕色，边缘浅黄色，基底下方有一个具白边的长黑斑。臀鳍基部色深，边缘色浅。胸鳍、腹鳍及尾鳍无色，腹鳍尖端为一黑点。

生态习性						
海水						
第一背鳍	第二背鳍	胸鳍	臀鳍	纵列鳞	横列鳞	背鳍前鳞
Ⅵ	I-15～17	16～17	I-15～16	49～54	17～18	16～22

生活习性　暖水性近岸底栖小型鱼类，喜栖息于岩礁区海域。生活于沿岸泥沙或珊瑚礁底质的浅海区，有时偶见于海藻丛生的海域。穴居，利用鳃部滤食底栖小型无脊椎动物、有机质和藻类，格外偏好藻类，喜食绿丝藻、绿绒藻等绿藻。体长80～90mm。

分布区域　分布于西太平洋热带海域。我国见于台湾地区。

保护等级　IUCN：无危（LC）。

参考文献　[25] [32] [49] [122]

22.髯虾虎鱼属

（1）砂髯虾虎鱼

拉丁名 *Gobiopsis arenaria*（Snyder，1908）

分类地位 虾虎鱼目、虾虎鱼亚目、虾虎鱼科、髯虾虎鱼属

形态特征 体延长，前部略平扁，后部侧扁；背缘、腹缘稍平直；尾柄较长。头宽大，略平扁。吻圆钝，在眼前方稍隆起，吻部有许多丝状须或小皮瓣。眼较大，但小于吻长，上侧位，位于头的前半部，眼上缘突出于头背侧缘。口颇宽大，近上位，斜裂。下颌稍长，突出，下颌腹面颏部有数根细长的扁须，排列成半弧形。背鳍2个，分离；鳍膜透明。体侧呈乳白色，头背部褐色。体侧具4条褐色横带，体侧中央具1条弯曲的褐色纵带，上缘与横带相连，下缘具4~5个向下突出的斑块，纵带在尾鳍基成垂直的横带。背鳍具不规则的点纹。胸鳍自基部上部至鳍条中部下方具一斜行的褐色大斑块。

生态习性						
海水						
第一背鳍	第二背鳍	胸鳍	臀鳍	纵列鳞	横列鳞	背鳍前鳞
Ⅵ	I-10	17~18	I-8~9	35~36	14~15	9~10

生活习性 暖水性的小型底层鱼类，栖息于石底质及珊瑚礁丛的海域。体长30~40mm。

分布区域 海南、香港、台湾等南部沿海地区。

保护等级 未评估（NE）。

参考文献 [32] [49]

（2）大口鳐虾虎鱼

拉丁名　*Gobiopsis macrostomus* Steindachner，1861

分类地位　虾虎鱼目、虾虎鱼亚目、虾虎鱼科、鳐虾虎鱼属

形态特征　体延长，前部略平扁，后部侧扁；背缘、腹缘浅弧形隆起；尾柄较长。头宽大，吻圆钝，在眼前方稍隆起，吻部有许多丝状须或小皮瓣。眼较小，小于吻长，上侧位，位于头的前半部，眼上缘突出于头背侧缘。眼间隔宽平，几乎等于吻长。鼻孔前后部有许多丝状须或小皮瓣。口颊宽大，近上位，斜裂。下颌突出，下颌腹面须部有1对三角形的扁须；其后方颊部有9根细长的扁须，排列成半弧形。体前部被圆鳞，后部被较大栉鳞；项部、胸鳍基部被小圆鳞；头部除项部外，其余裸露无鳞。无侧线。背鳍2个，分离，臀鳍与第二背鳍同形。体侧呈灰棕色，头黄棕色。头部密布不规则的小黑点；体侧隐具数个不规则的灰黑色大斑块，体背侧也具大斑块。第一背鳍具2条斜行黑带，第二背鳍具5～6条纵行条纹，边缘浅色。

生态习性						
咸淡水						
第一背鳍	第二背鳍	胸鳍	臀鳍	纵列鳞	横列鳞	背鳍前鳞
VI	I-10～11	21～22	I-8～9	35～38	14～15	17～19

生活习性　暖水性的小型底层鱼类，栖息于泥沙底质河口的咸、淡水及淡水水域中。体长60～80mm。

分布区域　广东珠江水系及遂溪河水系、海南地区等。国外见于印度西部至泰国北部。

保护等级　IUCN：无危（LC）。

参考文献　[26] [32]

23.其他虾虎鱼

（1）半斑星塘鳢

拉丁名 *Asterropteryx semipunctata* Rüppell，1830

别称及俗名 星塘鳢

分类地位 虾虎鱼目、虾虎鱼亚目、虾虎鱼科、星塘鳢属

形态特征 体延长，前部圆筒形，后部侧扁。背缘弧形，腹缘呈浅弧形。头长为体长的1/3。眼居上侧位，眼间距小于眼径，眼眶四周具有黑色斑纹。吻短，吻长较眼径小。口斜裂，前上位，上颌、下颌约等长，口裂延伸至眼前缘的下方。前鳃盖后缘中部有一处具3~5个大小相等且指向后方的锯齿状小棘。第一背鳍的第三鳍棘延长呈丝状；腹鳍分叉；臀鳍与第二背鳍同形；尾鳍呈圆截形。头、身体呈棕褐色，背侧深色，腹部浅色，体侧有不规则的暗褐色斑点及横带。体侧鳞片常具有亮蓝色小点。背鳍基底有1个纵列略大的暗褐色斑点；各鳍浅褐色，有多行暗色点纹；胸鳍基部上端常有1个亮蓝色斑点。

生态习性						
海水						
第一背鳍	第二背鳍	胸鳍	臀鳍	纵列鳞	横列鳞	背鳍前鳞
Ⅵ	I-10	16	I-9	24~25	9	6~7

生活习性 近岸的小型底栖性鱼类，通常活动于港湾、砂泥底质的岩礁区等，有时亦会出现于河口、潟湖等区域，可耐受半淡咸水的环境。受惊吓时会躲入自己筑的沙礁混合小岩穴中。通常以有机碎屑、小型无脊椎动物及浮游生物为食。

分布区域 分布于印度洋-太平洋海域：由红海到夏威夷群岛、列岛群岛与土木土群岛，北至日本，南至罗得豪岛与拉帕等。我国主要分布于南部沿海地区，多见于海南以及台湾地区。

保护等级 IUCN：无危（LC）。

参考文献 [25] [32] [44] [49]

（2）浅色项冠虾虎鱼

拉丁名　*Cristatogobius nonatoae*（Ablan，1940）

分类地位　虾虎鱼目、虾虎鱼亚目、虾虎鱼科、项冠虾虎鱼属

形态特征　体延长，前部亚圆筒形，后部侧扁；背部弧形隆起；尾柄颇高，尾柄长与尾柄高约相等。项部自眼后正中至第一背鳍起点，具一高而长的皮质冠状突起，冠突前端稍高，其高约为眼径的一半。背鳍2个，分离；第一背鳍较高，起点在胸鳍基稍后上方，前五鳍棘延长呈丝状，第四鳍棘最长。项冠暗灰色。第一背鳍暗褐色，在第五、第六鳍棘近基部鳍膜上各具1个不规则的黑褐斑。第二背鳍、胸鳍和尾鳍灰褐色。臀鳍和腹鳍暗灰色。

生态习性						
咸淡水						
第一背鳍	第二背鳍	胸鳍	臀鳍	纵列鳞	横列鳞	背鳍前鳞
Ⅵ	I-10	16	I-9 ~ 10	30 ~ 31	12 ~ 13	8 ~ 10

生活习性　为暖水性近岸底层小型鱼类，栖息于河口区及红树林区的半咸、淡水水域或近岸溪流浅水区。不好游动，大都停栖在泥质底部或枯叶、石块中。肉食性。体长70 ~ 80mm。

分布区域　海南、台湾海峡沿岸溪流与河口。国外见于日本、泰国、菲律宾。

保护等级　未评估（NE）。

参考文献　[32] [65]

（3）拟丝虾虎鱼

拉丁名 *Cryptocentroides insignis*（Seale，1910）

分类地位 虾虎鱼目、虾虎鱼亚目、虾虎鱼科、拟丝虾虎鱼属

形态特征 体延长，前部亚圆筒形，后部颇侧扁；尾柄稍短。头中大，稍侧扁。吻短钝，吻长小于眼径。眼中大，上侧位，位于头前部背方。口小，前位，斜裂。下颌稍突出，略长于上颌。胸鳍上方至鳃盖后缘具少许小鳞。头部、项部、颊部、鳃盖部、胸鳍基和胸部均无鳞。体背自眼后至第一背鳍前方具一皮嵴突起。无侧线。体侧有8~9条黄绿色的由上斜向后下方的前倾斜纹。头侧和体侧密布许多不规则小点，上半部分为黑点，下半部分为蓝点。项部具2条暗褐色短横带。第一背鳍、胸鳍和腹鳍灰色。雌鱼：第二背鳍边缘灰白色，各鳍膜上具多个小白点，形成6~7条黑褐色斜纹；尾鳍约具5条黑褐色横纹；臀鳍边缘灰褐色，近基部处具1行6个黑褐色斑点。雄鱼：第二背鳍和尾鳍均无黑褐色点纹；臀鳍边缘灰黑色。

生态习性						
海水						
第一背鳍	第二背鳍	胸鳍	臀鳍	纵列鳞	横列鳞	背鳍前鳞
Ⅵ	I-12	16	I-12	62~70	21~23	0

生活习性 暖水性近海小型鱼类，栖息于有珊瑚礁的水域。不常见。体长50~60mm。

分布区域 南海海域。国外分布于日本、菲律宾、所罗门群岛、印度尼西亚。

保护等级 未评估（NE）。

参考文献 [25] [32] [49]

（4）长棘栉眼虾虎鱼

拉丁名 *Ctenogobiops tangaroai* Lubbock & Polunin，1977

分类地位 虾虎鱼目、虾虎鱼亚目、虾虎鱼科、栉眼虾虎鱼属

形态特征 体延长，侧扁；背缘浅弧形，腹缘稍平直；尾柄较高，其长几乎等于体高。头中大，侧扁，前部圆钝，背部稍隆起。吻短，侧扁，圆钝，吻长等于眼径。眼大，背侧位。背鳍2个，分离；第一背鳍高，基部短，起点位于胸鳍基部后上方，鳍棘柔软，第一、第二鳍棘最长，呈丝状延长。体呈白色，背部色较深，体侧散具若干个不规则小暗斑，头部具一些橘色小斑点，颊部下方有2个较大斑块。

生态习性						
海水						
第一背鳍	第二背鳍	胸鳍	臀鳍	纵列鳞	横列鳞	背鳍前鳞
Ⅵ	I-10～11	18～20	I-10～11	47～52	19	0

生活习性 暖水性沿海底层小型鱼类，生活于热带珊瑚礁海域的砂底，与鼓虾营共生生活。体长40～50mm。

分布区域 广泛分布于日本、关岛、萨摩亚等西南太平洋各岛屿。我国见于台湾西部和南部沿海。

保护等级 IUCN：无危（LC）。

参考文献 [25] [32] [49]

（5）格氏异翼虾虎鱼

拉丁名　*Discordipinna griessingeri* Hoese & Fourmanoir，1978

别称及俗名　火焰虾虎鱼

分类地位　虾虎鱼目、虾虎鱼亚目、虾虎鱼科、异翼虾虎鱼属

形态特征　体延长，侧扁。头部为白色，带有红褐色斑点。体侧为白色，有3条橙色窄条纹。背鳍2个，第一背鳍有大大延长的前两个鳍棘，第二背鳍鳍膜为橘色，靠近基部有一白色斜线纹路，上有数个不规则深色圆形斑纹。尾鳍为橙色，在第二背鳍和尾鳍鳍膜上各有3个大的棕色斑点。胸鳍外缘为橙色，中部鳍膜为白色。胸鳍鳍条游离。腹鳍形成盘状，到达臀鳍的起点。尾鳍扇形。

生态习性						
海水						
第一背鳍	第二背鳍	胸鳍	臀鳍	纵列鳞	横列鳞	背鳍前鳞
V	I-8	17～20	I-8	22～25	6～7	0

生活习性　暖水性中小型底层鱼类，生活于热带沿岸珊瑚礁区或砂砾底上。杂食性，以藻类及底栖动物为食。

分布区域　分布于印度洋-西太平洋地区。我国主要分布于台湾周边海域。

保护等级　IUCN：无危（LC）。

参考文献　[25] [49] [81]

（6）布氏道津虾虎鱼

刘舒捷　供图

拉丁名　*Dotsugobius bleekeri*（Popta，1921）

同种异名　布氏冠虾虎鱼*Lophogobius bleekeri*

分类地位　虾虎鱼目、虾虎鱼亚目、虾虎鱼科、道津虾虎鱼属

形态特征　体延长，侧扁；背部弧形隆起。眼侧上位，头中大，口端位，头部有密集的浅灰色云斑。头部及背鳍前方无鳞。体侧为深黑色，有6~7条灰白色不规则横带。背鳍2个，第一背鳍第二鳍棘最高，突出呈丝状，鳍膜为黑色，第二背鳍外缘有浅灰色透明带，其下鳍膜为黑色。尾鳍圆形，略有黑色。本种原本在冠虾虎鱼属（*Lophogobius*），后因无头部的皮质突起以及感觉孔排布存在差异而单独分出。

刘舒捷　供图

生态习性						
咸淡水						
第一背鳍	第二背鳍	胸鳍	臀鳍	纵列鳞	横列鳞	背鳍前鳞
VI	I-8~9	16~18	I-5~7	25~29	11~13	0

生活习性　暖水性近岸底层小型鱼类，栖息于潮间带等淡咸水环境。

分布区域　我国分布于中部和南部各河口以及台湾地区。国外见于印度洋至太平洋各岛屿，朝鲜、日本也有分布。

保护等级　未评估（NE）。

参考文献　[49]　[165]

（7）三角捷虾虎鱼

拉丁名 *Drombus triangularis*（Weber，1909）

分类地位 虾虎鱼目、虾虎鱼亚目、虾虎鱼科、捷虾虎鱼属

形态特征 体延长，前部粗壮，亚圆筒形，后部侧扁；背缘、腹缘浅弧形；尾柄颇高。头中大，略平扁。吻短钝。眼小，上侧位，位于头的前半部，约与吻长相等。眼下缘具5条细短放射状感觉乳突线。口小，前位，斜裂。下颌稍突出。上颌骨后端伸达眼前缘下方或稍后。体被中大栉鳞，头部裸露无鳞，项部、胸鳍基、胸部及腹部被圆鳞；项部的圆鳞向前延伸至鳃盖骨后半部上方。颊部无鳞。无侧线。背鳍2个，分离；第一背鳍起点位于胸鳍基部后上方，鳍棘柔软，第三鳍棘最长。臀鳍与第二背鳍相对，同形。体呈灰褐色，腹部色浅。头侧具暗色或淡色小点，体侧具3条不规则暗色横纹，并散具白色小点。第一背鳍的第三、第四鳍棘之间的鳍膜中部具1个长圆形黑斑，雌鱼的不明显或无。第二背鳍具数条由许多小黑斑组成的纵纹，具淡色或灰色的边缘。

生态习性						
咸淡水						
第一背鳍	第二背鳍	胸鳍	臀鳍	纵列鳞	横列鳞	背鳍前鳞
Ⅵ	I-10	16～17	I-8	31～34	12～13	16～18

生活习性 暖水性近岸底层小型鱼类，栖息于咸、淡水的河口区及砾石、砂粒底质的浅海区。杂食性，主食底栖无脊椎动物。会与枪虾共生。数量少，不常见，无食用价值。

分布区域 分布于西太平洋-印度洋地区、菲律宾、印度尼西亚、日本，南至澳大利亚。我国分布于南海北部海岸。

保护等级 IUCN：无危（LC）。

参考文献 [26] [32] [49]

（8）暗腹矶塘鳢

拉丁名　*Eviota atriventris* Greenfield & Suzuki，2012

分类地位　虾虎鱼目、虾虎鱼亚目、虾虎鱼科、矶塘鳢属

形态特征　体延长，粗壮，侧扁；背缘较平直，腹缘浅弧形隆起；尾柄较高且稍长。头中大，前部圆钝，略平扁。背鳍2个，相距较近，分离，第一背鳍第三鳍棘最长，各鱼鳍鳍膜均无明显花纹。体侧为浅红色，体侧有3条白色线纹，其中有一条白色线纹从眼后延伸至臀鳍前，体侧无明显斑纹，有时具白色点状斑纹。

生态习性						
海水						
第一背鳍	第二背鳍	胸鳍	臀鳍	纵列鳞	横列鳞	背鳍前鳞
VI	I-7 ~ 9	13 ~ 15	I-7 ~ 8	23 ~ 24	7	0

生活习性　暖水性近岸底栖小型鱼类，生活于热带沿岸区及珊瑚丛中。

分布区域　分布于西太平洋地区。我国见于南海。

保护等级　IUCN：无危（LC）。

参考文献　[25] [32] [49] [88]

（9）葱绿矾塘鳢

拉丁名 *Eviota prasina*（Klunzinger，1871）

分类地位 虾虎鱼目、虾虎鱼亚目、虾虎鱼科、矾塘鳢属

形态特征 体延长，粗壮，侧扁；背缘较平直，腹缘浅弧形隆起；尾柄较高且稍长。头中大，前部圆钝，略平扁，后部高而侧扁，头宽稍小于头高。口大，前上位，斜裂。上、下颌约等长。上颌骨后端向后伸达眼中部下方。体被大型栉鳞，头部、项部、胸鳍基部和胸部均无鳞。背鳍2个，相距较近，分离，或者基底以较少的鳍膜相连，胸鳍基部内的上、下方各有1个暗灰色大圆斑，其基部外的下方无第三个暗斑。腹部自臀鳍起点至尾鳍基部具5个小黑斑。第一背鳍的上半部及臀鳍为灰黑色。头部呈绿色，微黄，头侧具若干个由许多小黑点集合而成的圆形斑块。眼后项部两侧无大型黑斑。体青绿色，背侧深色，腹部浅色，体侧上方隐具5～6条黑色横斜纹。尾鳍长圆形，尾柄中央稍后处有1个大暗斑。

生态习性						
海水						
第一背鳍	第二背鳍	胸鳍	臀鳍	纵列鳞	横列鳞	背鳍前鳞
VI	I-8～11	15	I-7～9	23～25	7	0

生活习性 暖水性小型底层鱼类，生活于热带沿岸区及珊瑚丛中。体长20～30mm。

分布区域 分布于印度洋非洲东岸至太平洋中部各岛屿、菲律宾、印度尼西亚，北至日本，南至澳大利亚。我国分布于西沙群岛、台湾地区。

保护等级 IUCN：无危（LC）。

参考文献 [25] [32] [49]

（10）纵带鹦虾虎鱼

拉丁名 *Exyrias puntang*（Bleeker，1851）

别称及俗名 鹦哥鲨

分类地位 虾虎鱼目、虾虎鱼亚目、虾虎鱼科、鹦虾虎鱼属

形态特征 体延长而侧扁。体高。眼上侧位。眼间距窄。体被大型栉鳞，头部大部分区域被小型栉鳞。背鳍2个，第一背鳍略呈三角形，以第三根硬棘最长。尾鳍及胸鳍呈椭圆形且较大。体呈淡棕色或褐色。体侧有数道窄而长且延伸至腹侧的深色横带。体侧散布亮青色斑。背鳍2个，分离；第一背鳍起点在胸鳍基部上方或稍后，鳍棘软弱，第三鳍棘最长，呈丝状，背鳍与尾鳍鳍膜黄色，第一背鳍具有5～6列黑色带，第二背鳍具有3～4列黑色带。尾鳍有许多列红褐色或黑褐色斑纹。眼窝下方具有一些红褐色斑纹。胸鳍基部具有1～2个垂直排列的黑色斑块。

生态习性						
海水						
第一背鳍	第二背鳍	胸鳍	臀鳍	纵列鳞	横列鳞	背鳍前鳞
VI	I-10	17	I-9	29～30	9	11

生活习性 主要栖息于河口的半淡咸水域、沙岸、港湾、红树林湿地的泥沙底质水域中。杂食性，以水中的有机碎屑、小型鱼虾或小型无脊椎动物为食。

分布区域 分布于西太平洋海域。我国见于南方沿海地区。

保护等级 IUCN：无危（LC）。

参考文献 [32] [36] [44]

（11）裸项纺锤虾虎鱼

拉丁名 *Fusigobius duospilus* Hoese & Reader，1985

分类地位 虾虎鱼目、虾虎鱼亚目、虾虎鱼科、纺锤虾虎鱼属

形态特征 体延长，略透明，前部亚圆筒形，后部侧扁；背缘浅弧形，腹缘稍平直；尾柄颇长，其长大于体高。头中大，较尖，其横断面呈三角形，略平扁，背部稍隆起。口小，前位。下颌长于上颌，稍突出。背鳍2个，分离；第一背鳍高，基部短，起点位于胸鳍基部后上方，鳍棘柔软，第一、第二鳍棘最长，不做丝状延长，其长稍小于吻后头长，其余的各鳍棘依次减短。液浸标本的头、体呈浅棕色，头部和体侧均散具许多黑色小点。尾柄中央下方无横长小斑，尾鳍基部正中有1个三角形小黑斑，小于眼径。第一背鳍第一至第四鳍棘的鳍膜上有1条竖直的黑色条纹，第五、第六鳍棘间具1个大圆黑斑，有时大黑斑分为2~3个小斑。第二背鳍和尾鳍上无黑斑。第二背鳍有多条由许多小点排列而成的条纹。胸鳍基部上、下方隐具1个黑色斑块。

生态习性						
海水						
第一背鳍	第二背鳍	胸鳍	臀鳍	纵列鳞	横列鳞	背鳍前鳞
Ⅵ	I-9	19	I-8	24	7	0

生活习性 暖水性小型底层鱼类，生活于热带沿岸地区及珊瑚丛中。体长30~40mm。

分布区域 分布于印度洋非洲东岸至太平洋中部各岛屿、菲律宾、印度尼西亚，北至日本，南至澳大利亚。我国分布于台湾地区。

保护等级 IUCN：无危（LC）。

参考文献 [25] [32] [49]

（12）睛尾蝌蚪虾虎鱼

高晟 供图

高晟 供图

高晟 供图

高晟 供图

拉丁名 *Lophiogobius ocellicauda* Günther，1873

分类地位 虾虎鱼目、虾虎鱼亚目、虾虎鱼科、蝌蚪虾虎鱼属

形态特征 体延长，前部近平扁，尾部细长而侧扁。头颇平扁。吻宽扁，前端广圆形。眼小，圆形，上侧位。眼间隔颇宽，约为眼径的2倍，眼后背面有2纵行突起，中间稍凹入。颊部肌肉发达，略向外突出。颜部密布短小皮须，颊部、前鳃盖骨边缘和鳃盖上均有小须。体被中大圆鳞，颊部、鳃盖部及项部均被小鳞。背鳍2个，分离；第一背鳍具7条鳍棘，后方无黑斑，平放时不伸达第二背鳍起点；第二背鳍后部鳍条平放时不伸达尾鳍基。臀鳍起点在第二背鳍起点稍后下方，平放时可伸达尾鳍基。胸鳍宽大，几乎等于头长，后端钝尖。肩带内缘无肉质皮瓣。左、右腹鳍愈合成一吸盘，后端不伸达肛门。尾鳍约与腹鳍等长，后缘略呈长圆形。头部有不规则断续的带状花纹。体侧鳞片后缘各有一弧形黑斑；第二背鳍有2～3条黑色条纹。尾鳍基部中央有1个黑色大型睛斑，睛斑后方具2～3个新月形黑色横纹。

生态习性						
咸淡水						
第一背鳍	第二背鳍	胸鳍	臀鳍	纵列鳞	横列鳞	背鳍前鳞
Ⅶ	16～18	20～23	17～18	35～39	10～12	14～16

生活习性 沿岸小型鱼类，亦进入河口，在咸、淡水中生活。以水生昆虫、小虾、糠虾、小鱼、幼鱼及底栖水生动物为食，有潜沙的习性。当年鱼体长达89～127mm。1龄性成熟，怀卵量为3872～15764粒，产卵期4～5月，产卵后多数个体死亡。

分布区域 东海北部、黄海和渤海沿岸。

保护等级 IUCN：无危（LC）。

参考文献 [24] [32] [39]

（13）白头虾虎鱼

拉丁名　*Lotilia graciliosa* Klausewitz，1960

分类地位　虾虎鱼目、虾虎鱼亚目、虾虎鱼科、白头虾虎鱼属

形态特征　体延长，侧扁；眼小而位于头前部背缘；前鼻管盖于上唇；吻短而吻端钝；口裂大而开于吻端上缘，呈斜位，上颌末端达眼后缘下方，上颌前端与下缘同高，上颌较下颌稍长；胸鳍大，呈扇状；腹鳍呈吸盘状；尾鳍后缘圆而大；体呈黑褐色，自头顶至背鳍起点具白带，尾鳍白色。

生态习性						
海水						
第一背鳍	第二背鳍	胸鳍	臀鳍	纵列鳞	横列鳞	背鳍前鳞
Ⅵ	I-9～10	16	I-9	46	14	0

生活习性　暖水性中小型底层鱼类，栖息于礁岩或珊瑚外围的沙地上。在沙地掘洞居住，与鼓虾共生，主要以宽大胸鳍为支撑趴在洞口，警戒心强，不易观察。杂食性，主要以藻类及底栖动物为食。

分布区域　主要分布于印度洋-太平洋热带海域。我国见于台湾地区及南海海域。

保护等级　未评估（NE）。

参考文献　[25] [32] [49]

（14）大口巨颌虾虎鱼

拉丁名　*Mahidolia mystacina*（Valenciennes，1837）

分类地位　虾虎鱼目、虾虎鱼亚目、虾虎鱼科、巨颌虾虎鱼属

形态特征　体延长，侧扁；头部高；眼位于头前部背缘；吻短而吻端钝；口裂大而开于吻端，呈稍斜位，上颌末端超越眼后缘下方；鳃裂前下方宽，左、右鳃末端超越眼后缘下方；左、右鳃膜附着于峡部。背鳍2个，第一背鳍宽大，为平行四边形，鳍膜为黄色，透明，在中部有2条不规则褐色斑纹，外缘后侧有1个褐色斑点，第二背鳍透明，外缘有数个蓝色斑点。左、右腹鳍连合成吸盘；体后方被栉鳞而向前则变成小型圆鳞，第一背鳍前方头部及胸鳍基底均裸出；体呈暗褐色。

生态习性						
海水						
第一背鳍	第二背鳍	胸鳍	臀鳍	纵列鳞	横列鳞	背鳍前鳞
Ⅵ	I-10	17	I-9	33～34	12～13	0

生活习性　栖息于珊瑚外围的沙地或礁石底部的泥沙中，属底栖鱼类。在沙地掘洞居住，与鼓虾共生，以宽大胸鳍为支撑趴在洞口，警戒心强，不易观察。杂食性，主要以藻类及底栖动物为食。

分布区域　分布于印度洋-太平洋区域。我国见于广东、海南和台湾地区。

保护等级　IUCN：无危（LC）。

参考文献　[32][49]

（15）芒虾虎鱼

拉丁名 *Mangarinus waterousi* Herre，1943

分类地位 虾虎鱼目、虾虎鱼亚目、虾虎鱼科、芒虾虎鱼属

形态特征 体颇延长，前部稍呈圆筒形，后部侧扁。头宽大，略平扁，颊部凸出，头部无鳞、项部无鳞，体前部被小圆鳞，后部被栉鳞。胸鳍基部及胸部无鳞。无侧线。体呈棕褐色。背鳍2个，稍分离；第二背鳍、臀鳍的后方鳍条向后伸越尾鳍基。胸鳍长，基部宽，无游离丝状鳍条。腹鳍小，长盘形，左、右腹鳍愈合成一吸盘。尾鳍末端略呈尖形。第一和第二背鳍、臀鳍边缘灰黑色。胸鳍、腹鳍和尾鳍为浅色。尾鳍有3~4条灰黑色弧形条纹。

生态习性						
咸淡水						
第一背鳍	第二背鳍	胸鳍	臀鳍	纵列鳞	横列鳞	背鳍前鳞
Ⅵ	I-11	15	I-10	46~47	15~16	0

生活习性 暖水性近岸及河口小型底栖鱼类，栖息于河口、淤泥底质的水域及滩涂。喜穴居，摄食底栖无脊椎动物。体长30~50mm，大者可达60mm。

分布区域 香港、海南等地区。国外见于菲律宾、日本。

保护等级 IUCN：数据缺乏（DD）。

参考文献 [32] [49]

Beta Mahatvaraj 供图

（16）丝鳍线塘鳢

拉丁名 *Nemateleotris magnifica* Fowler，1938

别称及俗名 雷达鱼、大口线塘鳢

分类地位 虾虎鱼目、虾虎鱼亚目、虾虎鱼科、线塘鳢属

形态特征 体延长，颇侧扁；背缘、腹缘浅弧形隆起；尾柄高而短。头小，前部圆钝，侧扁，后部高而侧扁，头宽小于头高。体被细小弱栉鳞，项部两侧、胸鳍基部和腹部被小圆鳞。吻部、项部中央和头的腹面无鳞。无侧线。背鳍2个，分离，相距较近；第一背鳍起点在胸鳍基部后上方，第一及第二鳍棘最长，丝状臀鳍和第二背鳍相对，同形，起点在第二背鳍第四至第五鳍条的下方。胸鳍宽圆，扇形。体前部淡褐色，后部浅红色，头部除鳃盖部为淡褐色外，其余部分为橙黄色，眼的上部紫红色；第一背鳍的第一、第二鳍棘红色，其余鳍棘黄色；第二背鳍黄棕色，外缘为一宽黑带，中间杂有1条红色纵纹，向后延伸至尾鳍上方。臀鳍外缘灰黑色，中间内侧亦具1条红色纵纹，延伸至尾鳍下方。尾鳍上、下叶后方黑色。

生态习性						
海水						
第一背鳍	第二背鳍	胸鳍	臀鳍	纵列鳞	横列鳞	背鳍前鳞
Ⅵ	I-28～30	18	I-26～30	97	34	0

生活习性 生活在水深6～70m海域，穴居于礁石区或砾石堆中。生性胆小，常栖息在洞穴上方约30cm的水层中。肉食性，以浮游动物或小型无脊椎动物为食。

分布区域 广泛分布于印度洋-西太平洋地区。我国主要分布于台湾。

保护等级 IUCN：无危（LC）。

参考文献 [25] [32] [49]

（17）盖刺虾虎鱼

拉丁名 *Oplopomus oplopomus*（Valenciennes，1837）

分类地位 虾虎鱼目、虾虎鱼亚目、虾虎鱼科、盖刺虾虎鱼属

形态特征 体延长，侧扁；背缘、腹缘浅弧形隆起；尾柄颇高且长。头略侧扁，口中大，前位，稍斜裂。下颌略突出于上颌。上颌骨后端向后伸达眼前缘的下方或稍前。上、下颌齿尖锐。体被中大栉鳞，前部鳞略小，后部鳞较大。背鳍2个，分离；第一背鳍起点在胸鳍鳍条中部上方，第一鳍棘略呈粗大的骨质硬棘，第四、第五鳍棘最长。体呈黄绿色，体侧正中有5个红褐色长圆形斑点，排列成一纵行，最后1个斑点在尾鳍基底，各斑点四周均围有珠色小点；整个体侧均散布有红色小斑点，背侧的斑点稍大且杂以珠色小点。头侧有不规则的红色纵线，向后呈断续状延伸至胸鳍基底上端。第一背鳍略呈黄色，沿基底有一纵列黑色斑点，上方具1条黑色纵线，第六鳍棘上半部鳍膜具1个黑色斑点。第二背鳍近基部处有一纵列红色点纹，近边缘具两列紫色纵线，两紫色纵线之间具1条黄色纵带。臀鳍基底呈淡蓝色，近基底处有一纵列红色点纹，自基底到边缘具红色、淡蓝色、黄色纵带各1条。腹鳍黑褐色。尾鳍有3~4条由红色斑点形成的弧状带纹，最后两条为带状间呈黄色，后缘呈褐色。

生态习性						
海水						
第一背鳍	第二背鳍	胸鳍	臀鳍	纵列鳞	横列鳞	背鳍前鳞
VI	I-10	18~19	I-10	28~30	8~9	11~12

生活习性 暖水性底层小型鱼类，栖息于沿岸砂底。无食用价值。体长50~80mm。

分布区域 南海沿岸及台湾地区。国外见于日本、菲律宾、印度尼西亚、印度，以及亚丁湾、波斯湾等地。

保护等级 IUCN：无危（LC）。

参考文献 [32] [49]

（18）侧扁窄颅塘鳢

拉丁名　*Oxymetopon compressus* Chan，1966

分类地位　虾虎鱼目、虾虎鱼亚目、虾虎鱼科、窄颅塘鳢属

形态特征　体延长，颇侧扁。头尖而短，头背中央至第一背鳍前方具一肉质状的高锐隆起，极侧扁。吻短钝。眼大，上侧位。口大，上位，口裂颇斜。体前部具圆鳞，后部具栉鳞，头无鳞。背鳍2个，第一背鳍低，以鳍膜与第二背鳍相连。第二背鳍与臀鳍相对，同形，基部长。腹鳍相互接近，不愈合成吸盘。尾鳍尖长。头黄褐色，具3条蓝色纵纹，眼的上、下缘具红点。体灰褐色。第一背鳍边缘红色，具许多蓝色斜纹；第二背鳍边缘黄褐色，具许多蓝白色条纹。

生态习性						
海水						
第一背鳍	第二背鳍	胸鳍	臀鳍	纵列鳞	横列鳞	背鳍前鳞
Ⅵ	I-30	19	I-28	98	28	0

生活习性　暖水性近岸小型鱼类，栖息于水深14～16m的软泥海底。颇罕见，无食用价值。

分布区域　我国分布于东南海区域。国外分布于日本、菲律宾、所罗门群岛、印度尼西亚。

保护等级　未评估（NE）。

参考文献　[32] [49]

（19）拟矛尾虾虎鱼

拉丁名　*Parachaeturichthys polynema*（Bleeker，1853）

分类地位　虾虎鱼目、虾虎鱼亚目、虾虎鱼科、拟矛尾虾虎鱼属

形态特征　体延长，前部亚圆筒形，后部侧扁；体长为体高5～6倍，为头长4～4.5倍。头略平扁，背缘微凸，头长为吻长4.2倍，为眼径3.7～4.2倍。吻圆钝，短于眼径。体被大栉鳞。头部除吻部外，项部、胸部及腹部均被圆鳞。背鳍2个；第一背鳍始于胸鳍基部后方，具6鳍棘，平放时后端伸达第二背鳍起点；第二背鳍基底较长，具11鳍条，鳍条较高，平放时鳍条伸达尾基。臀鳍具10鳍条，始于第二背鳍第三鳍条下方，鳍条几乎伸达尾基。胸鳍尖长，大于头长，伸达臀鳍起点。左、右腹鳍愈合，成一吸盘，短于头长。尾鳍尖长，大于头长。体腔中大，腹膜白色。肠胃区分不明显，肠粗短，在右侧作二次盘曲。鳔大，伸达体腔背面全部。无幽门盲囊。体棕褐色，腹部浅色，各鳍灰黑色，尾鳍基部上方具一个椭圆形的白边黑色暗斑。

生态习性						
咸淡水						
第一背鳍	第二背鳍	胸鳍	臀鳍	纵列鳞	横列鳞	背鳍前鳞
Ⅵ	I-10～12	21～22	I-9	28～31	8～10	12～15

生活习性　主要栖息于河口的半淡咸水域，多为泥质底。本种有毒，毒素主要集中在头部和肌肉，但无中毒记录。

分布区域　南海、东海。国外分布于日本、菲律宾等国。

保护等级　IUCN：无危（LC）。

参考文献　[29] [32] [34]

黄康亮 供图

拉丁名　*Priolepis nocturna* Smith，1957

分类地位　虾虎鱼目、虾虎鱼亚目、虾虎鱼科、锯鳞虾虎鱼属

形态特征　体延长，前部呈圆筒形，后部侧扁。头中大而高。口中位，斜裂，下颌稍长于上颌。眼大，背侧位，眼下有1条黑色线纹。体侧为乳白色，有4条黑色斑纹。背鳍2个，分离，第一背鳍鳍膜有一较大黑斑，第二背鳍鳍膜有一大一小的两个黑斑。尾鳍上部有一黑斑，外缘为乳白色。

生态习性						
海水						
第一背鳍	第二背鳍	胸鳍	臀鳍	纵列鳞	横列鳞	背鳍前鳞
Ⅵ	I-9 ~ 10	20 ~ 21	I-7 ~ 8	28 ~ 31	11 ~ 12	未知

生活习性　近岸的小型底栖性鱼类，栖息于珊瑚丛中。

分布区域　分布于印度洋-太平洋区海域。我国见于海南地区。

保护等级　IUCN：无危（LC）。

参考文献　[25] [32] [49] [180]

（21）双眼斑砂虾虎鱼

张大庆 供图

张大庆 供图

张大庆 供图

拉丁名　*Psammogobius biocellatus*（Valenciennes，1837）

同种异名　双斑舌虾虎鱼*Glossogobius biocellatus*

分类地位　虾虎鱼目、虾虎鱼亚目、虾虎鱼科、砂虾虎鱼属

形态特征　体延长，体背、腹缘平直，侧扁。头颇大，平扁。吻颇长。眼小，在头的前半部。瞳孔上部正中有一个暗色小斑。体被中大栉鳞，头部在眼后方被鳞，延展至背侧区。第一背鳍高而短，以中部的鳍棘较长；第二背鳍基部较长，未达尾鳍的基部。胸鳍呈宽圆形。腹鳍呈吸盘状，约与胸鳍等长。尾鳍后缘呈圆形。体灰棕色，头部灰黑色，腹面散布有明显的乳白色及黑色的斑点。头部具许多浅色斑。体侧一般具一纵列4～5个大暗斑。第一背鳍的第一与第二鳍棘间、第五与第六鳍棘间的鳍膜上均各有一个黑色眼状斑。

生态习性						
咸淡水						
第一背鳍	第二背鳍	胸鳍	臀鳍	纵列鳞	横列鳞	背鳍前鳞
Ⅵ	Ⅰ-8～9	17～19	Ⅰ-8	28～31	7～8	14～16

生活习性　暖水性近岸底层小型鱼类，栖息于河口咸淡水处，也见于江河下游淡水水体及浅海滩涂。喜好在泥沙中活动，常隐藏在枯木杂物之中。摄食虾类和幼鱼。

分布区域　我国分布于中部和南部各河口以及台湾地区。国外见于印度洋-太平洋各岛屿，朝鲜、日本。

保护等级　IUCN：无危（LC）。

参考文献　[32][36][44][49]

拉丁名　*Sagamia geneionema*（Hilgendorf，1879）

分类地位　虾虎鱼目、虾虎鱼亚目、虾虎鱼科、相模虾虎鱼属

形态特征　体延长，侧扁。眼上位，靠近。吻大，吻下部有数行触须。体侧为浅灰白色，有一行连续的黑色圆形斑块，斑块大小不一。体背侧为灰黑色，有大量不规则黑点与白色斑纹。背鳍2个，第一背鳍宽大，无丝状突出。背鳍外缘为白色，鳍膜上有4行白色小圆点。胸鳍无色透明。臀鳍鳍膜为白色，无斑纹。尾鳍基部有一个大黑斑，尾鳍鳍膜透明，点缀有黑色斑纹。

生态习性						
海水						
第一背鳍	第二背鳍	胸鳍	臀鳍	纵列鳞	横列鳞	背鳍前鳞
Ⅷ	I-13～15	17～20	I-12～14	59～64	19～22	19～21

生活习性　暖水性沿岸小型虾虎鱼类，以小型无脊椎动物为食。成鱼常在1月至3月产卵。

分布区域　主要分布于日本和韩国。我国见于东海。

保护等级　未评估（NE）。

参考文献　[49] [147] [163]

（23）双斑显色虾虎鱼

拉丁名 *Signigobius biocellatus* Hoese & Allen，1977

别称及俗名 四驱车虾虎鱼、蟹眼虾虎鱼

分类地位 虾虎鱼目、虾虎鱼亚目、虾虎鱼科、显色虾虎鱼属

形态特征 体延长，侧扁。背鳍独特，宽大呈方形，第一、第二背鳍基部上方有1个巨大的黑斑，背鳍其他部分有淡蓝色、灰色到黄色、棕褐色的不规则色斑填充；眼下有棕色条带。体侧上半身有不规则的马鞍状棕色斑点；下半身有3条不规则的棕色条纹。头部及项部没有鳞片。

生态习性					
海水					
第一背鳍	第二背鳍	胸鳍	臀鳍	纵列鳞	横列鳞
Ⅵ	I-10 ~ 11	20 ~ 22	I-10 ~ 11	48 ~ 55	16 ~ 21

生活习性 暖水性海洋鱼类，为常见的海水观赏鱼。有领地意识，如果不是一对，同类之间会有打斗。通常过滤底沙以获取食物。饲养时可以追加富含营养的海虾、糠虾、沙蚕或其他动物性饵料。可以在水族箱中产卵。

分布区域 广泛分布于西太平洋地区。我国主要产于海南岛及南海海域。

保护等级 未评估（NE）。

参考文献 [53] [96]

（24）红富山虾虎鱼

黄康亮 供图

拉丁名 *Tomiyamichthys russus*（Cantor，1849）

同种异名 红丝虾虎鱼*Cryptocentrus russus*

分类地位 虾虎鱼目、虾虎鱼亚目、虾虎鱼科、富山虾虎鱼属

形态特征 体延长，颇侧扁；背缘、腹缘近平直；尾柄稍长。头中大，颇侧扁。背缘略圆突。吻短，圆钝，背缘圆凸。吻背不突出于上颌的前方。眼中大，上侧位，位于头的前部。口大，前位，略斜裂。上、下颌约等长，或下颌稍突出。上颌骨后端向后伸达眼后缘下方。背鳍2个，分离；第一背鳍甚高，其起点在胸鳍基稍后上方，各鳍棘末端呈丝状，第一、第二鳍棘最长。体呈黄绿带红色，体侧有4~5条暗褐色横带，其间夹有小型斑块，各条横带及斑点间均隔以黄色横纹，因此体侧共有8~9条横带。第一背鳍的第一至第三鳍棘边缘红色，第四至第五鳍棘的上缘有1个白色边缘的黑斑，第二背鳍具4条红色纵带，边缘为红色。腹鳍暗色。胸鳍橙色。尾鳍上缘黄色，下缘暗色，上部有1条红色宽斜纹。

生态习性						
海水						
第一背鳍	第二背鳍	胸鳍	臀鳍	纵列鳞	横列鳞	背鳍前鳞
VI	I-10	18~20	I-10	78~77	22~26	18~22

生活习性 暖水性近岸底层小型鱼类，栖息于砾石或沙泥底质的海区。杂食性，以藻类及底栖无脊椎动物为食。较常见。可供观赏。体长100~120mm。

分布区域 分布于西太平洋地区、菲律宾、印度尼西亚，北至日本，南至澳大利亚。我国分布于台湾地区以及南海海域。

保护等级 未评估（NE）。

参考文献 [32] [49]

四、塘鳢科

（1）棘鳃塘鳢

拉丁名　*Belobranchus belobranchus*（Valenciennes，1837）

别名及俗名　宽带塘鳢

分类地位　虾虎鱼目、虾虎鱼亚目、塘鳢科、棘鳃塘鳢属

形态特征　体延长，粗壮，前部亚圆筒形，后部侧扁；背缘与腹缘颇为平直。头长约为体长的1/4，头呈长圆形，前部有一大块黑斑，有时不明显。背鳍2个，鳍膜透明，其中有2行白色斑点。腹鳍2个，不愈合。吻短而钝，吻长略等于眼径。颊部有白色斑点，头背缘、眼间、吻部皆有白色斑点和褐色不规则纹路。体色多变，体侧有2条大的黑色横带，横带间为白色。

生态习性						
淡水、两侧洄游						
第一背鳍	第二背鳍	胸鳍	臀鳍	纵列鳞	横列鳞	背鳍前鳞
Ⅵ	I-7	19～21	I-7	56～63	20～23	21～34

生活习性　淡水小型底栖鱼类，见于河川下游淡水水域中，喜欢栖息于水流速度较快的区域。本种会随着环境变化而改变体色，在岩石上拟态伏击水生生物。夜行性，以小鱼和小型无脊椎动物为食。

分布区域　广泛分布于太平洋地区。我国分布于台湾。

保护等级　IUCN：无危（LC）。

参考文献　[25] [36] [44] [115]

（2）黄鳍棘鳃塘鳢

拉丁名　*Belobranchus segura* Keith，Hadiaty & Lord，2012

分类地位　虾虎鱼目、虾虎鱼亚目、塘鳢科、棘鳃塘鳢属

形态特征　体延长，身体前部呈圆筒形，后侧扁。背缘、腹缘微微隆起，尾柄较高。头中大，平钝，头后稍高而侧扁。吻短且钝，平扁。眼中大，居上位，稍突出。两眼间隔宽平。鼻孔每侧2个，分离，相距较远。前鼻孔圆形，具有短管，接近上唇；后鼻孔小，无鼻管，在眼的前方。口大，前位。下颌明显较上颌突出。鳃盖条6根。鱼体具栉鳞。无侧线。背鳍2个：第一背鳍起于胸鳍基部后上方；第二背鳍较长。臀鳍起点与第二背鳍相对。胸鳍宽圆，呈扇形，中侧位。腹鳍小，起于胸鳍基部的下方，内侧鳍条长于外侧的鳍条，左、右腹鳍靠近，但基部不相连或愈合，腹鳍末端远离肛门。尾鳍呈圆形。眼窝后缘有4~5条放射状黑色条纹；胸鳍基部上方有一个大型黑色斑点；体侧中线有一条不规整的黑色纵带；第一背鳍、第二背鳍、尾鳍具有多条黑色斑纹。

生态习性						
淡水、两侧洄游						
第一背鳍	第二背鳍	胸鳍	臀鳍	纵列鳞	横列鳞	背鳍前鳞
VI	I-7	21~24	I-7	55~60	18~21	16~23

生活习性　栖息在溪流下游感潮带附近及河口的小型底栖鱼类，喜有泥沙、砾石的缓流区。肉食性，以摄食小鱼、小虾等为食。

分布区域　广泛分布于太平洋地区。我国分布于台湾地区。

保护等级　未评估（NE）。

参考文献　[25] [36] [44] [115]

（3）中华乌塘鳢

中华乌塘鳢亚成体

拉丁名 *Bostrychus sinensis* Lacepède，1801

别名及俗名 文鱼、鲟虎、涂鱼

分类地位 虾虎鱼目、虾虎鱼亚目、塘鳢科、乌塘鳢属

形态特征 体延长，粗壮，前部亚圆筒形，后部侧扁；背缘、腹缘浅弧形隆起；尾柄较长。头中大，前部钝尖，略平扁，后部高而侧扁，头宽大于头高，短于头长；头部及体均被小圆鳞。无侧线。背鳍2个，分离，相距较远；第一背鳍的起点在胸鳍基部后上方，具6鳍棘，较低，第一鳍棘短弱，第三、第四鳍棘最长，后部鳍棘较短，平放时不伸达第二背鳍的起点；第二背鳍高于第一背鳍，基部较长，前部鳍条较短，其余鳍条向后逐渐增长，后部鳍条最长，约为头长的1/2，平放时不伸达尾鳍基。臀鳍和第二背鳍相对，同形，起点在第二背鳍的第四至第五鳍条下方，前部鳍条较短，后部鳍条最长，平放时不伸达尾鳍基。胸鳍宽圆，扇形，中侧位，几乎等于眼后头长，后端超越腹鳍，但不伸达臀鳍起点。腹鳍短，起点在胸鳍基部下方，内侧鳍条长于外侧鳍条，左、右腹鳍相互靠近，不愈合成吸盘，末端远不达肛门。尾鳍长圆形。

生态习性				椎骨			
咸淡水				27			
第一背鳍	第二背鳍	胸鳍	臀鳍	尾鳍	纵列鳞	横列鳞	背鳍前鳞
VI	I-10~11	17~18	I-9~10	18~20	120~140	35~50	60~70

生活习性 近岸暖水性小型底层鱼类，栖息于浅海、内湾和河口的咸、淡水水域中低潮区及红树林区的潮沟里，退潮时会躲藏在泥滩的孔隙或石缝中。对盐度变化的耐受力很强。性凶猛，摄食小鱼、虾蟹、水生昆虫和贝类。冬季潜伏在泥沙底中越冬。

分布区域 广泛分布于太平洋地区。我国分布于山东、海南、广东、福建、香港、台湾。

保护等级 IUCN：无危（LC）。

参考文献 [20] [25] [26] [32] [36] [44]

（4）褐塘鳢

黄康亮　供图

拉丁名　*Eleotris fusca*（Forster，1801）

分类地位　虾虎鱼目、虾虎鱼亚目、塘鳢科、塘鳢属

形态特征　体延长，身体前部呈圆筒形，后侧扁。背缘、腹缘微微隆起，尾柄较高。头中大，钝，略平扁；头后稍高而侧扁。吻短且钝，平扁。眼中大，居上位，稍突出。胸鳍宽圆，呈扇形，中侧位。腹鳍小，起于胸鳍基部的下方，内侧鳍条长于外侧的鳍条，左、右腹鳍靠近，但不相连、愈合，腹鳍末端远离肛门。尾鳍长圆形。头部及体侧为棕黑色；体背时而呈现黄褐色，时而消失；腹侧浅色；体侧鳞片边缘常隐布有小黑点，形成许多不规则的纵纹。各鳍呈浅褐色，具多行暗色点形成的纵纹；胸鳍基部的上方常具一褐斑；尾柄上方有时有1个暗色斑块。

生态习性							
咸淡水							
第一背鳍	第二背鳍	胸鳍	臀鳍	尾鳍	纵列鳞	横列鳞	背鳍前鳞
Ⅵ	I-8	19～20	I-8	17	60～61	15～16	45～46

生活习性　暖水性淡水小型底栖鱼类，生活于河川及河沟的底层，喜欢栖息在河口或偶入河流的下游水域，以及有泥沙、杂草和碎石相混杂的浅水区。游泳力较弱。肉食性，成鱼摄食小鱼、小虾、蠕虫等。夜行性，白天多隐藏于石块、落叶等杂物中。

分布区域　广泛分布于印度洋-太平洋地区。我国在海南、广东、台湾等南方沿海各地都有分布。

保护等级　中国红色名录：无危（LC）；IUCN：无危（LC）。

参考文献　[20] [25] [26] [32] [36] [44]

（5）黑体塘鳢

拉丁名　*Eleotris melanosoma* Bleeker，1853

分类地位　虾虎鱼目、虾虎鱼亚目、塘鳢科、塘鳢属

形态特征　体延长，前部圆筒形，后部侧扁。背缘、腹缘微微隆起，尾柄较长。头中大，钝，略平扁；头后稍高而侧扁，其头宽大于头高。吻短且钝，平扁。眼中大，居上位，稍突出。口大，前上位，口裂向后延伸至眼中部。唇厚。鱼体具栉鳞，头部、颈部、胸鳍基部与腹部被圆鳞。吻部和下颌面无鳞片。无侧线。背鳍2个：第一背鳍起于胸鳍基部后上方，第三、四鳍棘最长，后端不会延伸至第二背鳍起点；第二背鳍较长，平放时不延伸至尾鳍基部。臀鳍起点与第二背鳍相对。胸鳍宽圆，呈扇形，中侧位。腹鳍小，起于胸鳍基部的下方，内侧鳍条长于外侧鳍条，左、右腹鳍靠近，但不相连、愈合，腹鳍末端远离肛门。尾鳍长圆形。头部及体侧为红褐色至黑褐色，腹侧浅色；头部自吻经眼睛至鳃盖上方及脸颊自眼睛后至前鳃盖骨各有1条黑色线纹，时有时无。在胸鳍基部的上方常具1个黑色斑块；腹鳍淡色；背鳍、臀鳍、尾鳍为灰褐色，鳍上有多条由黑色斑点排列组成的条纹。

生态习性							
咸淡水							
第一背鳍	第二背鳍	胸鳍	臀鳍	尾鳍	纵列鳞	横列鳞	背鳍前鳞
VI	I-8～9	16～18	I-8～9	19	42～52	12～18	34～43

生活习性　暖水性淡水小型底栖鱼类，喜欢栖息在河口或偶入河川的下游水域，以及有泥沙、杂草和碎石相混杂的浅水区。游泳力较弱。肉食性，成鱼摄食小鱼、小虾、蠕虫等。夜行性，白天多隐藏于石块、落叶等杂物中。生长快，为塘鳢中较大型的种类。

分布区域　广泛分布于印度洋-太平洋海域，由东非到社会群岛、瓦努阿图，北至日本。我国见于广东、海南和台湾地区。

保护等级　中国红色名录：无危（LC）；IUCN：无危（LC）。

参考文献　[20] [25] [26] [32] [36] [44]

（6）尖头塘鳢

拉丁名 *Eleotris oxycephala* Temminck & Schlegel，1845

别名及俗名 乌鱼竹壳、南模、黑笋壳、什抛、竹壳、黑淋哥

分类地位 虾虎鱼目、虾虎鱼亚目、塘鳢科、塘鳢属

形态特征 体延长，粗壮，前部亚圆筒形，后部侧扁；背缘、腹缘浅弧形隆起；尾柄较高。头中大，前部钝尖，略平扁，后部高而侧扁，头宽稍大于头高。吻短而圆钝，平扁，吻长为眼径的1.5~1.8倍。眼小，上侧位，稍突出，在头的前半部。鱼体为棕黄带微灰色；体侧自鳃盖至尾鳍基隐具1条黑色纵带及不规则的云状小黑斑；头部青灰色，自吻端经眼至鳃盖上方有一黑色条纹，颊部自眼后至前鳃盖骨也有1条黑色细纹，鳃盖膜、峡部及颊部下方有20余个青色小亮点。胸鳍棕黄色，基部的上、下方各有1个小黑斑。背鳍、腹鳍和臀鳍为灰色，上有数纵列黑点，尾鳍灰色，散布白色小点，边缘浅棕黄色；生殖乳突为红棕色。

生态习性							
咸淡水							
第一背鳍	第二背鳍	胸鳍	臀鳍	尾鳍	纵列鳞	横列鳞	背鳍前鳞
Ⅵ	I-8~9	14~16	I-8~9	16	47~52	15~17	31~45

生活习性 暖水性淡水中型底层鱼类，栖息于河川和河沟的底层。游泳力较弱。摄食小鱼、沼虾、淡水壳菜、蚬、蠕虫及其他水生动物。生殖期停食。冬季潜伏在泥沙底越冬。中国南方的各河川中常见。幼鱼出生于河溪下游，约3日后卵黄吸收即开始降河洄游，穿越河口移栖内湾咸淡水至海水营浮游生活，长至约1厘米即转营底栖生活，幼年群体逐渐迁入浅水区，于河口经咸淡水适应后进入淡水区域。

分布区域 广泛分布于中国、日本、韩国、朝鲜、越南。我国分布于长江、钱塘江、瓯江、灵江、交溪、闽江水系、木兰溪、晋江、九龙江、汀江、珠江等水系，以及海南、台湾、香港等地区。

保护等级 中国红色名录：无危（LC）；IUCN：无危（LC）。

参考文献 [20] [25] [26] [32] [36] [44]

（7）真珠塘鳢

张大庆·供图

张大庆 供图

张大庆 供图

拉丁名 *Giuris margaritacea*（Valenciennes，1837）

别名及俗名 无孔蛇塘鳢、珍珠塘鳢

同种异名 无孔蛇塘鳢*Ophieleotris aporos*

分类地位 虾虎鱼目、虾虎鱼亚目、塘鳢科、真珠塘鳢属

形态特征 体延长，前部圆筒形，后部侧扁。头中大，前端圆钝。脸颊圆突，有2条纵形感觉乳突线，每1条感觉乳突线由2～3列密集小乳突组成。吻短且圆钝，平扁，吻长约为眼径的1.3倍。上、下颌齿形状细尖，多行；锄骨无齿。唇厚。舌大，游离。鳃孔宽大，向前、向下延伸至鳃盖骨后缘稍后的下方。鳃盖上无感觉孔。体被大型圆鳞；胸鳍基部和腹部为小型圆鳞；吻部和下颚面无鳞片。无侧线。胸鳍宽圆。左、右腹鳍靠近但不愈合。眼部后下方有3条灰黑色纵斜纹。体侧有6～7个灰黑色云纹状大斑。

生态习性							
淡水、两侧洄游							
第一背鳍	第二背鳍	胸鳍	臀鳍	尾鳍	纵列鳞	横列鳞	背鳍前鳞
Ⅵ	Ⅰ-8	15	Ⅰ-9	17	30	10	14

生活习性 暖水性淡水小型底层鱼类，生活于热带、亚热带地区的河川纯淡水域及沿海的沟渠。

分布区域 分布于印度洋-太平洋海域，由马达加斯加到新几内亚、澳大利亚和美拉尼西亚的岛屿，北至我国台湾等。我国分布于台湾地区北部、东北部、东部及南部等。

保护等级 IUCN：无危（LC）。

参考文献 [25] [32] [36] [44]

（8）似鲤黄黝鱼

黄康亮 供图

似鲤黄黝鱼稚鱼

拉丁名 *Hypseleotris cyprinoides*（Valenciennes，1837）

别称及俗名 短塘鳢、拟鲤短塘鳢

分类地位 虾虎鱼目、虾虎鱼亚目、塘鳢科、黄黝鱼属

形态特征 体延长，形状稍侧扁。背缘、腹缘微微隆起，尾柄较长，小于体高。头小，形状较尖，平扁；头后稍微隆起。两鳃盖膜末端在腹面相当接近，但不愈合。鱼体具大型的弱栉鳞；颈部、鳃盖部位具中大型的圆鳞，颈部的圆鳞向前延伸至眼的后方；脸颊上有小圆鳞；胸鳍基部和腹部也为小圆鳞。无侧线。背鳍2个：第一背鳍起于胸鳍基部后上方，第二鳍棘最长，后端不会延伸到第二背鳍起点；第二背鳍较长，平放时不延伸至尾鳍基部。臀鳍起点与第二背鳍相对。胸鳍宽圆，下侧位，胸鳍后缘达肛门的上方。腹鳍长度与胸鳍长约相等，内侧鳍条长于外侧的鳍条，左、右腹鳍靠近，但不相连、愈合。尾鳍长圆形。头部及体侧为淡黄褐色；自吻部经眼、鳃盖，沿鱼体侧至尾柄基部有1条较宽的蓝黑色纵带，其末端在尾鳍基部颜色较深，呈黑色斑；鳃孔后方的体侧面及胸鳍基部有1个灰黑色条斑。雄鱼背鳍黑色，有数个白色圆斑及条斑，边缘白色。臀鳍以及腹鳍为浅灰色或透明。

生态习性							
淡水、两侧洄游							
第一背鳍	第二背鳍	胸鳍	臀鳍	尾鳍	纵列鳞	横列鳞	背鳍前鳞
Ⅵ	I-8	14	I-9	15	28～29	8～9	11～14

生活习性 暖水性小型底层鱼类。通常栖息于水生植物丰富、水质较清澈的溪流下游或河口等半淡咸水域。喜好溯游在水体的表层，活泼而善群游活动。杂食性偏肉食性，一般摄食小鱼、虾、蟹、水生昆虫和附着性的动植物等。

分布区域 分布于印度洋-太平洋海域。我国分布于海南、台湾地区。

保护等级 中国红色名录：无危（LC）；IUCN：数据缺乏（DD）。

参考文献 [25] [32] [36] [44]

（9）头孔塘鳢

拉丁名 *Ophiocara porocephala*（Valenciennes，1837）

别名及俗名 黑咕噜

同种异名 头孔蛇塘鳢*Ophieleotris porocephala*

分类地位 虾虎鱼目、虾虎鱼亚目、塘鳢科、头孔塘鳢属

形态特征 体延长，前部圆筒形，后部侧扁。背缘、腹缘微微隆起，尾柄较高。头中大，形状微尖，稍平扁；头后高而侧扁，头宽大于头高。吻中大，稍尖，吻长为眼径的1.4倍。眼中大，上位，稍突出。两眼间隔宽平，约为眼径的2倍。口大，前上位，口裂向后延伸至对应于眼睛中位后方。上、下颌齿形状细尖，多行，内列齿形状较大；锄骨无齿。唇厚。舌大，游离。鳃孔宽大，向前、向下延伸至眼后缘与前鳃盖骨后缘的中间下方。前鳃盖骨后缘具有5个感觉管孔。鱼体具中型的弱栉鳞；颈部、脸颊、鳃盖、胸鳍基部、腹部则为小圆鳞；吻部无鳞。无侧线。背鳍2个，相距较近：第一背鳍起于胸鳍基部后上方，第三、第四鳍棘最长，后端几乎延伸到第二背鳍起点；第二背鳍较长，平放时不延伸至尾鳍基部。臀鳍起点与第二背鳍相对。胸鳍宽圆，扇形，中侧位。腹鳍长，起于胸鳍基部的下方，内侧鳍条长于外侧鳍条，左、右腹鳍靠近，但不相连、愈合，腹鳍末端不会延伸至肛门。尾鳍长圆形。头部及体侧为棕青色，腹侧色浅，幼鱼体侧有2条灰白色横带，随着成长而逐渐消失，仅在体背留下不规则的淡黄色大斑；体侧中部有4~5条灰黑色纵带，并杂有青黄色或白色小圆斑，鳃盖及脸颊部位也具有若干个小白斑。胸鳍基部常具有2个褐斑；尾柄上方有时具1个暗色斑块；各鳍为灰黑色，第二背鳍、臀鳍及尾鳍边缘颜色较浅。

生态习性							
咸淡水							
第一背鳍	第二背鳍	胸鳍	臀鳍	尾鳍	纵列鳞	横列鳞	背鳍前鳞
Ⅵ	I-8	13	I-7	14	36	16	26

生活习性 中小型底层鱼类，喜欢半淡咸水环境，主要栖息于河口及红树林等咸淡水域。攻击性强，肉食性，一般以摄食小鱼、虾、蟹、水生昆虫等为生。

分布区域 分布于印度洋-西太平洋海域，由东非到菲律宾，北至琉球群岛，南至澳大利亚和新喀里多尼亚。我国见于南部沿海地区和台湾地区。

保护等级 中国红色名录：数据缺乏（DD）；IUCN：无危（LC）。

参考文献 [25] [32] [36] [44]

张大庆　供图

五、沙塘鳢科

（1）小黄黝鱼

拉丁名 *Micropercops swinhonis*（Günther，1873）

同种异名 黄黝鱼*Hypseleotris swinhonis*

分类地位 虾虎鱼目、虾虎鱼亚目、沙塘鳢科、小黄黝鱼属

形态特征 体延长，颇侧扁；背缘浅弧形，腹缘稍平直；尾柄颇长，小于体高。头中大，较尖，颇侧扁，背部稍隆起。吻尖突，颇长，吻长小于或大于眼径。眼大，背侧位，眼上缘突出于头部背缘。眼间隔狭窄，稍内凹，稍小于眼径。鼻孔每侧2个，分离，相互接近：前鼻孔近吻端，具一短管；后鼻孔小，圆形，边缘隆起，紧位于眼前缘。口中大，前位，斜列，下颌长于上颌，稍突出。上颌骨后端不伸达眼缘下方。体被中大栉鳞，头部、前鳃盖骨前部被圆鳞，鳃盖骨被小栉鳞，吻部和眼间隔处无鳞。胸部和胸鳍基部被小圆鳞。无侧线。

生态习性				椎骨			
淡水				32			
第一背鳍	第二背鳍	胸鳍	臀鳍	尾鳍	纵列鳞	横列鳞	背鳍前鳞
Ⅶ～Ⅷ	I-10～12	14～15	I-8～9	24～25	28～32	8～10	15～16

生活习性 主要生活于江河、湖泊、塘以及库等缓流的多水草处。具有攻击性，食物以小鱼、小虾为主，也捕食节肢类。

分布区域 我国分布较广，东北、华北、西南、华南、华中地区皆有分布，如四川、上海、湖南、北京等地。

保护等级 中国红色名录：无危（LC）；IUCN：无危（LC）。

参考文献 [6] [32] [38] [106] [190]

（2）海南细齿塘鳢

海南细齿塘鳢亚成体

拉丁名 *Microdous chalmersi*（Nichols & Pope，1927）

同种异名 海南华黝鱼*Sineleotris chalmersi*、海南细齿塘鳢*Philypnus chalmersi*

分类地位 虾虎鱼目、虾虎鱼亚目、沙塘鳢科、细齿塘鳢属

形态特征 体延长，前部亚圆筒形，后部侧扁；背缘、腹缘浅弧形，尾柄较长，头中大，较尖，低而略平扁，背部稍隆起，头宽几乎等于头高，吻较长，吻长略大于眼径。眼中大，背侧位，鼻孔每侧2个，分离。口小，前位，斜裂。上颌稍突出。上颌骨后端伸达眼前缘下方。上、下颌齿细小，下颌内行齿稍扩大。鳃孔大，侧位。峡部宽大，体被中大弱栉鳞，项部及峡部被圆鳞；无侧线。背鳍2个，分离；第一背鳍高，基部短，起点在胸鳍基后上方，第二背棘最长，略高于第一背鳍，基部较长，其余鳍棘向后渐短小。前部鳍条稍短，后部鳍条较长。胸鳍基部有亮黄色斑纹。体侧为乳黄色，有数个大块黑斑且伴随大量黑色不规则斑纹。

生态习性							
淡水							
第一背鳍	第二背鳍	胸鳍	臀鳍	尾鳍	纵列鳞	横列鳞	背鳍前鳞
Ⅷ	I-9 ~ 10	14 ~ 15	I-8 ~ 9	16 ~ 17	40 ~ 46	14 ~ 16	21 ~ 24

生活习性 暖水性小型底层鱼类。生活于江、河和河沟的底层，喜栖息于泥沙、杂草和碎石相混杂的浅水区，不进入咸、淡水的河口区。游泳力较弱。肉食性，一般以摄食小鱼、虾、蟹、水生昆虫为生。

分布区域 海南那大、琼中、通什，广西龙州，云南河口等。

保护等级 中国红色名录：易危（VU）。

参考文献 [26] [32] [190]

（3）海南新沙塘鳢

拉丁名　*Neodontobutis hainanensis*（Chen，1985）

分类地位　虾虎鱼目、虾虎鱼亚目、沙塘鳢科、新沙塘鳢属

形态特征　体延长，头部及躯干部均侧扁；背缘隆起，腹缘浅弧形隆起；尾柄较长。头中大，前部稍低，略平扁，后部高而侧扁，头宽小于头高。吻短钝，平扁，吻长为眼径的1.2倍。眼中大，上侧位，稍突出，在头的前半部。眼间隔较宽，稍隆起，大于眼径，约为眼径的1.2倍。左、右腹鳍相互靠近，不愈合成吸盘，尾鳍为长圆形。

生态习性				椎骨			
淡水				27			
第一背鳍	第二背鳍	胸鳍	臀鳍	尾鳍	纵列鳞	横列鳞	背鳍前鳞
Ⅶ	I-8～9	14～16	I-7～8	16	28～30	9～11	16～18

生活习性　暖水性淡水小型底层鱼类，栖息于河、溪中，游泳力较弱。成鱼摄食水生昆虫、底栖甲壳类。个体小，无食用价值。体长40～60mm。数量少。

分布区域　广东珠江水系及海南各水系。为中国特有种。

保护等级　中国红色名录：易危（VU）。

参考文献　[26] [32] [190]

（4）海丰沙塘鳢

萧徽文 供图

萧徽文 供图　　　　　　　萧徽文 供图

拉丁名　*Odontobutis haifengensis* Chen，1985

分类地位　虾虎鱼目、虾虎鱼亚目、沙塘鳢科、沙塘鳢属

形态特征　体延长，前部亚圆筒形。头稍钝，前部低而稍平扁，后部隆起，侧扁。吻尖长，吻长大于眼径。眼略小，在头的前半部；眼间隔宽平；眼间隔两侧的眼上缘和后缘各有1条半环形的骨质嵴，骨质嵴在后缘处较明显。前鼻孔圆形，接近上唇；后鼻孔在眼前方。口前位；下颌稍突出，但不上翘；上颌骨后端伸达眼中部下方。上、下颌齿尖锐，排列稀疏。舌端平截，颇宽。唇发达。鳃孔向头腹部延伸，伸达眼中部下方。前鳃盖骨后缘光滑。鳃盖骨后缘无锯齿，上方有1条纵向的黏液沟。颊部不隆起。假鳃存在。鳃耙小，颗粒状。体被栉鳞，头部及胸、腹部被细小的圆鳞，吻部无鳞。

生态习性							
淡水							
第一背鳍	第二背鳍	胸鳍	臀鳍	尾鳍	纵列鳞	横列鳞	背鳍前鳞
Ⅵ～Ⅷ	I-8～10	15～16	I-7～8	17	29～32	12～13	21～23

生活习性　淡水小型底层鱼类，生活于河川及溪流的底层，喜栖息于泥沙、杂草和碎石相混杂的浅水区。

分布区域　广东龙津河水系及东江水系，最新的考察在广东榕江的南河和北河分支有发现。

保护等级　中国红色名录：易危（VU）。

参考文献　[32] [134] [190]

（5）河川沙塘鳢

拉丁名　*Odontobutis potamophila*（Günther，1861）

分类地位　虾虎鱼目、虾虎鱼亚目、沙塘鳢科、沙塘鳢属

形态特征　体延长，粗壮，前部亚圆筒形，后部侧扁；背缘、腹缘浅弧形隆起，尾柄较高；头宽大。颊部圆突。吻宽短，吻长大于眼径，为眼径的1.5～1.8倍。眼小，上侧位，稍突出。鼻孔每侧2个。口大，前位，斜裂。鳃孔宽大，向头部腹面延伸达眼前缘或中部的下方。前鳃盖骨后下缘无棘。鳃盖条6根。具假鳃。鳃耙粗短，稀少。体被栉鳞，腹部和胸鳍基部被圆鳞；鳃盖、颊部及项部均被小栉鳞，吻部和头部腹面无鳞；眼后头顶部鳞片排列正

常。无侧线。背鳍2个，分离；第一背鳍的起点在胸鳍基部上方，第一鳍棘短弱；第二背鳍高于第一背鳍，基部较长。臀鳍和第二背鳍相对。胸鳍宽圆，扇形，后端伸越第一背鳍基底后端。腹鳍较短小，起点在胸鳍基底下方。尾鳍圆形。头、体呈黑青色，体侧具3~4个宽而不整齐的鞍形黑色斑块。头侧及腹面有许多黑色斑块及点纹。第一背鳍有1个浅色斑块。胸鳍基部的上、下方各具1个长条状黑斑。尾鳍边缘白色，基底有时具2个黑色斑块。

生态习性							
淡水							
第一背鳍	第二背鳍	胸鳍	臀鳍	尾鳍	纵列鳞	横列鳞	背鳍前鳞
Ⅵ~Ⅷ	I-7~10	14~17	I-6~9	17	34~41	14~17	24~31

生活习性　淡水小型底层鱼类，生活于湖泊、江河和河沟的底层，喜栖息于泥沙、杂草和碎石相混杂的浅水区。

分布区域　为中国特有种，分布于长江中、下游（湖北荆州至上海江段）及沿江各支流、钱塘江水系、闽江水系，偶见于黄河水系。

保护等级　中国红色名录：无危（LC）。

参考文献　[32] [134]

（6）中华沙塘鳢

拉丁名 *Odontobutis sinensis* Wu，Chen & Chong，2002

别称及俗名 沙塘鳢、塘鳢鱼、菜花鱼、土布鱼、土鲋鱼

分类地位 虾虎鱼目、虾虎鱼亚目、沙塘鳢科、沙塘鳢属

形态特征 体粗壮，头大而阔，稍扁平，腹部浑圆，后部侧扁。口大，上位，斜裂达眼中心的下方。上、下颌具细齿。犁骨无齿，眼小，突出。背鳍2个，各自分离，各鳍均无硬刺。胸鳍大，圆形，尾鳍后缘稍圆，无侧线。体呈黑褐色，带有黄色光彩，腹部淡黄，体侧有不规则的大块黑色斑纹，各鳍都有淡黄色与黑色相间的条纹。

生态习性							
淡水							
第一背鳍	第二背鳍	胸鳍	臀鳍	尾鳍	纵列鳞	横列鳞	背鳍前鳞
Ⅵ～Ⅶ	Ⅰ-9	14～15	Ⅰ-7～8	17	39～42	16～17	30～34

生活习性 多见于江河湖泊的浅水中以及栖息于卵石堆、岩缝、沙滩及溪湾，喜生活于河沟及湖泊近岸多水草、瓦砾、石隙、泥沙的底层。游泳力弱。冬季潜伏在水层较深处或石块下越冬，以虾、小鱼为主要食物。

分布区域 长江中上游的湖南、湖北等地，珠江流域的广东、广西、海南等。

保护等级 中国红色名录：无危（LC）。

参考文献 [20] [26] [32] [134]

（7）鸭绿江沙塘鳢

拉丁名　*Odontobutis yaluensis* Wu，Wu & Xie，1993

分类地位　虾虎鱼目、虾虎鱼亚目、沙塘鳢科、沙塘鳢属

形态特征　体延长，前部亚圆筒形，后部侧扁；背缘、腹缘浅弧形隆起；尾柄较高。头宽而平扁，前部低平，后部隆起，体侧扁；头宽大于头高。颊部圆突。吻宽短，吻长大于眼径，为眼径的1.3～1.9倍。眼小，上侧位，稍突出，在头的前半部。眼间隔宽平，稍大于眼径。鼻孔每侧2个，分离：前鼻孔具一短管，接近上后；后鼻孔小，圆形，在眼的前方。口大，亚前位，斜裂。下颌突出，上颌骨后端向后伸达眼中部下方。上、下颌齿细尖，多行；

犁骨和腭骨均无齿。唇厚舌大，颊宽，游离，前端圆形。体被栉鳞，头部、腹部和胸鳍基部被小圆鳞。鳃盖、颊部及项部均被小栉鳞，吻部和头部腹面无鳞。眼后头顶部鳞片排列特殊，呈同心圆状或辐射状，无侧线。背鳍2个，分离，相距较远；第一背鳍起点在胸鳍基底后上方。液浸标本的头、体为棕色，背部色深，腹部色浅，头部、体腹面杂有不规则黑色杂斑，体侧具3块三角形大斑：第一个斑块位于第一背鳍第四至第六鳍棘的下方，第二个斑块位于第二背鳍后面的3个鳍条下方，第三个斑块位于尾柄部。各鳍浅褐色，均具多行由深褐色细点组成的条纹。胸鳍基部的上、下方各隐具1个长条状黑斑。

生态习性							
淡水							
第一背鳍	第二背鳍	胸鳍	臀鳍	尾鳍	纵列鳞	横列鳞	背鳍前鳞
Ⅵ~Ⅷ	I-8~10	15~16	I-6~8	18	43~53	17~22	21~26

生活习性 淡水小型底层鱼类，生活于中国东北地区江河的底层，喜栖息于泥沙、石砾、杂草和碎石相混杂的浅水区。体长180~220mm，大者可达250mm，数量少。

分布区域 辽河水系及中朝界河鸭绿江水系。

保护等级 中国红色名录：易危（VU）。

参考文献 [32] [134]

四种沙塘鳢的区分

四种沙塘鳢外形相似，极易混淆。中华沙塘鳢最易与其他沙塘鳢区分，其眼后感觉孔C缺乏，而其余三种需要依靠纵列鳞数量区分。目前一个较为方便的区分方法为确定产地，其中鸭绿江沙塘鳢仅分布于鸭绿江和辽河水系；海丰沙塘鳢仅见于广东南部几条入海溪流之中（伍汉霖，2008）。随着沙塘鳢的养殖以及其他人类活动的进行，此法未必准确，应当结合感觉孔特征确定。

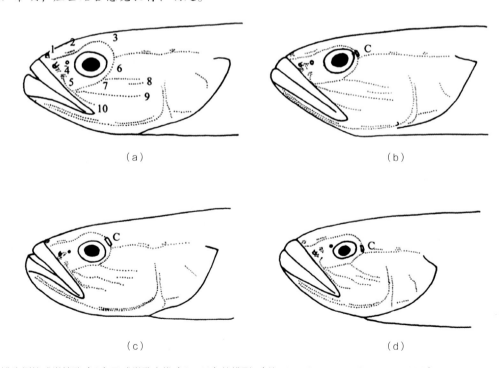

（a） （b）

（c） （d）

沙塘鳢头侧的感觉管孔（C）及感觉乳突线（1~10）的排列（仿Wu、Chen and Chong，2002）

（a）中华沙塘鳢O. sinensis；（b）海丰沙塘鳢O. haifengensis；（c）鸭绿江沙塘鳢O. yaluensis；（d）河川沙塘鳢O. potamophila

（8）葛氏鲈塘鳢

拉丁名　*Perccottus glenii* Dybowski，1877

别称及俗名　山胖头、沙姑鲈子、还阳鱼、老头鱼

分类地位　虾虎鱼目、虾虎鱼亚目、沙塘鳢科、鲈塘鳢属

形态特征　体形粗短，略呈纺锤形，前部圆筒形，后部侧扁。头大而平扁，吻尖而平扁，吻背中间有一大的骨质隆起，眼中等大，侧上位，眼间区宽而稍凹。鼻孔2对，前鼻孔微呈管状。口大，下颌稍突出于上颌，后延至眼球下方。上、下颌及犁骨上具有绒毛状的锐齿带。背鳍2个，分离，相距较近；第一背鳍起点在胸鳍基部后上方，

第一鳍棘短弱，第三、第四鳍棘最长，后部鳍棘较短，平放时后端伸越第二背鳍起点；第二背鳍高于第一背鳍，基部较长，后部鳍条短，平放时不伸达尾鳍基。臀鳍和第二背鳍相对，同形，起点在第二背鳍第四至第五鳍条的下方。胸鳍宽圆，扇形，下侧位，稍长于眼后头长，向后不伸达臀鳍起点。腹鳍小，起点在胸鳍基部下方，内侧鳍条长于外侧鳍条，左、右腹鳍相互靠近，不愈合成吸盘，末端远不达肛门。尾鳍长圆形。

生态习性							
淡水							
第一背鳍	第二背鳍	胸鳍	臀鳍	尾鳍	纵列鳞	横列鳞	背鳍前鳞
VII	I-11 ~ 12	18 ~ 19	I-10	17	36 ~ 39	16 ~ 18	24 ~ 28

生活习性　栖息于江河小支流的静水处，或者是水生植物较多的沼泽里，水深一般在30 ~ 60cm，水底腐殖质沉积较多。适温范围较广，15 ~ 30℃内均可生存。活动性不强，不远游；耐缺氧，在极度缺氧的条件下也能生存。越冬能力强。能潜伏于水底泥土中，几乎停止活动。水面封冰时，常栖身于半球形冰洞里，洞口位于水中，其下方常有茂密的水生植物，洞中充满了小冰块和空气，温度接近于0℃，能够在这种环境中越冬。

分布区域　分布于俄罗斯远东地区、朝鲜半岛北部、日本，以及我国辽河、黑龙江、松花江、兴凯湖等水系。

保护等级　中国红色名录：无危（LC）。

参考文献　[32] [190]

（9）萨氏华鳜鱼

郁天天 供图

拉丁名　*Sineleotris saccharae* Herre，1940

分类地位　虾虎鱼目、虾虎鱼亚目、沙塘鳢科、华鳜鱼属

形态特征　体延长，颇侧扁；背缘浅弧形隆起，腹缘稍平直；尾柄颇长，小于体高。头中大，较尖，甚为侧扁，背部稍隆起。头部具7个感觉管孔。颊部不凸出，颊部感觉乳突线由单个感觉乳突排成纵行组成，有2条水平状（纵向）感觉乳突线，无垂直（横向）感觉乳突线。吻尖突，颇长。眼小，背侧位，眼上缘突出于头部背缘。眼间隔狭窄，稍内凹，小于眼径。鼻孔每侧2个，分离，相互接近：前鼻孔近吻端，具一短管；后鼻孔小，圆形，边缘隆起，紧位于眼前缘。口小，前位，斜裂。下颌微突，闭口时，上、下颌几乎等长；上颌骨后端伸达吻端至眼前缘3/4处的下方。上、下颌齿细小，尖锐，排列成绒毛状齿带；腭膜表皮上散布若干微小皮齿。犁骨、腭骨及舌上均无齿。唇略厚，发达。舌窄长，游离，舌端稍呈平截形。鳃孔大，侧位，向头部腹面延伸，止于眼中部下方。鳃盖骨后缘无锯齿。鳃盖上方具5个感觉管孔，前鳃盖骨后缘亦具5个感觉管孔。峡部狭窄，左、右鳃盖膜在峡部的中部相遇，并在稍前方愈合，同时与峡部有小部分相连。鳃盖条6根。具假鳃。鳃耙短小，圆柱形，柔软、光滑，无小刺。最长鳃耙约为鳃丝的1/2长。体侧及尾部均被中大栉鳞，吻部无鳞，颊部、前鳃盖部、项部及胸腹部均被细小的圆鳞，鳃盖部被较大的栉鳞。无侧线。

生态习性				椎骨			
淡水				36			
第一背鳍	第二背鳍	胸鳍	臀鳍	尾鳍	纵列鳞	横列鳞	背鳍前鳞
IX	I-13	14～15	I-9	17～18	34～36	12	11～13

生活习性　淡水小型底栖鱼类，栖息于河川、小溪中。体长70～80mm。

分布区域　广东的韩江、龙津河、东江、漠阳江水系。为中国特有种。

保护等级　中国红色名录：无危（LC）。

参考文献　[32] [190]

六、嵴塘鳢科

（1）锯嵴塘鳢

拉丁名 *Butis koilomatodon*（Bleeker，1849）

分类地位 虾虎鱼目、虾虎鱼亚目、嵴塘鳢科、嵴塘鳢属

形态特征 体延长，头部短钝，两眼位于头部上方，口大而斜裂，背缘呈弧形。体黑褐色，胸鳍大而长，腹鳍分离，尾柄长，体长可达10.7cm。无侧线。背鳍2个：第一背鳍起于胸鳍基部稍后上方，后端不延伸至第二背鳍；第二背鳍较长，平放时不延伸至尾鳍基部。臀鳍起点与第二背鳍相对。胸鳍呈宽圆、扇形，中侧位，胸鳍长约等于头长。左、右腹鳍靠近，但不相连、愈合，腹鳍末端不至肛门。尾鳍长圆形。头部及体侧为黄褐色，腹侧色浅，体侧有6条黑色横带，有时横带不明显；眼下方及眼后下方常具有2～3条辐射状灰黑色的条纹。背鳍及臀鳍为灰黑色，具浅色条纹；腹鳍黑色；尾鳍深灰色。

生态习性							
咸淡水							
第一背鳍	第二背鳍	胸鳍	臀鳍	尾鳍	纵列鳞	横列鳞	背鳍前鳞
Ⅵ	I-8～9	20～22	I-7～8	15～16	28～31	8～9	12～13

生活习性 栖息于红树林区的沙泥底质水域，属底栖性鱼类，平时停栖在沙泥表面或树枝气根上，很少游动，肉食性，以小型底栖无脊椎动物为食。

分布区域 分布于印度洋-太平洋区，包括莫桑比克、坦桑尼亚、马达加斯加、塞舌尔群岛、印度、中国、泰国、越南、柬埔寨、印度尼西亚、菲律宾、巴布亚新几内亚、大洋洲等地区。

保护等级 未评估（NE）。

参考文献 [20] [26] [32] [44]

（2）黑斑嵴塘鳢

拉丁名　*Butis melanostigma*（Bleeker，1849）

别称及俗名　倒吊塘鳢

分类地位　虾虎鱼目、虾虎鱼亚目、嵴塘鳢科、嵴塘鳢属

形态特征　体延长，头部尖而长，两眼位于头部上方，口大而斜裂，背缘呈弧形。吻的中部两侧、眼睛的前方各有2条低平的骨质棘，且棘缘呈巨齿状。眼小，上位，稍突出。口大，前上位，口裂向后延伸至对应于眼睛前缘之处。上、下颌齿形状细尖，多行，上颌外列齿与下颌的内列齿较大；锄骨无齿。唇厚。舌窄，游离。鳃孔宽大，向前、向下延伸至对应于眼前缘的下方。鱼体具大型栉鳞，胸部与腹部被圆鳞，各鳞片的基部大多有1枚小型副鳞。头部除吻前部、唇和脸颊外，无侧线。背鳍2个：第一背鳍起于胸鳍基部后上方，后端不延伸至第二背鳍；第二背鳍较长，平放时不延伸至尾鳍基部。臀鳍起点与第二背鳍相对。胸鳍宽圆，呈长扇形，中侧位，胸鳍后端对应于第二背鳍的起点。左、右腹鳍靠近，但不相连、愈合，腹鳍末端不至肛门。尾鳍长圆形。头部及体侧一致为灰褐色至淡褐色，腹侧浅色。体侧鳞片通常均有1个淡色斑点，在体侧形成许多纵行点纹。头部自吻端经眼至鳃盖骨中部有1条黑色纵纹。第二背鳍、臀鳍浅灰色，均有数行暗褐色斑点；腹鳍黑色；胸鳍无色；基部有1个黑斑，黑斑的上、下方各有1个橘红斑。

生态习性							
咸淡水							
第一背鳍	第二背鳍	胸鳍	臀鳍	尾鳍	纵列鳞	横列鳞	背鳍前鳞
VI	I-8	16～18	I-8	16～18	28～30	11～12	20～21

生活习性　暖水性近岸小型底栖性鱼类，栖息于沿海浅水处、河口、红树林湿地等咸、淡水区，喜欢生活于底质为石砾的海域。不喜欢游动，常停栖在石块、枯木的缝隙中，有时会倒贴在物体上。主要以小型鱼类、甲壳类等动物为食。

分布区域　分布于印度洋-西太平洋海域，红海至太平洋中部各岛屿。我国分布于南部沿海地区。

保护等级　未评估（NE）。

参考文献　[20] [26] [32] [44]

七、未定种

（1）猴子·吻虾虎鱼

拉丁名 *Rhinogobius* sp.

分类地位 虾虎鱼目、虾虎鱼亚目、背眼虾虎鱼科、吻虾虎鱼属

形态特征 体延长，前部圆筒形，后部侧扁；吻圆钝。头部有一经过双眼的红色"V"形斑纹，较粗。颊部及鳃盖膜为乳白色，颊部及鳃盖膜无斑纹，体侧为乳白色，无明显斑纹。背鳍2个，第一背鳍无丝状突出，第四鳍棘前有一黑色斑纹，第三鳍棘前有白色色块。第一、第二背鳍鳍膜为橘色，透明，外缘处不透明。

生活习性 河、溪底层小型鱼类，肉食性。

分布区域 广东。

（2）蜜蜂吻虾虎鱼

拉丁名 *Rhinogobius* sp.

分类地位 虾虎鱼目、虾虎鱼亚目、背眼虾虎鱼科、吻虾虎鱼属

形态特征 体延长，前部圆筒形，后部侧扁；吻圆钝。颊部及鳃盖膜为乳白色，有3条黑色斜纹，鳃盖膜无斑纹。体侧上半部分为乳白色，下半部分为黄色，有6条黑色纵纹。背鳍2个，第一背鳍无丝状突出，第四鳍棘前有一黑色斑块，第一、第二背鳍鳍膜基本为黄色，臀鳍与第二背鳍同形，鳍膜为橘色，外缘为白色。

生活习性 河、溪底层小型鱼类，肉食性。

分布区域 广西。

（3）纹鳃吻虾虎鱼

 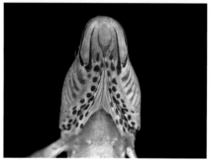 

广西产纹鳃吻虾虎鱼表现型

拉丁名 *Rhinogobius* sp.

分类地位 虾虎鱼目、虾虎鱼亚目、背眼虾虎鱼科、吻虾虎鱼属

形态特征 体延长，前部圆筒形，后部侧扁；吻圆钝。颊部为浅红色，上有大量白色斑点，鳃盖膜为黄色，上有红色斑点。体侧为灰白色，上有红色不规则斑纹。背鳍2个，第一背鳍特别延长，其中第二、第三鳍棘最长，第一、第二鳍棘之间有一黑色小点，第一、第二背鳍鳍膜为青蓝色，其上有红色不规则斑纹。

生活习性 河、溪底层小型鱼类，肉食性。

分布区域 广东西部。

（4）衢州扁头吻虾虎鱼

拉丁名 *Rhinogobius* sp.

分类地位 虾虎鱼目、虾虎鱼亚目、背眼虾虎鱼科、吻虾虎鱼属

形态特征 体延长，前部圆筒形，后部侧扁；吻圆钝，头尖长，下颌长于上颌。眼下缘有一条黑色斜线。颊部及鳃盖膜无纹。体侧为粉白色，下部略黑。背鳍2个，第一背鳍无丝状突出，鳍膜为红褐色。

生活习性 河、溪底层小型鱼类，肉食性。

分布区域 衢州。

（5）扁头吻虾虎鱼

拉丁名　*Rhinogobius* sp.

分类地位　虾虎鱼目、虾虎鱼亚目、背眼虾虎鱼科、吻虾虎鱼属

形态特征　体延长，前部圆筒形，后部侧扁；吻圆钝，头部扁宽，颊部向外突出。颊部为灰白色，上有不规则黑色纹路，鳃盖膜上有细小的红色斑点。体侧为灰白色，上有一排黑色断线组成的线纹，最后一个断线位于尾鳍基部。背鳍2个，丝状突出，其中第三、第四鳍棘最长，鳍膜为浅红色，其中有一条蓝色长条纹。

生活习性　河、溪底层小型鱼类，肉食性。

分布区域　浙江、江西等。

（6）新红吻虾虎鱼

新红吻虾虎鱼无喉纹表现型

拉丁名 *Rhinogobius* sp.

分类地位 虾虎鱼目、虾虎鱼亚目、背眼虾虎鱼科、吻虾虎鱼属

形态特征 体延长，前部圆筒形，后部侧扁；吻圆钝。颊部及鳃盖膜为乳白色，颊部无斑纹，鳃盖膜后缘有少量红色斑点。体侧为乳白色，无明显斑纹，上有少量红色小斑块。背鳍2个，第一背鳍第四鳍棘之前有一个黑色斑块，第三鳍棘之前有蓝色斑块，第一、第二背鳍鳍膜为红色，第二背鳍靠近外缘处有一条黑色弧线斑纹。

生活习性 河、溪底层小型鱼类，肉食性。

分布区域 广东、广西。

（7）草莓吻虾虎鱼

拉丁名 *Rhinogobius* sp.

分类地位 虾虎鱼目、虾虎鱼亚目、背眼虾虎鱼科、吻虾虎鱼属

形态特征 体延长，前部圆筒形，后部侧扁；吻圆钝。眼下缘有一弧形黑色线纹，颊部为灰白色，边缘有少量白色斑点，鳃盖膜为红色，其中有大量白斑。体侧为黑色，上有少量不规则白色斑点。腹部为白色。背鳍2个，第一背鳍无丝状延伸，第一、第二背鳍鳍膜皆为红色，无明显斑纹。

生活习性 河、溪底层小型鱼类，肉食性。

分布区域 福州。

（8）黄喉吻虾虎鱼

　　拉丁名　*Rhinogobius* sp.

　　分类地位　虾虎鱼目、虾虎鱼亚目、背眼虾虎鱼科、吻虾虎鱼属

　　形态特征　体延长，前部圆筒形，后部侧扁；吻圆钝。颊部及鳃盖膜为黄色，颊部上有大量黑色小斑。体侧为乳白色，上有黑色小斑。背鳍2个，第一背鳍无丝状突出，鳍膜透明，上有一梯形蓝色透明纹路，第二背鳍基本透明，有少量蓝色斑纹。

　　生活习性　河、溪底层小型鱼类，肉食性。

　　分布区域　湖南等。

（9）黄唇吻虾虎鱼

黄唇吻虾虎鱼　　　　　　　　　　　黄唇吻虾虎鱼雌性

海南产黄唇吻虾虎鱼表现型

广西产黄唇吻虾虎鱼表现型

广西产黄唇吻虾虎鱼高背鳍表现型

广西东兴产黄唇吻虾虎鱼表现型一

广西东兴产黄唇吻虾虎鱼表现型二

拉丁名　*Rhinogobius* sp.

分类地位　虾虎鱼目、虾虎鱼亚目、背眼虾虎鱼科、吻虾虎鱼属

形态特征　体延长，前部圆筒形，后部侧扁；吻圆钝。颊部为黄色，无纹，鳃盖膜为蓝紫色，其上有不规则红色线纹。体侧为乳黄色，点缀红色斑点。背鳍2个，第一背鳍有时无色，有色时，鳍膜为浅红色，外缘为蓝色。

注：黄唇吻虾虎鱼并不是指某一种虾虎鱼，拥有类似特征的虾虎鱼在饲养者中都被如此称呼，故可能是包含数个物种的一个群体，目前尚不明确，有待学者进一步研究。

生活习性　河、溪底层小型鱼类，肉食性。

分布区域　广东、海南等。

（10）湖南黄唇吻虾虎鱼

拉丁名　*Rhinogobius* sp.

分类地位　虾虎鱼目、虾虎鱼亚目、背眼虾虎鱼科、吻虾虎鱼属

形态特征　体延长，前部圆筒形，后部侧扁；吻圆钝，尖长，颊部为浅黄色，眼下缘具一黑斑。鳃盖膜为蓝紫色，其上有大量红色点纹。体侧为乳黄色，无明显斑纹，分布有大量乳白色细点。背鳍2个，分离，第一背鳍丝状突出，第一背鳍鳍膜为红色。

生活习性　河、溪底层小型鱼类，肉食性。

分布区域　湖南。

（11）湄公河吻虾虎鱼

拉丁名　*Rhinogobius* sp.

分类地位　虾虎鱼目、虾虎鱼亚目、背眼虾虎鱼科、吻虾虎鱼属

形态特征　体延长，前部圆筒形，后部侧扁；吻圆钝，颊部和鳃盖膜上分布大量细碎的小红点，鳃盖膜为乳黄色或者淡蓝色，头部有一穿过双眼的"V"形红细线。体侧为黑色和白色斑块交织而成的云斑，其上有数行由红色小斑点组成的断线，有时不明显。背鳍2个，分离，第一背鳍第一至第三鳍棘之间有黑色和亮蓝色色斑，鳍膜为浅黄色，外缘为亮黄色；第二背鳍鳍膜为浅红色，其上有5行白色小点组成的线，每个小点落点在鳍条上。臀鳍略短于第二背鳍，鳍膜为橘色，外缘为白色。尾鳍长圆形，鳍膜略带黄色，外缘为亮蓝色。

　　注：本种疑似湄公河吻虾虎鱼*Rhinogobius mekongianus*，但目前没有数据支持此观点，可能会在日后的研究中得到解答。

生活习性　河、溪底层小型鱼类，主要栖息在石质底的环境中，肉食性，以无脊椎动物和小鱼为食。

分布区域　主要见于老挝和越南，我国分布于云南省靠近老挝以及越南边境的地区。

拉丁名　*Rhinogobius* sp.

分类地位　虾虎鱼目、虾虎鱼亚目、背眼虾虎鱼科、吻虾虎鱼属

形态特征　体延长，前部稍平扁，后部侧扁，前部圆筒形。头中大，圆钝。上、下颌等长。头、体浅灰色。体部两侧分布有数条浅灰色斑纹。颊部有6~7条灰色斜纹，为本种标志性特点。第一背鳍第一、第二鳍棘之间为蓝色，其余为橙色；第二背鳍外缘为橙色。

生活习性　小型底层鱼类，喜生活于急流浅滩处，以特化为圆盘状的腹鳍吸附于砾石上，肉食性。

分布区域　福建、广东。为中国特有种。

（13）湘西黄唇吻虾虎鱼

拉丁名 *Rhinogobius* sp.

分类地位 虾虎鱼目、虾虎鱼亚目、背眼虾虎鱼科、吻虾虎鱼属

形态特征 体延长，前部圆筒形，后部侧扁；吻圆钝，颊部无斑纹，为浅黄色，有时在下部边缘有几条黑色短线。鳃盖膜上分布有大量的红色斑点。背鳍2个，分离，第一背鳍无丝状突出，第一、第二背鳍鳍膜为红色，第二背鳍鳍膜上有浅蓝色云斑。胸鳍无色，基部为浅黄色，尾鳍长圆形。

生活习性 河、溪底层小型鱼类，肉食性。

分布区域 湖南。

（14）点纹黄唇吻虾虎鱼

拉丁名 *Rhinogobius* sp.

分类地位 虾虎鱼目、虾虎鱼亚目、背眼虾虎鱼科、吻虾虎鱼属

形态特征 体延长，前部圆筒形，后部侧扁；吻圆钝，颊部无斑纹，为浅黄色，有时在下部边缘有几条黑色短线。鳃盖膜为黄色，略显蓝紫色，其上有9～12条红色点状或不规则斑纹，在鳃盖上有一条连接胸鳍基部的黑色粗线纹，可作为识别特征。体侧为乳黄色，在胸鳍基部和尾鳍基部之间有数条红色或红黑色小斑点组成的断线，位于体侧中央的点纹最大。背鳍2个，分离，第一背鳍无丝状突出，其中第三、第四鳍棘最长，第一、第二鳍棘之间有一黑色小斑，第一、第二背鳍鳍膜都为红色，第二背鳍鳍膜上有浅蓝色云斑。胸鳍无色，基部为浅黄色，其上有1个黑色斑，有时表现为2个，臀鳍与第二背鳍同形。尾鳍长圆形，基部有1个黑点，鳍膜为橘红色。

生活习性 河、溪底层小型鱼类，肉食性。

分布区域 我国分布于广西靠近中越边境的地区。

（15）安徽扁头吻虾虎鱼

拉丁名　*Rhinogobius* sp.

分类地位　虾虎鱼目、虾虎鱼亚目、背眼虾虎鱼科、吻虾虎鱼属

形态特征　体延长，前部圆筒形，后部侧扁；吻圆钝，头尖长，下颌长于上颌。颊部及鳃盖膜无纹。体侧为乳黄色，有不明显红色点纹。背鳍2个，第一背鳍丝状突出，其中第二、第三鳍棘最长，鳍棘为红色，鳍膜为浅蓝色。

生活习性　河、溪底层小型鱼类，肉食性。

分布区域　安徽。

拉丁名 *Rhinogobius* sp.

分类地位 虾虎鱼目、虾虎鱼亚目、背眼虾虎鱼科、吻虾虎鱼属

形态特征 体延长，前部圆筒形，后部侧扁；吻圆钝。颊部为白色，上有2条红色横纹，鳃盖膜上有大量红色斑点。体侧为灰白色，有不规则黑色云斑，其上点缀红色斑点。背鳍2个，第一背鳍第三鳍棘前有黑色小斑点，斑点上部为亮蓝色。

生活习性 河、溪底层小型鱼类，肉食性。

分布区域 浙江。

（17）菊花吻虾虎鱼

夸示中的菊花吻虾虎鱼

菊花吻虾虎鱼亚成体

拉丁名 *Rhinogobius* sp.

分类地位 虾虎鱼目、虾虎鱼亚目、背眼虾虎鱼科、吻虾虎鱼属

形态特征 体延长，前部圆筒形，后部侧扁；吻圆钝。眼部后缘有一红色小短线，前缘有3条红色弧线。体侧为乳白色，上有红色穗状小斑纹。背鳍2个，无丝状突出，第一背鳍第三鳍棘前有黑色小斑纹，第一、第二背鳍鳍膜为黄色，第二背鳍外缘有一青黄色弧线纹。

生活习性 河、溪底层小型鱼类，肉食性。

分布区域 广西。

菊花吻虾虎鱼雌性

（18）巧克力新红吻虾虎鱼

拉丁名　*Rhinogobius* sp.

分类地位　虾虎鱼目、虾虎鱼亚目、背眼虾虎鱼科、吻虾虎鱼属

形态特征　体延长，前部稍平扁，后部侧扁。头中大，圆钝。颊部有3条黑色斜纹，鳃盖膜上有不规则红色纹路。体侧为黑色，有7条白色纵纹，其中第7条位于尾鳍基部。背鳍2个，第一背鳍无丝状突出，在第三背鳍前有黑色斑块，斑块上方为亮蓝色，第二背鳍鳍膜为橘色，在靠近上缘处有一黑色弧线纹。

生活习性　小型底层鱼类，生活在流水浅滩处，肉食性。

分布区域　广西。

（19）清水吻虾虎鱼

拉丁名　*Rhinogobius* sp.

分类地位　虾虎鱼目、虾虎鱼亚目、背眼虾虎鱼科、吻虾虎鱼属

形态特征　体延长，前部稍平扁，后部侧扁。头中大，圆钝。眼前缘有一条灰色细线。颊部和鳃盖膜无纹。体侧为黑色，有不规则白色云斑，其上有黄色小圆点。背鳍2个，第一背鳍的第一、第二鳍棘之间有一蓝色小点，外缘为黄色。

生活习性　小型底层鱼类，生活在流水浅滩处，肉食性。

分布区域　贵州。

（20）新黄吻虾虎鱼

拉丁名　*Rhinogobius* sp.

分类地位　虾虎鱼目、虾虎鱼亚目、背眼虾虎鱼科、吻虾虎鱼属

形态特征　体延长，前部稍平扁，后部侧扁。头中大，圆钝。颊部有3条黑色斜粗线，相互平行。鳃盖膜上有红色斑纹。体侧为灰褐色，有6条浅白色纵纹，其中第六条靠近尾鳍基部。背鳍2个，无丝状突出，其中第一、第二背鳍鳍膜为橘色，第一背鳍前缘有一黑色斑纹。

生活习性　小型底层鱼类，生活在流水浅滩处，肉食性。

分布区域　广西。

（21）云鼎黄鄂吻虾虎鱼

拉丁名 *Rhinogobius* sp.

分类地位 虾虎鱼目、虾虎鱼亚目、背眼虾虎鱼科、吻虾虎鱼属

形态特征 体延长，前部稍平扁，后部侧扁。头中大，圆钝。颊部无纹或有少量红点，鳃盖膜微黄，有少量红色细点纹。体侧为乳白色，有不明显的黑色云斑混合红点。背鳍2个，无丝状突出。

生活习性 小型底层鱼类，生活在流水浅滩处，肉食性。

分布区域 广东江阳。

拉丁名 *Rhinogobius* sp.

分类地位 虾虎鱼目、虾虎鱼亚目、背眼虾虎鱼科、吻虾虎鱼属

形态特征 体延长，前部稍平扁，后部侧扁。头中大，圆钝。颊部无纹或有少量紫色纹路，鳃盖膜上有大量紫红色斑点。体侧为乳白色，纹路不明显，有少量红色斑纹。背鳍2个，第一背鳍高且丝状突出，其中第二、第三鳍棘最长，鳍膜为亮黄色，其下有黑色斑纹。

生活习性 小型底层鱼类，生活在流水浅滩处，肉食性。

分布区域 海南。

（23）金喉迷宫吻虾虎鱼

拉丁名 *Rhinogobius* sp.

分类地位 虾虎鱼目、虾虎鱼亚目、背眼虾虎鱼科、吻虾虎鱼属

形态特征 体延长，前部圆筒形，后部侧扁；吻圆钝，颊部密布橘色蠕虫状线纹。体侧为橘黄色。背鳍2个，分离，第一背鳍无丝状突出，第一背鳍鳍膜前缘有一小黑斑，第二背鳍鳍膜为橘色，外缘为白色。胸鳍无色，基部为浅黄色，尾鳍长圆形。

生活习性 河、溪底层小型鱼类，肉食性。

分布区域 云南。

（24）龙山吻虾虎鱼

拉丁名　*Rhinogobious* sp.

分类地位　虾虎鱼目、虾虎鱼亚目、背眼虾虎鱼科、吻虾虎鱼属

形态特征　体延长，前部稍平扁，后部侧扁。头中大，圆钝。腹鳍膜盖上的鳍棘附近具有2个叶状突起。颊部具有暗色密集纹路，眼缘各向前伸出一条线，眼缘下方伸出一条向后弯曲的线。体侧鳞片主要为黑色，各鳍皆有黑白相间的条纹。

生活习性　小型底层鱼类，喜生活于急流浅滩处，以特化为圆盘状的腹鳍吸附于砾石上，肉食性。

分布区域　湖南。为中国特有种。

（25）广东短虾虎鱼

拉丁名 *Brachygobius* sp.

别称及俗名 国产小蜜蜂虾虎鱼

分类地位 虾虎鱼目、虾虎鱼亚目、背眼虾虎鱼科、短虾虎鱼属

形态特征 体较延长，前方圆钝而后部侧扁。头中大，眼大。颊部有分散的黑色点纹。背鳍2个，第一背鳍无丝状突出。体侧为乳白色，约有4条不规则黑色云斑，云斑间为浅黄色。第一背鳍前部有一黑色的小块斑纹，有时无色。第二背鳍、臀鳍、腹鳍透明，尾鳍基部有一块黑色斑纹。

生活习性 河口小型鱼类，生活在咸淡水域，也在淡水河流中发现。在水中多为漂浮，以小型无脊椎动物为食。

分布区域 我国在广东某些河流有发现。

参考文献

［1］陈利娟，肖乔芝，仇玉萍，等．云南滇池入侵虾虎鱼类的共存策略［J］．应用生态学报，2021，32（9）：3357-3369．

［2］陈小勇．云南鱼类名录［J］．动物学研究，2013，34（4）：281-337．

［3］陈玉龙，郭延蜀．粘皮鲻虾虎鱼胚胎及仔鱼发育［J］．动物学杂志，2007，（2）：124-128．

［4］邓颖达，薛东秀，刘进贤．中国北方沿海竿虾虎鱼（*Luciogobius guttatus*）隐存多样性与群体历史动态［J］．海洋与湖沼，2016，47（4）：813-820．

［5］甘西，蓝家湖，吴铁军，等．中国南方淡水鱼类原色图鉴［M］．郑州：河南科学技术出版社，2017．

［6］郭延蜀，孙治宇，何兴恒，等．四川鱼类原色图志［M］．北京：科学出版社，2021．

［7］郭媛，高智晟，赵文阁，等．黑龙江省虾虎鱼亚科鱼类分布新纪录及其分类［J］．水产学杂志，2019，32（4）：68-70+77．

［8］韩东燕．胶州湾主要虾虎鱼类摄食生态的研究［D］．青岛：中国海洋大学，2013．

［9］黄承勤，廖健，张顺，等．中国鳍虾虎鱼属（鲈形目：虾虎鱼科）一新纪录种［J］．广东海洋大学学报，2018，38（2）：1-6．

［10］姜昊辰．虾虎鱼类入侵生态学研究进展［J］．绿色科技，2017，（10）：103-107．

［11］蒋志刚，江建平，王跃招，等．中国脊椎动物红色名录［J］．生物多样性，2016，24（5）：501-551+615．

［12］李帆．钱塘江流域吻虾虎鱼属（鲈形目：虾虎鱼科）物种的分类与分布研究［D］．上海：复旦大学，2011．

［13］李帆，钟俊生．中国浙江省吻虾虎鱼属一新种（鲈形目：虾虎鱼科）［J］．动物学研究，2007，（5）：539-544．

［14］李帆，钟俊生．中国广东省虾虎鱼一新种——周氏吻虾虎鱼（*Rhinogobius zhoui*）［J］．动物学研究，2009，30（3）：327-333．

［15］李帆，钟俊生，伍汉霖．福建吻虾虎鱼属一新种（鲈形目：虾虎鱼科）［J］．动物学研究，2007，（4）：981-985．

［16］李刚，王建波．波氏吻虾虎鱼的生物学特性及人工繁殖技术［J］．科学养鱼，2016，（11）：80-81+29．

［17］李鸿，廖伏初，杨鑫，等．湖南鱼类系统检索及手绘图鉴［M］．北京：科学出版社，2020．

［18］李建军，余露军，蔡磊，等．诸氏鲻虾虎鱼实验动物化研究进展［J］．中国实验动物学报，2018，26（4）：493-498．

［19］李黎，李帆，钟俊生. 溪吻虾虎鱼仔鱼发育的研究［J］. 上海水产大学学报，2008，（4）：447-451.

［20］李新辉，李捷，李跃飞. 海南岛淡水及河口鱼类原色图鉴［M］. 北京：科学出版社，2020.

［21］廖伏初，李鸿，杨鑫，等. 湖南鱼类原色图鉴［M］. 北京：科学出版社，2020.

［22］刘建康. 刘建康鱼类学和水生生物学文集［C］. 北京：科学出版社. 2011.

［23］马廷龙，龚小玲，管哲成，等. 云斑裸颊虾虎鱼体内各组织河鲀毒素的含量［J］. 上海海洋大学学报，2014，23（5）：675-679.

［24］曲丽艳. 基于形态、线粒体及核基因对东海28种虾虎鱼类的系统进化分析［D］. 上海：上海海洋大学，2018.

［25］邵广昭. 台湾鱼类数据库网络电子版［DB/OL］. http：//fishdb.sinica.edu.tw，2021-11-22.

［26］申志新，王德强，李高俊，等. 海南淡水及河口鱼类图鉴［M］. 北京：中国农业出版社，2021.

［27］托尼·尼普. 几种中国大陆产枝牙虾虎（虾虎鱼科：瓢虾虎鱼亚科）的首次记述［J］. Zoo Print Journal，2010：1237-1244.

［28］王文剑，储玲，司春，等. 秋浦河源国家湿地公园溪流鱼类群落的时空格局［J］. 动物学研究，2013，34（4）：417-428.

［29］伍汉霖. 有毒、药用及危险鱼类图鉴［M］. 上海：上海科学技术出版社，2005.

［30］伍汉霖，邵广昭，赖春福，等. 拉汉世界鱼类系统名典［M］. 青岛：中国海洋大学出版社，2017.

［31］伍汉霖，钟俊生. 中国海洋及河口鱼类系统检索［M］. 北京：中国农业出版社，2021.

［32］伍汉霖，钟俊生，等. 中国动物志 硬骨鱼纲 鲈形目（五） 虾虎鱼亚目［M］. 北京：科学出版社，2008.

［33］杨干荣，谢从新. 神农架一鱼类新种［J］. 动物学研究，1983，4（1）：71-74.

［34］叶宁，朱国萍，何况. 粤西海湾虾虎鱼及含毒情况调查［J］. 当代水产，2014，39（7）：74-76.

［35］袁乐洋. 中国大陆吻虾虎属一亚种新记录［J］. 自然博物，2015，2（00）：12-15+32.

［36］张大庆，曾伟杰. 虾虎图典［M］. 新北：鱼杂志社，2014.

［37］张鹗，曹文宣. 中国生物多样性红色名录 脊椎动物第五卷 淡水鱼类［M］. 北京：科学出版社，2021.

［38］张继灵. 福建野外常见淡水鱼图鉴［M］. 福州：海峡书局，2020.

［39］张良成，李凡，吕振波，等. 莱州湾虾虎鱼类资源分布及群落结构研究［J］. 大连海洋大学学报，2019，34（4）：588-594.

［40］张志钢，阳正盟，黄凯，罗昊. 中国原生鱼［M］. 北京：化学工业出版社，2017.

［41］郑兰平，陈小勇，杨君兴. 澜沧江中下游鱼类现状及保护［J］. 动物学研究，2013，34（6）：680-686.

［42］郑曙明，吴青，何利君，张志钢. 中国原生观赏鱼图鉴［M］. 北京：科学出版社，2015.

［43］钟俊生，伍汉霖. 中国东部虾虎鱼科（Gobiidae）一新属新种无孔拟吻虾虎鱼（*Pseudorhinogobius aporus*）［J］. 水产学报，1998，（2）：53-58.

［44］周铭泰，高瑞卿，张瑞宗，等. 台湾淡水及河口鱼虾图鉴［M］. 台中：辰星出版有限公司，2020.

［45］朱国萍，疗建萌，伍彬，等. 犬牙僵虾虎鱼体内河豚毒素季节性变化规律［J］. 海洋环境科学，2015，34（1）：66-69+80.

［46］朱仁，严云志，孙建建，等. 黄山陈村水库河源溪流鱼类群落的食性［J］. 生态学杂志，2012，31（2）：359-366.

［47］佐士哲也，徐瑜芳，關慎太郎，等. 世界温带淡水鱼图鉴［M］. 台北：台湾东版股份有限公司，2020.

［48］邉見由美，乾隆　帝，後藤龍太郎，伊谷　行. 北海道厚岸郡におけるエドハゼ*Gymnogobius macrognathos*の記録およびアナジャコの巣穴利用［J］. Japanese Journal of Ichthyology，2018，65（2）：199-203.

［49］瀬能宏，矢野維幾，鈴木壽之，等. 日本のハゼ［M］. 東京：平凡社，2021.

［50］齊藤憲治，内山りゅう. くらべてわかる淡水魚［M］. 東京：山と溪谷社，2020.

［51］細谷和海，内山りゅう，滕田朝彦，等. 山溪ハンディ図鑑15日本の淡水魚［M］. 東京：山と溪谷社，2021.

［52］ВСЕ О ПРЕСНОВОДНЫХ РЫБАХ［DB / OL］. http://biotopfish.com/. 2021-11-22.

［53］Fishbase. http://www.fishbase.us［DB / OL］. 2021-11-22.

［54］Seriously fish［DB / OL］. https://www.seriouslyfish.com/. 2021-11-22.

［55］WoRMS-World register of marine species［DB / OL］. http://www.marinespecies.org/. 2021-11-22.

［56］AKAIKE T, FUJIWARAK, UEHARAK, et al. First specimen-based records of 66 fish species from Okinoerabu Island, Amami Islands, Kagoshima, Japan, with a new locality of *Xiphophorus maculatus* on the island and morphological notes on *Eleotris* sp.［J］. Ichthy, Nat. Hist. Fish. Jpn., 2021, 13 (0), 18-35.

［57］AKIHITO，KOBAYASHI T，IKEO K，et al. Evolutionary aspects of gobioid fishes based upon a phylogenetic analysis of mitochondrial cytochrome b genes［J］. Gene，2001，259（1/2）：5-15.

［58］AKIHITO，SAKAMOTO K，IKEDA Y. Suborder Gobioidei. in：Nakabo T（Ed.），fishes of Japan with pictorial keys to the species［M］. Tokyo：Tokai University Press，1993.

［59］AKIHITO，SAKAMOTO K，IKEDA Y，et al. Gobioidei. in：fishes of Japan with pictorial keys to the species［M］. Tokyo：Tokai University Press，2002.

［60］ALLEN G R. Freshwater fishes of Australia［M］. Australia：T. F. H. Publication，1989.

［61］ALLEN G R. *Lentipes watsoni*，a new species of freshwater goby（Gobiidae）from Papua New Guinea［J］. Ichthyological Exploration of Freshwaters，1997，8（1）：33-40.

［62］ALLEN G R. *Lentipes multiradiatus*，a new species of freshwater goby（Gobiidae）from Irian Jaya，Indonesia［J］. Aqua.，Journal of Ichthyology and Aquatic Biology，2001，4（3）：121-124.

［63］ALLEN G R. Two new species of gobiid fishes（*Lentipes* and *Stenogobius*）from fresh waters of Milne Bay Province，Papua New Guinea［J］. Fishes of Sahul.，2004，18（4）：87-96.

［64］ALLEN G R，ERDMANN M V. Reef fishes of the East Indies，Appendix I［M］. United States：Copeia，2012.

［65］ARTININGRUM N T，ANGGRAINI D P，ZAMRONI Y. The record of *Cristatogobius*（Teleostei：Gobiidae）in Indonesia［A］. Proceedings of the 2nd International Conference on Bioscience Biotechnology and Biometrics，2019，2199（1）：050005.

［66］BESLIN L G. Cryodiluents optimization of *Glossogobius giuris*（hamilton-buchanan）Spermatozoa［J］. Cryo Letters，2021，42（4）：227-232.

［67］BETANCUR-R R，BROUGHTON R E，WILEY E O. The tree of life and a new classification of bony fishes［M］. United States：PMC Disclaimer，2013.

［68］BETANCUR-R R，ORTI G，PYLON R A. Fossil-based comparative analyses reveal ancient marine ancestry erased by extinction in ray-finned fishes［J］. Ecology Letters，2015，18：5.

［69］BETANCUR-R R，WILEY E O，ARRATIA Gloria，et al. Phylogenetic classification of bony fishes［J］. BMC Evolutionary Biology，2017，17：162.

［70］CHEN I S. *Lentipes mindanaoensis*，a new species of freshwater goby（Teleostei：Gobiidae）from southern Philippines［J］. Platax，2004，15（1）：47-52.

［71］CHEN I S，CHENG Y H，SHAO K T. A new species of *Rhinogobius*（Teleostei：Gobiidae）from the Julongjiang Basin in Fujian Province，China［J］. Ichthyological Research，2008，55(4)：335-343.

［72］CHEN I S，FANG L S. A new species of *Rhinogobius*（Teleostei：Gobiidae）from the Hanjiang Basin in Guangdong Province，China［J］. Ichthyological Research，2006，53(3)：247-253.

［73］CHEN I S，HUANG S P，HUANG K Y. A new species of genus *Pseudogobius* Popta（Teleostei：Gobiidae）from brackish water of Taiwan and southern China［J］. Journal of Marine Science and Technology，2013，21：130-134.

［74］CHEN I S，KOTTELAT M. *Rhinogobius maculicervix*，a new species of goby from the Mekong basin in northern Laos（Teleostei Gobiidae）［J］. Ichthyol. Explor. Freshwaters，2000，11（1）：81-87.

［75］CHEN I S，KOTTELAT M. Four new freshwater gobies of the genus *Rhinogobius*（Teleostei：Gobiidae）from northern Vietnam［J］. Journal of Natural History，2015，39（17）：1407-1429.

［76］CHEN I S，KOTTELAT M，MILLER P J. Freshwater gobies of the genus *Rhinogobius* from the Mekong Basin in Thailand and Laos，with descriptions of three new species［J］. Zoological Studies，1999，37（1）：19-32.

［77］CHEN I S，MILLER P J. Two new freshwater gobies of genus *Rhinogobius*（Teleostei：Gobiidae）in Southern China，around the northern region of the South China Sea［J］. The Raffles Bull. Zool.，2008，19：225-232.

［78］CHEN I S，MILLER P J. New freshwater goby of *Rhinogobius*（Teleostei：Gobiidae）from Hainan Island，Southern China［J］. Journal of Marine Science and Technology，2013，21：124-129.

［79］CHEN I S，MILLER P J，WU H L，et al. Taxonomy and mitochondrial sequence evolution in non-diadromous species of *Rhinogobius*（Teleostei：Gobiidae）of Hainan Island，southern China［J］. Marine and Freshwater Research，2002，53（2）：259-273.

［80］CHEN I S，SUZUKI T，CHENG Y H. New record of the rare amphidromous gobiid genus，*Lentipes*（Teleostei：Gobiidae）from Taiwan with the comparison of japanese population［J］. Journal of Marine Science and Technology，2007，15（1）：14-52.

[81]CHEN I S, SUZUKI T, SHAO K T. A new deepwater goby of the genus *Discordipinna* Hoese & Fourmanoir, 1978 (Teleostei: Gobiidae) from Kumejima of the Ryukyus, Japan [J]. Zootaxa, 2012, 3367: 274-280.

[82]CHEN I S, WANG S C, SHAO K T. A new freshwater gobiid species of *Rhinogobius* Gill, 1859 (Teleostei: Gobiidae) from northern Taiwan [J]. Zootaxa, 2022, 5189 (1): 29-44.

[83]CHENG H L, HUANG S, LEE S C. Morphological and molecular variation in *Rhinogobius rubromaculatus* (Pisces: Gobiidae) in Taiwan [J]. Zoological Studies, 2005, 44 (1): 119-129.

[84]CUI R F, PAN Y S, YANG X M, et al. A new barbeled goby from south China (Teleostei: Gobiidae) [J]. Zootaxa, 2013, 3670 (2): 177-192.

[85]EAGDERI S, NASRI M, ÇIÇEK E. First record of the Amur goby *Rhinogobius lindbergi* Berg 1933 (Gobiidae) from the Tigris River drainage, Iran [J]. Int. J. Aquat. Biol., 2018, 6 (4): 202-207.

[86]ENDRUWEIT M. Description of four new species of freshwater gobies from the Black River drainage in China and Vietnam (Teleostei: Gobiidae), China [J]. Zootaxa, 2018, 4486 (3): 284.

[87]GANI A, NURJIRANA N, BAKRI A A, et al. First record of *Stiphodon annieae* Keith & Hadiaty, 2015 (Teleostei, Oxudercidae) from Sulawesi Island, Indonesia [J]. Cybium, 2021, 17 (1): 261-267.

[88]GREENFIELD D W, SUZUKI T. *Eviota atriventris*, a new goby previously misidentified as *Eviota pellucida* Larson (Teleostei: Gobiidae) [J]. Zootaxa, 2012, 3197: 55-62.

[89]HAMMER M P, ADAMS M, UNMACK P J, et al. Surprising *Pseudogobius*: molecular systematics of benthic gobies reveals new insights into estuarine biodiversity (Teleostei: Gobiiformes) [J]. Molecular Phylogenetics and Evolution, 2021, 160 (supplement): 107140.

[90]HAROLD A S, WINTERBOTTOM R. *Gobiodon brochus*: a new species of gobiid fish (Teleostei: Gobioidei) from the Western South Pacific, with a description of its unique jaw morphology [J]. Copeia, 1999 (1): 49-57.

[91]HARRISON I J. The West African sicydiine fishes, with notes on the genus *Lentipes* (Teleostei: Gobiidae) [J]. Ichthyological Exploration of Freshwaters, 1993, 4 (3): 201-232.

[92]HERLER J, BOGOROFDKY S V, SUZUKI T. Four new species of coral gobies (Teleostei: Gobiidae: Gobiodon), with comments on their relationships within the genus [J]. Zootaxa, 2013, 3709 (4): 301-329.

[93]HOESE D F. A review of the genus *Myersina* (Pisces: Gobiidae), with the description of a new species [J]. Australian Zoologist, 1982, 21 (1): 47-54.

[94]HOESE D F. Revision of the indo-pacific gobiid fish genus *Valenciennea*, with descriptions of seven new species [Z]. Australian Museum, 1994.

[95]HOESE D F. A review of the *Cryptocentrus strigilliceps* complex (Teleostei: Gobiidae), with description of a new species [J]. Journal of the Ocean Science Foundation, 2019, 32: 23-38.

［96］HOESE D F，ALLEN G R. *Signigobius biocellatus*，a new genus and species of sand dwelling coral reef gobiid fish from the Western Tropical Pacific［J］. Japanese Journal of Ichthyology, 1977, 23（4）: 199-207.

［97］HOESE D F，STEENE R. *Amblyeleotris Randalli*，a new species of gobiid fish living in association with alphaeid shrimps［J］. Ree. West. Aust. Mus.，1978，6: 4.

［98］HOESE D F，SHIBUKAWA K，SAKAUEAQUA J. A redescription of the gobiid fish *Cryptocentrus sericus* Herre，with clarification of *C. leptocephalus* and *C. melanopus*［J］. International Journal of Ichthyology，2011，17（3）: 163-172.

［99］HUANG S P，CHEN I S. Three new species of *Rhinogobius* Gill, 1859（Teleostei: Gobiidae）from the Hanjiang Basin，Southern China［J］. The Raffles Bulletin of Zoology，2007，2014: 101-110.

［100］HUANG S P，CHEN I S，SHAO K T. A new species of *Rhinogobius*（Teleostei: Gobiidae）from Zhejiang Province China［J］. Ichthyological Research，2016，63: 470-479.

［101］HUANG S P，CHEN I S，YUNG M M N. The Recognition and molecular phylogeny of *Mugilogobius mertoni* Complex（Teleostei: Gobiidae），with description of a new cryptic species of *M. flavomaculatus* from Taiwan［J］. Zoological Studies，2016，55: 39.

［102］HUANG S P，ZEEHAN J，CHEN I S. A new genus of *Hemigobius* generic group goby based on morphological and molecular evidence，with description of a new species［J］. Journal of Marine Science and Technology，2013，21: 146-155.

［103］IIDA M，KONDO M，TABOURET H. Specifific gravity and migratory patterns of amphidromous gobioid fish from Okinawa Island，Japan［J］. Journal of Experimental Marine Biology and Ecology，2017，486（Suppl. 14）: 160-169.

［104］JAAFAR Z，MURDY E O. Fishes out of water，biology and ecology of Mudskippers［M］. England: CRC press，2017.

［105］JAPOSHVILI B，LIPINSKAYA T，GAJDUCHENKO H. First DNA-based records of new alien freshwater species in the Republic of Georgia［J］. Acta Zool. Bulg.，2020，72（4）: 545-551.

［106］JIN J J，ZHANG F F，QIU Y P，et al. Sex dimorphism of *Micropercops swinhonis* during reproduction and non-reproduction period［J］. Sichuan Journal of Zoology，2018，37（5）: 507-518.

［107］JU Y M，WU J H，HSU K C，et al. Genetic diversity of *Rhinogobius delicatus*（Perciformes: Gobiidae）: origins of the freshwater fish in East Taiwan［J］. Mitochondrial DNA (Part A)，2020，32（1）: 12-19.

［108］KAKIOKA R，KUME M，ISHIKAWA A. Genetic basis for variation in the number of cephalic pores in a hybrid zone between closely related species of goby，*Gymnogobius breunigii* and *Gymnogobius castaneus*［J］. Biological Journal of the Linnean Society，2021，133（1）: 143-154.

［109］KARPLUS I. Symbiosis in Fishes. The Biology of Interspecific Partnerships［M］. England: Wiley Blackwell，2014.

［110］KEITH P，BUSSON F，SAURI S，et al. A new *Stiphodon*（Gobiidae）from Indonesia［J］. Cybium，2015，39（3）：219-225.

［111］KEITH P，DELRIEU-TROTTIN E，UTAMA I V. A new species of *Schismatogobius*（Teleostei：Gobiidae）from Sulawesi（Indonesia）［J］. Cybium，2021，45（1）：53-58.

［112］KEITH P，HADIATY R K. *Stiphodon annieae*，a new species of freshwater goby from Indonesia（Gobiidae）［J］. Cybium，2014，38（4）：267-272.

［113］KEITH P，HADIATY R K，HUBERT N，et al. Three new species of *Lentipes* from Indonesia（Gobiidae）［J］. Cybium，2014，38（2）：133-146.

［114］KEITH P，HADIATY R K，BUSSON F，et al. A new species of *Sicyopus*（Gobiidae）from Java and Bali［J］. Cybium，2014，38（3）：173-178.

［115］KEITH P，HADIATY R K，LORD C. A new species of *Belobranchus*（Teleostei：Gobioidei：Eleotridae）from Indonesia［J］. Cybium，2012，36（3）：479-484.

［116］KEITH P，LORD C，BOSETO D，et al. A new species of *Lentipes*（Gobiidae）from the Solomon Islands［J］. Cybium，2016，40（2）：139-146.

［117］KEITH P，LORD C，BUSSON F，et al. A new species of *Sicyopterus*（Gobiidae）from Indonesia［J］. Cybium，2015，39（4）：243-248.

［118］KEITH P，LORD C，DAHRUDDIN H，et al. *Schismatogobius*（Gobiidae）from Indonesia，with description of four new species［J］. Cybium，2017，41（2）：195-211.

［119］KEITH P，LORD C，LARSON H K. Review of *Schismatogobius*（Gobiidae）from Papua New Guinea to Samoa，with description of seven new species［J］. Cybium，2017，41（1）：45-66.

［120］KEITH P，LORD C，MAEDA K. Indo-pacific sicydiine gobies biodiversity，life traits and conservation［M］. French：Cybium，2015.

［121］KEITH P，LORD C，TAILLEBOIS L. *Sicyopus*（*Smilosicyopus*）pentecost，a new species of freshwater goby from Vanuatu and New Caledonia（Gobioidei：Sicydiinae）［J］. Cybium，2010，34（3）：303-310.

［122］KOVAČIĆ1 M，BOGORODSKY S V，MAL A O，et al. Redescription of the genus *Koumansetta*（Teleostei：Gobiidae），with description of a new species from the Red Sea［J］. Zootaxa，2018，4459（3）：453.

［123］LARSON H K. Allocation to *Calamiana* and redescription of the fish species *Apocryptes variegatus* and *Vaimosa mindora*（Gobioidei：Gobiidae：Gobionellinae），with description of a new species［J］. The Raffles Bulletin of Zoology，1999，47（1）：257-281.

［124］LARSON H K. A revision of the gobiid fish genus *Mugilogobius*（Teleostei：Gobioidei），and its systematic placement［J］. Records of the Western Australian Museum Supplement，2001，62（1）：1-233.

［125］LARSON H K. A revision of the gobiid genus *Stigmatogobius*（Teleostei：Gobiidae），with descriptions of two new species［J］. Ichthyol. Explor.，2005，16（4）：347-370.

[126] LARSON H K. Review of the gobiid fish genera Eugnathogobius and Pseudogobiopsis (Gobioidei: Gobiidae: Gobionellinae), with descriptions of three new species [J]. The Raffles Bulletin of Zoology, 2009, 57 (1): 127-181.

[127] LARSON H K. A review of the gobiid fish genus Redigobius (Teleostei: Gobionellinae), with descriptions of two new species [J]. Ichthyol. Explor., 2010, 21 (2): 123-191.

[128] LARSON H K, HADIATY R K, HUBERT N. A new species of the gobiid fish genus Pseudogobiopsis (Teleostei, Gobiidae, Gobionellinae) from Indonesia [J]. The Raffles Bulletin of Zoology, 2017, 65: 175-180.

[129] LARSON H K, HAMMER M P. A revision of the gobiid fish genus Pseudogobius (Teleostei, Gobiidae, Tridentigerinae), with description of seven new species from Australia and South-East Asia [J]. Zootaxa, 2021, 4961 (1): 1-85.

[130] LARSON H K, LIM K K P. A Guide to Gobies of Singapore [M]. Singapore: Singapore Science Centre, 2005.

[131] LATIFA G A, AHMED A T A, AHMED M S. Fishes of Gobiidae Family, recorded from The Rivers And Estuaries Of Bangladesh: some morphometric and meristic studies [J]. Bangladesh J. Zool., 2015, 43 (2): 157-171.

[132] LEANDER N J, TZENG W N, YEH M F. Morphology and distribution patterns of the Rhinogobius species complexes (Gobiidae) in Taiwan [J]. TW. J. of Biodivers., 2014, 16 (2): 95-116.

[133] LI F, LI S, CHEN J K. Rhinogobius immaculatus, a new species of freshwater goby (Teleostei: Gobiidae) from the Qiantang River, China [J]. Zoological Research, 2018, 39 (6): 396-405.

[134] LIA H J, HED Y, JIANG J M. Molecular systematics and phylogenetic analysis of the Asian endemic freshwater sleepers (Gobiiformes: Odontobutidae) [J]. Molecular Phylogenetics and Evolution, 2018, 121: 1-11.

[135] LIAO T Y, LU P L, YUAN H Y, et al. Amphidromous but endemic: population connectivity of Rhinogobius gigas (Teleostei: Gobioidei) [J]. Plos One, 2021, 16 (2): e0246406.

[136] LORD C, BRUN C, HAUTECOEUR M, et al. Insights on endemism: comparison of the duration of the marine larval phase estimated by otolith microstructural analysis of three amphidromous Sicyopterus species (Gobioidei: Sicydiinae) from Vanuatu and New Caledonia [J]. Ecol. Freshw. Fish., 2010, 19 (1): 26-38.

[137] LORD C, LORION J, DETTAI A, et al. From endemism to widespread distribution: phylogeography of three amphidromous Sicyopterus species (Teleostei: Gobioidei: Sicydiinae) [J]. Mar. Ecol-Prog Ser., 2012, 455: 269-285.

[138] LU Y T, LIU M Y, HE Y, et al. Smilosicyopus leprurus (Teleostei: Gobiidae) is a Fin-eater [J]. Zoological Studies, 2016, 55: 31.

[139] MAEDA K. *Stiphodon niraikanaiensis*, a new species of sicydiine goby from Okinawa Island（Gobiidae：Sicydiinae）[J]. Ichthyol. Res. , 2014, 61（2）: 99-107.

[140] MAEDA K, KOBAYASHI H, PALLA H P, et al. Do colour-morphs of an amphidromous goby represent different species? Taxonomy of *Lentipes*（Gobiiformes）from Japan and Palawan, Philippines, with phylogenomic approaches [J]. Systematics and Biodiversity, 2021, 19（8）: 1080-1112.

[141] MAEDA K, MUKAI T, TACHIHARA K. A new species of amphidromous goby, *Stiphodon alcedo*, from the Ryukyu Archipelago（Gobiidae：Sicydiinae）[J]. Cybium, 2011, 35（4）: 285-298.

[142] MAEDA K, PALLA H P. A new species of the genus *Stiphodon* from Palawan, Philippines（Gobiidae: Sicydiinae）[J]. Zootaxa, 2015, 4018（3）: 381-395.

[143] MAEDA K, SAEKI T. Revision of species in Sicyopterus（Gobiidae：Sicydiinae）described by de Beaufort（1912）, with a first record of *Sicyopterus longifilis* from Japan [J]. Species Diversity, 2018, 23（2）: 253-262.

[144] MAEDA K, SAEKI T, SHINZATO C. Review of *Schismatogobius*（Gobiidae）from Japan, with the description of a new species [J]. Ichthyol. Res. , 2018, 65（1）: 1-22.

[145] MAEDA K, SHINZATO C, KOYANAGI R, et al. Two new species of *Rhinogobius*（Gobiiformes: Oxudercidae）from Palawan, Philippines, with their phylogenetic placement [J]. Zootaxa, 2021, 5068: 81-98.

[146] MAHADEVAN G, GOSAVI S M, SREEKANTH G B. Demographics of bluespotted mudskipper, *Boleophthalmus boddarti*（Pallas, 1770）from mudflats of Sundarbans, India [J]. Thalassas, 2021, 37: 457-463.

[147] MAO C Z, HUA W H, ZHONG J S, et al. Analysis of the biodiversity of larvae and juvenile fish community in surf zone of Sandy Beach in SiJiao Island [J]. Journal of Hangzhou Normal University（Natural Science Edition）, 2018, 17（4）: 397-403.

[148] MCDOWALL R M. Why be amphidromous: expatrial dispersal and the place of source and sink population dynamics [J]. Rev. Fish Biol. Fisheries, 2010, 20（1）: 87-100.

[149] MIYAZAKI Y, TERUI A. Difference in habitat use between the two related goby species of *Gymnogobius opperiens* and *Gymnogobius urotaenia*: a case study in the Shubuto River System, Hokkaido, Japan [J]. Ichthyological Research, 2015, 63(3): 317-323.

[150] MUHTADI A, RAMADHANI S, YUANS Y. Identification and habitat type of mudskipper（Family: Gobiidae）at the Bali Beach, district of Batu Bara, North Sumatra Province [J]. Biospecies, 2016, 7（2）: 1-6.

[151] MURDY E O. A taxonomic revision and cladistic analysis of the oxudercine gobies（Gobiidae: Oxudercinae）[Z]. Australian Museum, 1989.

[152] MURDY E O. A revision of the gobiid fish genus *Trypauchen* (Gobiidae: Amblyopinae) [J]. Zootaxa, 2006, 1343: 55-68.

[153] PEZOLD F L, LARSON H K. A revision of the fish genus *Oxyurichthys* (Gobioidei: Gobiidae) with descriptions of four new species [J]. Zootaxa, 2015, 3899 (1): 1-95.

[154] PEZOLD F L, SCHMIDT R C, STIASSNY M L J. A survey of fishes of the Geebo-Dugbe River confluence, Sinoe County, Liberia, with an emphasis on Tributary Creeks [J]. Aqua. , 2016, 22 (3): 97-122.

[155] POLGAR G, JAAFAR Z, KONSTANTINIDIS P. A new species of mudskipper, *Boleophthalmus poti* (Teleostei: Gobiidae: Oxudercinae) from the gulf of papua, papua new guinea, and a key to the genus [J]. The Raffles Bulletin of Zoology, 2013, 61 (1): 311-321.

[156] RAJAN P T, SREERAJ C R. New record of two species of *Belobranchus* (Teleostei: Gobioidei: Eleotridae) From Andaman Island [J]. Rec. zool. Surv. , 2014, 114 (1): 185-188.

[157] RANDALL J E, LIM K K P. A checklist of the fishes of the South China Sea [J]. Raffles Bull. Zool. Suppl. , 2000, 8: 569-667.

[158] RANDALL J E, SHAO K T, CHEN J P. A review of the Indo-Pacific gobiid fish genus *Ctenogobiops*, with descriptions of two new species [J]. Zoological Studies, 2003, 42 (4): 506-515.

[159] RENNIS D S, HOESE D F. A Review of the genus *Parioglossus*, with descriptions of six new species (Pisces: Gobioidei) [J]. Records of the Australian Museum, 1985, 36 (4): 169-201.

[160] RUSSELL B C, FRASER T H, LARSON H K. Castelnau's collection of Singapore fishes described by Pieter Bleeker [J]. The Raffles Bulletin of Zoology, 2010, 58 (1): 93-102.

[161] SADEGHI R, ESMAEILI H R, ZAREI F, et al. The taxonomic status of an introduced freshwater goby of the genus *Rhinogobius* to Iran (Teleostei: Gobiidae) [J]. Zoology in the Middle East, 2018, 65 (1): 1-8.

[162] SAKAI H, NAKAMURA M. Two new species of freshwater gobies (Gobiidae: Sicydiaphiinae) from Ishigaki Island, Japan [J]. Japanese Journal of Ichthyology, 1979, 26 (1): 43-54.

[163] SHIBUKAWA K, IWATA A. Review of the East Asian gobiid genus *Chaeturichthys* (Teleostei: Perciformes: Gobioidei), with description of a new species [J]. Bull. Natl. Mus. Nat. Sci. , 2013, 7: 31-51.

[164] SHIBUKAWA K, SUZUKI T, AIZAWA M. *Gobiodon aoyagii*, a new coral goby (Actinopterygii, Gobiidae, Gobiinae) from the West Pacific, with redescription of a similarly colored congener *Gobiodon erythrospilus* Bleeker, 1875 [J]. Bull. Natl. Mus. Nat. Sci. , 2013, 39 (3): 143-165.

[165] SHIBUKAWA K, SUZUKI T, SENOU H. *Dotsugobius*, a new genus for *Lophogobius bleekeri* Popta, 1921 (Actinopterygii, Gobioidei, Gobiidae), with redescription of the species [J]. Bull. Natl. Mus. Nat. , 2014, 40 (3): 141-160.

[166] SOTA T, MUKAI T, SHINOZAKI T, et al. Genetic differentiation of the gobies *Gymnogobius*

castaneus and *G. taranetzi* in the region surrounding the sea of Japan as inferred from a mitochondrial gene genealogy〔J〕. Zoological Science，2005，22（1）：87-93.

〔167〕STEVENSON D E. Systematics and distribution of fishes of the asian goby genera *Chaenogobius* and *Gymnogobius*（Osteichthyes：Perciformes：Goblidae），with the description of a new species〔J〕. Species Diversity，2002，7（3）：251-312.

〔168〕SUZUKI T，CHEN I S，SENOU H. A new species of *Rhinogobius* Gill, 1859（Teleostei：Gobiidae）from the bonin islands，Japan〔J〕. Journal of Marine Science and Technology，2011，19（6）：693-701.

〔169〕SUZUKI T，SHIBUKAWA K，AIZAWA M. *Rhinogobius mizunoi*，a new species of freshwater goby（Teleostei：Gobiidae）from Japan〔J〕. Bull. Kanagawa prefect Mus.，2017，（46）：79-95.

〔170〕SUZUKI T，SHIBUKAWA K，SENOU H，et al. Redescription of *Rhinogobius similis* Gill, 1859（Gobiidae：Gobionellinae），the type species of the genus *Rhinogobius* Gill, 1859，with designation of the neotype〔J〕. Ichthyol Res.，2016，63：227-238.

〔171〕SUZUKI T，YANO K，SENOU H. *Gobiodon winterbottomi*，a new goby（Actinopterygii：Perciformes：Gobiidae）from Iriomote-jima Island，the Ryukyu Islands，Japan〔J〕. Bull. Natl. Mus. Nat. Sci.，2013，6：59-65.

〔172〕SWENNEN C，RUTTANADAKUL N，Haver M. The five Sympatric Mudskippers（Teleostei：Gobioidea）of pattani area，Southern Thailand〔J〕. !'OAT. HIST. BULL. SIAM SOC.，1995，42：109-129.

〔173〕THACKER C E. Molecular phylogeny of the gobioid fishes（Teleostei：Perciformes：Gobioidci）〔J〕. Mol. Phylogenet. Evol.，2003，26（3）：354-368.

〔174〕VELAYUTHAM R，THANGAVEL B. On the classifification of burrows of the mudskipper，*Boleophthalmus boddarti*（Pallas）（Gobiidae：Oxudercinae）in the Pichavaram mangroves，Southeast coast of India〔J〕. Journal of the Annamalai University Science，2004：236-239.

〔175〕WANGHE K Y，HU F X，CHEN M H，et al. *Rhinogobius houheensis*，a new species of freshwater goby（Teleostei：Gobiidae）from the Houhe National Nature Reserve，Hubei province，China〔J〕. Zootaxa，2020，4820（2）：351-365.

〔176〕WATSON R E，ALLEN G R. New species of freshwater gobies from Irian Jaya，Indonesia（Teleostei：Gobioidei：Sicydiinae）〔J〕. aqua.，J. Ichthyol. Aquat. Biol.，1999，3（3）：113-118.

〔177〕WATSON R E，KEITH P，MARQUET G. *Lentipes kaaea*，a new species of freshwater goby（Teleostei：Gobioidei：Sicydiinae）from New Caledonia〔J〕. Bull. Fr. Pêche Piscic，2002，364：173-185.

〔178〕WINTERBOTTOM R. A redescription of *Cryptocentrus crocatus* Wongratana，a redefifinition of *Myersina herre*（Acanthopterygii；Gobiidae），a key to the species，and comments on relationships〔J〕. Ichthyological Research，2002，49：69-75.

[179] WINTERBOTTOM R. *Trimma tevegae* and *T. caudomaculatum* revisited and redescribed (Acanthopterygii, Gobiidae), with descriptions of three new similar species from the western Pacific [J]. Zootaxa, 2016, 4144 (1): 1-53.

[180] WINTERBOTTOM R, BURRID M. Revision of the species of *Priolepis* possessing a reduced transverse pattern of cheek papillae and no predorsal scales (Teleostei: Gobiidae) [J]. Can. J. Zool., 1993, 71 (3): 494-514.

[181] WU H L, CHEN I S, CHONG D H. A new species of the genus *Odontobutis* (Pisces, Odontobutidae) from China [J]. Shanghai Fisher. Univ., 2002, 11 (1): 6-13.

[182] WU Q Q, DENG X J, WANG Y J, et al. *Rhinogobius maculagenys*, a new species of freshwater goby (Teleostei: Gobiidae) from Hunan, China [J]. Zootaxa, 2018, 4476 (1): 118-129.

[183] WU T H, TSANG L M, CHEN I S, et al. Multilocus approach reveals cryptic lineages in the goby *Rhinogobius duospilus* in Hong Kong streams: role of paleodrainage systems in shaping marked population differentiation in a city [J]. Molecular Phylogenetics and Evolution, 2016, 104: 112-122.

[184] XIA J H, WU H L, LI C H, et al. A new species of *Rhinogobius* (Pisces: Gobiidae), with analyses of its DNA barcode [J]. Zootaxa, 2018, 4407 (4): 553-562.

[185] YAMASAKI N, TACHIHARA K. Reproductive biology and morphology of eggs and larvae of *Stiphodon percnopterygionus* (Gobiidae: Sicydiinae) collected from Okinawa Island [J]. Ichthyol. Res., 2006, 53 (1): 13-18.

[186] YAMASAKI Y Y, NISHIDA M, SUZUKI T. Phylogeny, hybridization, and life history evolution of *Rhinogobius* gobies in Japan, inferred from multiple nuclear gene sequences [J]. Tyoko: Tyoko University, 2015, 90: 20-33.

[187] YANG J Q, WU H L, CHEN I S. A new species of *Rhinogobius* (Teleostei: Gobiidae) from the Feiyunjiang Basin in Zhejiang Province, China [J]. Ichthyological Research, 2008, 55 (4): 379-385.

[188] ZAREI F, ESMAEILI H R. Mitochondrial phylogeny, diversity, and ichthyogeography of gobies (Teleostei: Gobiidae) from the oldest and deepest caspian sub-basin and tracing source and spread pattern of an introduced *Rhinogobius* species at the tricontinental crossroad [J]. Hydrobiologia, 2021, 848: 1267-1293.

[189] ZHANG F B, SHEN Y J. Characterization of the complete mitochondrial genome of *Rhinogobius leavelli* (Perciformes: Gobiidae: Gobionellinae) and its phylogenetic analysis for Gobionellinae [J]. Biologia, 2019, 74: 493-499.

[190] ZHONG L Q, WANG M H, LI D M. Complete mitochondrial genome of *Odontobutis haifengensis* (Perciformes, Odontobutiae): a unique rearrangement of tRNAs and additional noncoding regions identified in the genus *Odontobutis* [J]. Genomics, 2018, 110 (6): 382-388.

道氏短虾虎鱼　*Brachygobius doriae* (Günther, 1868)

黑黄短虾虎鱼　*Brachygobius xanthomelas* Herre, 1937

红瓢眼虾虎鱼　*Sicyopus rubicundus* Keith, Hadiaty, Busson & Hubert, 2014

杨远志　供图

盘鳍瓢眼虾虎鱼　*Sicyopus discordipinnis* Watson, 1995

多鳞瓢眼虾虎鱼　*Sicyopus multisquamatus* de Beaufort, 1912

赤首韧虾虎鱼　*Lentipes mekonggaensis* Keith & Hadiaty, 2014

惠氏韧虾虎鱼　*Lentipes whittenorum* Watson & Kottelat, 1994

恐怖韧虾虎鱼　*Lentipes dimetrodon* Watson & Allen, 1999

美丽韧虾虎鱼　*Lentipes venustus* Allen, 2004

蓝肚韧虾虎鱼　*Lentipes ikeae* Keith, Hubert, Busson & Hadiaty, 2014

喜门韧虾虎鱼　*Lentipes adelphizonus* Watson & Kottelat, 2006

扁头黄黝鱼
Hypseleotris compressa（Krefft, 1864）

晴尾新几内亚塘鳢
Tateurndina ocellicauda Nichols, 1955

云斑尖塘鳢　*Oxyeleotris marmorata* (Bleeker, 1852)

黑金枝牙虾虎鱼 *Stiphodon aureofuscus* Keith, Busson, Sauri, Hubert & Hadiaty, 2015

西蒙氏枝牙虾虎鱼 *Stiphodon semoni* Weber, 1895

安妮枝牙虾虎鱼 *Stiphodon annieae* Keith & Hadiaty, 2014

巴拉望枝牙虾虎鱼 *stiphodon palawanensis* Maeda & Palla, 2015

赖氏鲻虾虎鱼　*Mugilogobius rexi* Larson, 2001

苏拉威西鲻虾虎鱼　*Mugilogobius sarasinorum*（Boulenger, 1897）

斑达副瓢鳍虾虎鱼　*Parasicydium bandama* Risch, 1980

伦氏拟鳍虾虎鱼　*Pseudogobiopsis lumbantobing* Larson, Hadiaty & Hubert, 2017

斑鳍点虾虎鱼　*Stigmatogobius sadanundio*（Hamilton, 1822）

薄氏大弹涂鱼　*Boleophthalmus boddarti* (Pallas, 1770)